中国海洋大学教材建设基金资助

海岸工程模型试验

董　胜　张华昌　宁　萌　初新杰　编著

中国海洋大学出版社
·青岛·

图书在版编目(CIP)数据

海岸工程模型试验 / 董胜等编著. —青岛：中国
海洋大学出版社,2016.12
ISBN 979-7-5670-1193-9

Ⅰ.①海… Ⅱ.①董… Ⅲ.①海岸工程—模型试验
Ⅳ.①P753-33

中国版本图书馆 CIP 数据核字(2016)第 320499 号

出版发行	中国海洋大学出版社		
社　　址	青岛市香港东路 23 号	邮政编码	266071
出 版 人	杨立敏		
网　　址	http://www.ouc-press.com		
电子信箱	coupljz@126.com		
订购电话	0532—82032573(传真)		
责任编辑	李建筑	电　　话	0532—85902505
印　　制	日照报业印刷有限公司		
版　　次	2017 年 1 月第 1 版		
印　　次	2017 年 1 月第 1 次印刷		
成品尺寸	170 mm×230 mm		
印　　张	17.5		
字　　数	311 千		
印　　数	1～1000		
定　　价	32.00 元		

发现印装质量问题,请致电 0633—8221365,由印刷厂负责调换。

前　言

改革开放以来,我国海岸工程得到快速发展。模型试验作为海岸工程的一种重要研究手段,也获得迅速的发展。针对海岸工程实践的巨大需求,全国许多高等院校和研究机构增建了水池或水槽等实验设施,试验技术得到快速提高。

中国海洋大学动力海洋学实验室于1964年开始规划建设。1967年,为配合交通部重大工程项目及援外项目进行水工模型试验的需要,应交通部设计院的要求,由交通部北海造船厂提供物资,交通部航务二处协助施工,海军工程部提供部分仪器设备,开始了实验室的建设工作。全体工作人员发扬艰苦创业、科学敬业精神,在建设实验室的同时开展科研试验工作,在较短的时间内建成了功能齐全、国内知名的动力海洋学实验室,创造了多项国内第一,并完成了60多项科学试验任务。为当时的许多国家重大工程作出了突出的贡献。课题组于1978年获首届全国科学大会重大贡献先进集体奖。

1980年成立的海洋工程系是中国海洋大学工程学院的前身。1985年学校党政联席会议研究决定:海岸工程专业划归海洋工程系建制,海岸工程研究室归属海洋工程系领导,物理海洋与海洋气象系的海洋工程动力教研室、实验室和海岸工程研究所归属海洋工程系。同年,海洋工程系招收海岸工程专业第一届本科学生。迄今,海岸工程实验室一直是工程学院的主要教学科研机构之一。

自从港口航道与海岸工程专业在中国海洋大学(原山东海洋学院)设立以来,《海岸工程模型试验》一直是专业课程的必修教学内容,也是港口、海岸及近海工程研究生的必修课程。本教材是在多年试验工作的基础上集成的。全书从海岸工程基本原理和实施方法入手,培养学生的工程实践意识,注重理论、试验与数值的结合,培养学生对工程问题的分析、动手和计算能力。

本书介绍海岸工程模型试验的基本原理和方法。全书共分9章,主要包括绪论、物理模型试验理论基础、物理模型试验的分类与流程、试验设备与测量仪器、模型比尺的确定、试验模型的模拟制作、依据波试验、物理模型试验、试验数据的处理、数值模拟计算等内容。书后附有习题,用于帮助读者巩固和加深对内容的理解与掌握。

本书绪论,第1、2、8、9章,及第5章的第3节、第6章的第1~4节、第7章的第5~6节由董胜执笔;第4章,及第5章的第1~2节、第6章的第5~6节、第7章的第1~4节由张华昌执笔;第3章和习题由宁萌执笔;第7章的第7~8节由初新杰执笔。全书由董胜统稿、定稿。

在本书的出版过程中,作者得到中国海洋大学工程学院同事们的鼓励与支持;上海交通大学喻国良教授和天津大学杨树耕教授在百忙之中审阅了初稿,并提出了宝贵意见;博士研究生纪巧玲、陶山山、王南南、李雪、殷齐麟、翟金金、林逸凡,硕士研究生陈曦、吴亚楠、李静静、于龙基、李晨阳、董祥科、黄炜楠、姜逢源、段成林完成了部分初稿的文字录入、部分编程与绘图工作,在此表示衷心的感谢。在成书过程中,作者参阅了其他学者的论著,已列入书后的"参考文献",在此对这些作者一并表示感谢。同时,也要感谢中国海洋大学教务处等有关部门对本书编撰工作的大力支持,还要感谢国家自然科学基金(51279186、51479183)、国家重点研发计划课题(2016YFC0802301、2016YFC0303401)、山东省研究生教育创新计划项目(SDYY12151)和山东省本科高校教学改革研究项目(2015Z022)对本书出版的资助。

本书可作为海洋、海岸、港航、水利、环境、土木等专业硕士研究生及高年级本科生的教材,亦可作为相关专业科研人员及工程技术人员的参考书。

随着海岸工程试验技术的迅速发展,新的方法与仪器设备不断涌现,由于作者从事该领域研究的时间短,水平有限,书中难免存在不足甚至错误之处,敬请读者批评指正。

作者

2017 年 1 月

目　录

绪　论

波浪运动是一种非常复杂的自然现象。波浪与海洋建筑物的相互作用,至今仍是科学与工程界的重要研究课题。设计海岸与海洋建筑物时,理论分析、数值模拟及物理模型试验是研究波浪力的三种主要方法。实际运用时,各存在一定的局限性。理论分析在研究波浪与结构相互作用时,很难解决复杂的工程问题。数值模拟需要确定各种模型的系数,有时存在求解的困难。而物理模型试验可以根据工程实际模拟海洋建筑物不同的边界条件,准确反映波浪与海洋建筑物的作用规律,从而预演海洋建筑物在不同重现期波浪作用时的受力特点和稳定状态,因此较之其他研究方法更能直观、全面地反映工程实际情况。此外,试验方法还可以进一步提高理论分析水平,从而指导工程实践。

1. 相似现象

在各种物质体系中,存在着不同的物理变化过程。通常所说的物理现象相似,是指物理体系的形态或其变化过程的相似。

在两个几何相似的体系中,存在着具有同一物理性质的变化过程,而且在两个体系中的相应点上,各个物理量之间,具有固定的比值,这两个体系叫作同类相似。或者说,将某一给定现象的各物理量,乘以某一固定倍数,则可以得到与它相似的物理量。海岸工程中的波浪物理模型都属于此类。

如果两个体系的物理性质不同,但是都遵循相同的数学规律,通过对一种现象的研究,去了解与其变化规律相同而物理性质不同的另一现象,此相似称为异类相似。

本书涉及的研究对象,主要是同类相似。

2. 发展简史

关于相似理论,Newton(1687)在其著作中已有阐述。1848 年,Bertrand 首先确定了相似现象的基本性质,并提出了模型比尺分析方法。1870 年,Froude进行了船舶模型试验,提出了 Froude 数,奠定了重力相似理论的基础。1885年,Reynold 应用 Froude 数进行了 Mersey 河模型试验,研究了河口的水流现象。1886 年,Vemon-Harcourt 进行了莱茵河口模型试验。1898 年,Engels 在德国首创河工实验室,从事河流的模型试验。之后,Freeman 创建了美国标准局水工实验室,从事水工建筑物的模型试验。此后,欧美各国物理模型实验室逐渐建立起来。

在物理模型的机理研究方面,Prandtl、Taylor 和 Karman 等学者在紊流和边界层的研究方面取得很大进展,Eisner、巴普洛夫斯基、尼古拉兹等在相似理论与实验技术方面都作出了重要贡献。

目前,国际著名的海岸工程物理模型实验室有美国陆军工程兵团水道实验室(WES),荷兰德尔夫特(Delft)水力研究所,丹麦水力研究所(DHI),日本港湾与空港研究所(PARI)等。

我国于 1933 年在天津建立第一水工试验所。1935 年在南京筹建中央水工试验所,即现在的南京水利科学研究院的前身。1956 年,水利部、电力工业部和中国科学院在北京成立了水利水电科学研究院,并陆续在其他高校、研究所建立了水利工程物理模型研究机构。大连理工大学海岸和近海工程国家重点实验室于 1986 年由国家计委批准筹建,1990 年通过国家验收后被批准对国内外开放,成为我国高等院校中港口、航道与海岸工程专业的试验研究领衔机构。

中国海洋大学也是国内较早建设海岸工程实验室并开展全国性海岸工程试验工作的国家重点本科院校。1964 年,山东海洋学院开始海洋动力学实验室的规划筹建工作,该实验室是目前中国海洋大学山东省海洋工程重点实验室的雏形。海洋动力学实验室先后完成 60 多项试验任务,例如,"工字块体"和栅栏板护面防波堤试验,该成果后被收入国家港口工程技术规范(1982 年);"轴流式水泵集水池水力学模型试验研究",成果列入交通部"干船坞设计规范"(1986年);马耳他共和国港口防波堤模型试验研究(1976 年);日照港深水码头试验研究;试验推广了"管式防波堤"等。实验室创始人之一侯国本提出"黄河三角洲无潮区深水港港址可行性研究报告"。其间,逐步完善了海洋动力实验室,并形成了良好的师资队伍。先后建起长 30 m、宽 1 m、水深 0.8 m 的波浪水槽和长60 m、宽 40 m、水深 0.8 m 的平面波浪水池。在此基础上,学校海洋系又在实验室开设了专门教学班,讲授海洋工程动力学课程。实验室还接受了交通部和石油部的进修生。

1993 年建立工程学院以来,实验室依托的港口、海岸及近海工程学科实现了跨越式发展。1980~1995 年期间,作为中国海洋大学物理海洋学的一个分支,"工程海洋学"共完成国家"八五"攻关项目及国家自然科学基金项目 30 余项。1996 年,经国务院学位委员会批准建立"港口、海岸及近海工程"硕士点,1998 年获准建立"港口、海岸及近海工程"博士点。2003 年获准设立水利工程博士后流动站。2005 年获准设立水利工程一级学科硕士点,2007 年成为国家重点学科。依托中国海洋大学港口、海岸及近海工程国家重点学科,海洋动力学实验室 2008 年底通过山东省科技厅评审,成为山东省海洋工程重点实验室。

目前,实验室面积达 7 600 多平方米。2011 年启用了 6 000 m^2 的海洋工程重点实验室实验大厅,建设有长 60 m、宽 3 m、深 1.5 m 的随机波波流耦合水槽和长 60 m、宽 36 m、水深 1.5~6.5 m、试验区宽 20 m 的平面随机波波流耦合水池。

波流水槽配有低惯性伺服电机推板式造波机,可模拟规则波、椭圆余弦波、叠加破碎波、孤立波、国内外常用的频谱以及自定义频谱描述的不规则波。工作水深 0.2~1.2 m,波周期变化范围 0.5~3.0 s,波高变化范围 0.03~0.3 m。配有双向造流系统,最大流量 2.0 $m^3 \cdot s^{-1}$,最大流速不小于 0.6 $m \cdot s^{-1}$(水深 1 m),中间局部设置长 3 m、宽 3 m、深 0.5 m 的沙池和 PIV 观测室。在试验区,可通过计算机控制模拟双向变速流场,如一个流速按正弦规律变化(潮汐流)的流场。

波流水池配有长 33.75 m 的铰接推板式不规则波造波机,最大工作水深 1.2 m,波高变化范围 0.02~0.25 m,波周期变化范围 0.4~2.5 s,在合适周期范围内斜向规则波最大波向角 45°(最大有效波高 0.16 m),可模拟规则波以及自定义频谱描述的不规则波。池深分两部分,分别为长 30 m、宽 10 m、深 6 m 和长 60 m、宽 36 m、深 1.5 m,中间局部设置长 6 m、宽 6 m、深 3 m 的沙坑,深水部分可变底面并加盖板。配有双向造流泵,最大流量 4.9 $m^3 \cdot s^{-1}$,水深 0.5 m 时,试验区最大流速 0.45 $m \cdot s^{-1}$,可通过计算机控制模拟双向变速流场。

大厅还配有起重重量达 3 t 的天车以及主车车速达 2 $m \cdot s^{-1}$、副车车速达 1.5 $m \cdot s^{-1}$ 的 X-Y 拖曳行车,可满足各种工程和科研实验要求。

实验大厅的实验设施可进行海岸与近海(模拟实际水深 1 000 m 以内)波浪、潮流及相互作用复杂海况的海洋环境物理模拟,为海洋工程、港口工程、海洋地质和海洋水产及渔业工程科研实验提供有效手段。

3. 试验任务

物理模型试验就是根据相似准则,将工程原型缩小制作成模型,使模型重演与原型相似的自然情况,通过仪器设备,取得数据,获得结果,再按照相似准则反演到原型,从而获得原型的受力与变形。这是物理模型试验的基本任务。因此,采用物理模型试验的方法,可以论证工程设计中建筑物的安全性与合理性,从而预见原型可能发生的损伤或失稳现象,同时,根据试验结果可以验证设计所依据的理论的可行性。

4. 试验大纲

模型试验之前,应根据试验任务的要求编制试验大纲。以波浪模型试验为例,试验大纲应包括下列内容:

(1)试验依据和遵守的技术标准;

(2)项目概况,试验目的、内容和要求;

(3)试验依据的基本资料,试验方法和实施方案;

(4)试验设备和测量仪器;

(5)主要试验人员、试验进度计划、预期的目标和试验结果。

5. 试验资料

设计与制作模型,需要翔实的海底地形资料和建筑物设计图纸。进行试验时,需要完备的波浪、潮汐、海流、泥沙、海底底质的资料及设计任务书。地形图的比例尺应根据试验研究的范围与模型比尺确定,不宜太小。建筑物的设计图纸,应包括平面图、三视图及各个部件的详图。水文泥沙地质资料应注意时效性,要求翔实准确。

6. 仪器设备

除了水池、水槽、造波系统、造流系统等固定设备,适用的测量仪器特别重要。其选择直接关系到试验结果的可靠性。

7. 试验实施

根据生产单位提出的试验任务书,考虑实验室的场地条件、试验能力、试验时间及项目经费等条件,以及模型相似的上限,通过计算比较,确定模型比尺。根据建筑物的设计详图,选择模型材料,制作模型。制作过程中,要注意检测尺寸,确保达到要求的精度。制作海底地形,安装模型,并进行校核测量。在试验水池或水槽中放水,检验模型运行情况,发现问题及时修补。开展与试验有关的率定工作,开展各种工况的试验工作。观测原有设计是否满足工程需要,分析发现存在的问题,及时与生产单位沟通。进行修改比较试验,确定优化的工程方案,收集观测数据,完成试验报告。试验过程中,要注意掌控试验进度。

随着计算机的快速发展,借助于数学模型进行数值求解,对于具有复杂边界的三维问题有显著的优势。因此,将物理模型试验与数值模拟计算紧密结合,优势互补,是全面解决工程问题的重要途径。

8. 撰写报告

试验报告可按下列格式编写(JTJ/T234—2001《波浪模型试验规程》,以下简称《试验规程》):

(1)封面,包括试验成果的名称、承担单位、参加单位和编制日期。

（2）扉页，包括法定代表人、技术主管、项目负责人、报告编写人和试验参加人员。

（3）摘要，简述试验目的和方法及试验主要结论。

（4）目次，包括试验成果报告的章、节名称和起始页码。

（5）正文，包括以下内容：

1）引言，包括试验的背景、目的和采取的技术路线等；

2）试验依据的基本资料，包括工程概况、工程布置、建筑物结构、水位、波浪、地形及其他水文、气象、泥沙和地质等资料；

3）试验内容和技术要求；

4）模型设计或数值模拟方法，包括物理模型的相似条件、模型比尺的选择、模型的布置及试验设备和测量仪器等；数值模拟的基本控制方程、边界条件、求解方法、离散格式和参数的确定；

5）模型制作，包括图纸资料、边界和制作的精度；

6）试验结果分析；

7）结语，包括试验主要结果、存在的问题及建议。

（6）参考文献。

第1章　物理模型试验理论基础

1.1　量纲分析

在海岸工程研究中,经常采用密度、长度、时间、速度势、力及能量等物理量来描述波浪现象及其对结构物的作用,这些物理量按其性质的不同而分为多种类别,并用不同的量纲来标志,如长度$[L]$、时间$[T]$、质量$[M]$、力$[F]$等。

量纲可分为基本量纲和诱导量纲。基本量纲必须具有独立性,即一个基本量纲不能从其他基本量纲推导出来,也就是不依赖于其他基本量纲。由基本量纲推导出的其他物理量的量纲称为诱导量纲。例如,$[L]$、$[T]$和$[M]$是相互独立的量,故可以作为基本量纲,但$[L]$、$[T]$和速度量纲$[v]$就不是相互独立的,因为$[v]=[L/T]$。如果$[L]$、$[T]$取作基本量纲,$[v]$就不能作为基本量纲,它只能作为一个诱导量纲。

在力学问题中,任何一个力学量的量纲可以由$[L]$、$[T]$和$[M]$导出,故一般取长度$[L]$、时间$[T]$和质量$[M]$为基本量纲。如果x为任一物理量,可用三个基本量纲的指数乘积形式来表示:

$$[x]=[L^{\alpha}][T^{\beta}][M^{\gamma}] \tag{1.1.1}$$

式(1.1.1)称为量纲公式。量x的物理性质可由量纲指数α、β、γ来反映,如果α、β、γ指数有一个不为零时,就可以说x为一有量纲的量。

从式(1.1.1)可得力学中常见的量纲有:

(1)如$\alpha\neq0,\beta=0,\gamma=0$,$x$为一几何学的量。

(2)如$\beta\neq0,\gamma=0$,x为一运动学的量。

(3)如$\gamma\neq0$,x为一动力学的量。

例如,动力黏滞系数μ,由牛顿摩擦定律知$\mu=\tau/\dfrac{\mathrm{d}u}{\mathrm{d}n}$,分子$\tau$为切应力,其量纲为$[F/L^2]$,力$[F]=[MLT^{-2}]$,分母$\dfrac{\mathrm{d}u}{\mathrm{d}n}$为速度梯度,则$\mu$的量纲公式为

$$[\mu]=[F/L^2]/[v/L]=[MLT^{-2}]/[LT^{-1}/L]=[ML^{-1}T^{-1}] \quad (1.1.2)$$

由$[M]$量纲的指数为$1(\neq 0)$,可以说动力黏滞系数为一动力学量。

当式(1.1.1)中的$\alpha=\beta=\gamma=0$时,即

$$[x]=[L^0][T^0][M^0]=[1] \quad (1.1.3)$$

我们称$[x]$为无量纲量,它具有数值的特征。

例如,流体力学中已学到的摩阻无量纲雷诺数$Re=vD\rho/\mu$。已知流速v的量纲为$[LT^{-1}]$,有效尺度D的量纲为$[L]$,黏滞系数μ的量纲为$[ML^{-1}T^{-1}]$,水密度ρ的量纲为$[ML^{-3}]$,则雷诺数的量纲

$$Re=[LT^{-1}]\cdot[L]\cdot[ML^{-3}]/[ML^{-1}T^{-1}]=[L^0][T^0][M^0]=[1]$$

$$(1.1.4)$$

为一无量纲量。

无量纲量具有如下特点:

无量纲量既无量又无单位,它的数值大小与所选用的单位无关。如果一流动状态的雷诺数$Re=2\,000$,不论采用的是哪一种单位制,其数值保持不变,并且在模型和原型两种规模大小不同的运动现象中其无量纲是不变的。在模型试验中,为了模拟与原型状态相似的模型状态,常用相同的无量纲量作为相似判据,无量纲量在模型及原型的物理状态中应保持不变,这就是相似原理的基础之一,后面将详细介绍。

凡是能正确反映客观规律的物理方程,其各项的量纲都必须是一致的,这称为量纲的和谐原理。这是量纲分析的基本原理。例如,描述黏性流体运动的纳维—斯托克斯方程为

$$\frac{\partial \boldsymbol{v}}{\partial t}+(\boldsymbol{v}\cdot\nabla)\boldsymbol{v}=\boldsymbol{X}-\frac{1}{\rho}\nabla\cdot\rho+\boldsymbol{v}\,\nabla^2\boldsymbol{v} \quad (1.1.5)$$

式中,各项的量纲均为$[LT^{-2}]$,因而该式是满足量纲和谐原理的。

下面介绍一下量纲分析法中的普遍理论——布金汉π定理。

任何一个物理过程,如包含有n个物理量,而其涉及m个基本量纲(如力学问题涉及三个基本量纲),则这个物理过程可由n个物理量组成的$(n-m)$个无量纲所表达的关系式来描述。因习惯用π来表示这些无量纲量,就把这个定理称为π定理。

设影响物理过程的n个物理量为$x_1,x_2,\cdots,x_n$,其数学表示为

$$f(x_1,x_2,\cdots,x_n)=0 \quad (1.1.6)$$

这几个物理量中,包含有m个基本量纲。根据π定理,这个物理过程可用$(n-m)$个无量纲(取前m个量纲为基本量纲,我们可以通过调换物理量的次序

来达到）

$$\pi_s = \frac{x_m + s}{x_1{}^{y_{1s}} \cdot x_2{}^{y_{2s}} \cdot \cdots \cdot x_m{}^{y_{ms}}} \tag{1.1.7}$$

式中，$s = 1, 2, 3, \cdots, n-m$；$y_{1s}, y_{2s}, \cdots, y_{ms}$ 为 π_s 的各基本量纲的量纲指数。可用如下关系式来描述，即

$$F(\pi_1, \pi_2, \cdots, \pi_{n-m}) = 0 \tag{1.1.8}$$

1.2 相似原理

在波浪对海岸结构物的作用中，有些问题不能单纯依靠理论分析求得解答，而要依靠实验研究来解决。相似原理是实验的基本依据，也是对海浪现象进行分析的一个重要手段。本书所涉及的海浪运动、结构物的作用、泥沙运动及浮力力学等方面，都广泛应用模型实验来进行研究。相似原理就是模型实验的理论基础。

什么是相似呢？两个物理现象的相应点上所有表征运动状况的物理量都维持各自的固定比例关系，则这两个物理现象就是相似的，表征物理现象的量具有不同的性质，而表征波动现象的量主要有三种：表征几何形状的、表征运动状况的以及表征动力的物理量。因此两个波动现象的相似，可以用几何相似、运动相似和动力相似来描述。

对于模型实验来说，几何相似是指原型和模型两个系统的几何形状相似。要求两系统中所有相应尺度都维持一定的比例关系，即

$$\lambda_l = l_p / l_m \tag{1.2.1}$$

式中，l_p 代表原型某一部位的长度，l_m 代表模型相应部位的长度，λ_l 为长度比尺。

几何相似的结果必然使任何两个相应的面积 A 和体积 V 也都维持一定的比例关系，即

$$\lambda_A = A_p / A_m = \lambda_l^2 \tag{1.2.2}$$

$$\lambda_V = V_p / V_m = \lambda_l^3 \tag{1.2.3}$$

可以看出，几何相似是通过长度比尺 λ_l 来表达的，只要任何一对相应长度都维持一定的比例关系 λ_l，就保证两系统的几何相似。

运动相似是指质点的运动情况相似，即相应质点在相应瞬间做相应的位移，所以运动状态的相似要求原型和模型相应质点的速度和加速度相似。如以

u、a 分别代表质点速度和加速度,取 λ_t 为时间比尺,则运动相似要求

$$\lambda_u = u_p/u_m = \lambda_l/\lambda_t \tag{1.2.4}$$

$$\lambda_a = a_p/a_m = \lambda_l^2/\lambda_t \tag{1.2.5}$$

在原型和模型的各相应点上维持不变。

　　动力相似是指作用于两系统相应点的各种作用力均维持一定的比例关系。如以 F_p 代表原型中某点的作用力,以 F_m 代表模型中相应点的同样性质的作用力,则动力相似要求

$$\lambda_F = F_p/F_m \tag{1.2.6}$$

维持固定的比例。

　　上述三种相似是原型与模型保持完全相似的重要特征与属性,这三种相似是相互联系和互为条件的。几何相似也可以理解为运动相似和动力相似的前提和依据,而动力相似是决定两个物理现象相似的主要因素,运动相似则可以认为是几何相似和动力相似的表现。总之,三种相似是一个彼此密切相关的整体,三者缺一不可。

　　动力相似中原型与模型相应点的各种作用力可以从不同的角度进行分类,但最根本的是从流体的物理性质进行分类,如万有引力特性所产生的重力、流体黏滞性所产生的黏滞力、压缩性所产生的弹性力等。另外,还有液体的惯性所引起的惯性力,除惯性力外上述作用力都是企图改变流动状态的力,而惯性力是企图维持液体原有运动状态的力。液体的波动就是惯性力和其他各种性质力相互作用的结果。如果我们以其他各种性质的力与惯性力的比例来表示其比例关系,在原型和模型中,这种比例保持固定不变。这些比例称作表征动力相似的准数。

　　下面试图用描述黏性流体运动的方程来研究表示动力相似的准数,在纳维—斯托克斯方程(1.2.3)中,外力作用只考虑重力作用,则对于原型和模型来讲,分别由下列方程给出:

$$\frac{\partial \boldsymbol{v}_p}{\partial t_p} + (\boldsymbol{v}_p \cdot \nabla_p)\boldsymbol{v}_p = g_p - \frac{1}{\rho_p}\nabla_p P_p + \nu_p \nabla_p^2 \boldsymbol{v}_p \tag{1.2.7}$$

$$\frac{\partial \boldsymbol{v}_m}{\partial t_m} + (\boldsymbol{v}_m \cdot \nabla_m)\boldsymbol{v}_m = g_m - \frac{1}{\rho_m}\nabla_m P_m + \nu_m \nabla_m^2 \boldsymbol{v}_m \tag{1.2.8}$$

　　两个相似运动间存在的比尺关系如下:

　　密度比尺为 $\lambda_\rho = \rho_p/\rho_m$,运动黏滞系数比尺为 $\lambda_\nu = \nu_p^2/\nu_m$,压力比尺为 $\lambda_P = P_p/P_m$,重力加速度比尺为 $\lambda_g = g_p/g_m$,速度比尺为 $\lambda_v = v_p/v_m$,时间比尺为 $\lambda_t = t_p/t_m$,长度比尺为 $\lambda_l = l_p/l_m$。

将这些比尺关系代入式(1.2.7)中,得

$$\frac{\lambda_v}{\lambda_t} \cdot \frac{\partial \boldsymbol{v}_m}{\partial t_m} + \frac{\lambda_v^2}{\lambda_l}(\boldsymbol{v}_m \cdot \nabla_m)\boldsymbol{v}_m$$

$$= \lambda_g \, \boldsymbol{g}_m - \frac{\lambda_P}{\lambda_\rho \lambda_g} \cdot \frac{1}{\rho_m} \nabla_m P_m + \frac{\lambda_v \lambda_\nu}{\lambda_l^2} \cdot \nu_m \, \nabla_m^2 \boldsymbol{v}_m \qquad (1.2.9)$$

如果两个运动相似,则式(1.2.8)、(1.2.9)应恒等,这就要求式(1.2.9)中各项无量纲系数互等,即

$$\frac{\lambda_v}{\lambda_t} = \frac{\lambda_v^2}{\lambda_l} = \lambda_g = \frac{\lambda_P}{\lambda_\rho \lambda_g} = \frac{\lambda_v \lambda_\nu}{\lambda_l^2} \qquad (1.2.10)$$

$$(1) \quad (2) \quad (3) \quad (4) \qquad (5)$$

式中,(1)为加速度项,(2)为定常加速度,(3)为重力项,(4)为压力项,(5)为黏滞项。以第(2)项遍除各项得

$$\frac{\lambda_l}{\lambda_t \lambda_v} = \frac{\lambda_g \lambda_l}{\lambda_v^2} = \frac{\lambda_P}{\lambda_\rho \lambda_v^2} = \frac{\lambda_\nu}{\lambda_l \lambda_v} \qquad (1.2.11)$$

将各种比尺关系代入式(1.2.11)则有无量纲关系:

$$\begin{cases} l_p/v_p t_p = l_m/v_m t_m \\ v_p^2/g_p l_p = v_m^2/g_m l_m \\ v_p l_p/\nu_p = v_m l_m/\nu_m \\ P_p/\rho_p v_p^2 = P_m/\rho_m v_m^2 \end{cases} \qquad (1.2.12)$$

式(1.2.12)中各式的无量纲都是相似准数。则由式(1.2.12)我们取

$$斯特劳哈尔准数 \quad Sr = l/vt \qquad (1.2.13\text{-}1)$$

$$佛汝德准数 \quad Fr = v/\sqrt{gl} \qquad (1.2.13\text{-}2)$$

$$雷诺准数 \quad Re = vl/\nu \qquad (1.2.13\text{-}3)$$

$$欧拉准数 \quad Eu = P/\rho v^2 \qquad (1.2.13\text{-}4)$$

由纳维—斯托克斯方程所描述的 2 个不可压缩黏性流体的运动保持相似,上列 4 个准数必须相等。这是判断相似的标志和判据,也称为相似准则。

四个相似准则的含义为:

斯特罗哈准则表征运动的非恒定性。

欧拉准则表征压力与惯性力比值。

佛汝德准则表征重力与惯性力的比值。

雷诺准则表征黏滞力与惯性力的比值。

前面介绍了相似现象的特征和属性,下面就相似的必要和充分条件作些说明。波动力学问题,一般可由微分方程来表述。显然两个相似的波动也必然被

同一微分方程所描述,这是波动现象相似的首要条件。

微分方程有一般的解,也有特定的解,某一个特定的波动就对应于微分方程的一个特定的单值解。两个波动现象的相似,就意味着它们具有相似的单值解。造成单直解的条件称为单值条件。

单值条件包括以下几个方面:

(1)边界条件——波动场的几何尺度,边界的运动情况及边界的性质。

(2)初始条件——初始时刻的波动情况。

(3)物性条件——液体的物性,如密度、黏滞系数等。

但只有上述两个相似条件不能保证波动的相似,还必须包括第三个必要的相似条件即有关的相似准数要互等。而组成各准数的物理量中,有的是边界条件或初始条件的因素之一,由这些物理量组成的准数称为相似的条件准数。因此,这些条件准数的相等是相似的必要条件。另一些物理量不属于边界条件或初始条件的,它们与单值条件无关,它们的相等就不是相似的条件,而是相似的结果。比如,前面讲到的 Fr,Re,St 准数为条件准数,而 Eu 为结果准数。

综上所述,波动相似的必要和充分条件是:

(1)相似波动必须由同样的微分方程来描述;

(2)单值条件相似;

(3)条件准数相等。

在具体进行模型试验时,相似条件中前两个条件容易办到,而第三个条件即准数条件是不容易办到的。对于自由表面波动问题,因为同时受重力和黏滞力作用,则从理论上就要求同时满足佛汝德准则和雷诺准则,才能保证原型和模型的相似。

在进行较大规模的模型试验时,一般都取同一种流体——水,并且都在地球上而加速度 g 也不变,则由佛汝德准则 $Fr_p = Fr_m$ 得

$$\frac{v_p}{\sqrt{g_p l_p}} = \frac{v_m}{\sqrt{g_m l_m}} \qquad (1.2.14)$$

因为 $g_p = g_m$,即 $\lambda_g = 1$,则有

$$\lambda_v = \lambda_l^{1/2} \qquad (1.2.15)$$

而由雷诺准则 $Re_p = Re_m$,得

$$\frac{v_p l_p}{\nu_p} = \frac{v_m l_m}{\nu_m} \qquad (1.2.16)$$

因为水质性质不变,$\nu_p = \nu_m$,即 $\lambda_\nu = 1$,则有

$$\lambda_v = \lambda_l^{-1} \qquad (1.2.17)$$

从式(1.2.15)和(1.2.17)的矛盾可以看出,要使 Fr 数和 Re 数同时满足则要求 $\lambda_l = 1$,这就失去了模型试验的意义了。

在实际工程中,为解决这一矛盾,就要对黏滞力的作用和影响作具体深入分析。流体力学中已学过,雷诺数是判别流态的一个标准。在不同的流动形态下,黏滞力对流动阻力的影响是不同的。当雷诺数较小时,流态为层流状态,此时黏滞力作用相似要求雷诺数相等;当雷诺数大到一定程度,成为紊流形态的充分发展阶段后,阻力相似并不要求雷诺数相等,而与雷诺数无关,只要考虑佛汝德数即可,因此在进行模型试验比尺的确定时,要尽量避免 Fr 数与 Re 数的矛盾,使试验真实地反映原型的物理特性。

第 2 章　物理模型试验的分类与流程

海岸工程模型试验根据研究手段的不同可分为物理模型试验和数值模型试验两种。这两种试验方法都是研究波浪、潮流对海岸工程作用的有力工具，两者的巧妙结合，往往可以解决实际工程中的一些棘手问题。

物理模型试验是将所研究海域的边界(含水工建筑物)及海浪运动形态，依据一定的相似准则按比尺进行缩小，利用人工设备在实验室内复演自然波况、流体运动的状态和过程，从而研究波浪与水工建筑物的相互作用、水流和波浪作用下的泥沙运动与输移过程、床面的冲淤变形、污染物质的扩散浓度分布及影响范围等。

物理模型试验的优点是试验中展现的现象较为直观，反映的演变规律和作用状态较为准确；缺点是往往受到试验场地、仪器设备、动力装置和资金投入等条件的限制，试验过程烦琐，费用较高。

数值模型试验是在一定的边界条件下，通过求解描述流体或泥沙运动的数学方程，研究波浪、潮流的传递规律或岸滩的演变规律。进行数值计算时，首先应弄清要解决的问题和影响因素，选用或建立数学物理方案，确定相应的边界条件，建立数值计算方案，然后通过计算机求解。在应用数学模型求解问题时，首先对模型进行检验和判断，证明计算方案的可行性和结果的可靠程度。常用的数值计算方法有有限差分法和有限元法等。

数值模型试验的优点是快速、灵活、费用低；缺点是试验中波浪、潮流运动过于理想化，海岸工程中许多需要研究的动力过程不能组成封闭的方程组，特别是针对紊流的研究尚停留在几种理想的流动状态和不太复杂的边界条件。目前对于工程实际问题，数值模拟方法的预报能力不及物理模型。

2.1　物理模型试验的分类

物理模型试验按研究的范围和内容分为整体物理模型试验、局部整体物理模型试验和断面物理模型试验。前两者用于研究三维波浪问题,后者用于研究二维波浪问题。就试验现象的准确性而言,前两者优于后者,但由于前两者模型比尺相对较大,后者较小,考虑到比尺效应,许多波浪特征值,如波压力、越浪量等的测试一般在断面物理模型试验中解决。

整体物理模型试验一般对整个工程区域进行研究,模型比尺往往较大,研究内容包括波浪的传播与变形,港内水域的平稳度和船行波,斜向波、多向波和船行波等对水工建筑物的作用等。整体模型试验一般在室内水池内进行,如果在室外水池进行,应避免因风引起的涟波或小波的影响,模型制作范围必须包括试验要求研究的区域和对研究区域波浪要素有影响的水域;选取模型比尺时,要根据试验水池和建筑物的尺度、波浪等动力条件和测试仪器的测量精度,尽量选取较小的比尺。

局部整体物理模型试验是选取工程的一定区域进行研究,选定的区域一般是所受波浪力或波浪作用状态有别于常规的重点部位,如防波堤的堤头、堤根及一些容易造成波能集中的区域,研究内容一般是验证工程局部结构在斜向波作用时的稳定性,或了解工程局部的上水情况,有时也进行波浪力的测量。模型比尺一般较整体物理模型试验小,较断面物理模型试验大。由于局部整体物理模型试验考虑了地形、岸坡、斜向浪及周边建筑物的影响,反映的试验现象比断面物理模型试验更为准确,所以越来越受到工程设计人员的重视。

断面物理模型试验是选取工程结构的一个断面进行研究,主要研究波浪对斜坡式、直墙式建筑物的正向作用。斜坡堤测试内容包括护面块体(块石)的稳定性、胸墙的稳定性、胸墙迎浪面波压力测量和墙底波浪浮托力测量、护底块石的稳定性、堤顶越浪量测量等;直立堤测试内容包括结构稳定性、直墙上波压力及墙底浮托力测量,堤顶越浪量测量等。断面物理模型试验的模型比尺根据水槽和建筑物结构尺度、波浪等动力因素及试验仪器的测量精度确定,一般比尺较小。

物理模型试验按基床底质的不同分为定床试验和动床试验。定床指试验中基床固定不变(即硬质基床),定床试验主要研究基床上部结构的稳定性及波浪传递规律;动床指试验中基床发生变化,一般指淤泥或沙土等软基,动床试验主要研究在波浪、潮流作用下工程区域的冲淤变化规律。

物理模型试验按水平方向和垂直方向所采用比尺的情况分为正态模型试验和变态模型试验。正态模型指水平向和垂直向采用相同的比尺,正态模型准确反映了工程原型的情况;变态模型指水平向和垂直向采用的比尺不同,水平比尺和垂直比尺的比值称为变态率。当整体物理模型试验的试验条件受到限

制时,可以采用变态模型。变态整体物理模型应按重力相似设计,并根据现场
资料和试验要求进行分析,满足主要的相似条件,合理选取模型比尺,并对相似
条件进行验证。一般变态率不大于 5。

　　此外,根据模型试验研究的对象不同,可以分为波浪模型试验、潮流模型试
验、泥沙模型试验和结构模型试验等。根据模型试验中流体的性质,可以分为
清水模型试验和浑水模型试验等。

2.2　物理模型试验的流程

　　物理模型试验是一项技术性较强的工作,过程烦琐、复杂,要求懂得一定的
专业理论知识,具有一定的实践经验,同时必须娴熟掌握造波机的操作方法和
测试仪器的操作原理。为使读者掌握这项海岸工程建设中重要的研究手段,下
面简要介绍物理模型试验的过程。

　　1. 熟悉试验资料,明确试验目的和要求

　　海岸工程模型试验所需要的资料主要有:

　　(1)进行整体模型试验时应提供工程所处海区地形图,比尺一般不小于 1∶
5 000。

　　(2)水工建筑物结构图,包括平面布置图、断面图及局部结构大样图。

　　(3)水文资料:包括试验水位、波浪方向、波浪谱型、不同累计频率的波高和
周期等。

　　试验前应仔细阅读、分析试验任务书,明确试验目的、试验内容和要求,并
根据上述内容认真编写试验大纲,做到心中有数、有的放矢。

　　2. 确定模型比尺

　　模型比尺 λ 一般指几何比尺 λ_l,是最基本的比尺,其他量的比尺均可由其
换算而得,所以选择合适的模型比尺非常重要。进行整体模型试验时,为便于
观测试验现象,一般希望 λ 小一点、模型大一些,但往往受场地和造波能力的限
制,因此不能 λ 太小;如果仅仅为了适应一个较小的场地而将 λ 取得太大,即模
型小一些,这又会影响到模型精度要求。通常模型比尺根据水池大小、造波机
的造波能力和波浪的有效作用区域等控制因素综合考虑后确定。

　　具体初选 λ 的方法如下:

　　首先在地形图上画出模型试验必须包括的范围矩形(图 2.2.1)。这个矩形
的边长须满足两个要求:

（1）在波向（纵向）上，为保证造波机前波浪充分成长，同时避免反射波的影响，建筑物和造波机间距离一般不小于 6 倍波长。

（2）在横向上，为避免池边干扰，矩形宽边要保证跨过建筑物的全长再增加 3～5 个波长的距离。该矩形画好后，将边长略加增减以处理成现有水池相似形，最后将该相似形的某一边长如 a' 乘以地图比尺 m 再除以现有水池相应边长 a，就得到 λ_l，即有下式：

$$\lambda_{II} = a'm/a \tag{2.2.1}$$

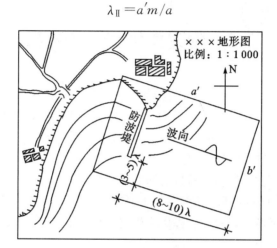

图 2.2.1　模型布置示意图

下面讨论如何按模型精度要求检验上述初选比尺 λ_{II}，并加以修正。这里所谈的模型精度，是指模型流态反映原型的真实程度，这与模型比尺的选择有很大关系。如果模型比尺取得太大，即模型做得太小，则可能使模型的流态与原型不同。因为原型波动一般在紊流范围内，才能保证流态的相似，并且忽略雷诺准则的影响以避免上一节讲到的两准数（与佛汝德数）的矛盾。模型比尺太大，可能使得模型中的波动流态处于过渡区或是层流区，使流态失真。

为了消除这个失真现象，必须对所选的比尺进行修正，即有下式：

$$\lambda_{lII} = \frac{l_p}{l_m} = \beta\lambda'_l \tag{2.2.2}$$

式中，λ'_l 表示按模型精度要求初选的几何比尺；β 表示修正系数；β 是雷诺数和波陡 δ 的函数，二者关系如图 2.2.2 所示。

在波要素为已知，即波陡一定的情况下，β 仅随 Re 改变。这时，Re 越小 β 越大，Re 越大 β 越小，当 Re 大到一定程度，则 β 可以视为 1。这时说明模型水流已处于紊流区，流态不产生失真，几何比尺亦不需要再修正了。于是，我们在按模型精度要求选取几何比尺 λ'_l 时总是取一个合适的雷诺数使得 $\beta=1$,则此时 $\lambda_{l\mathrm{II}}$ 与 λ'_l 相等。

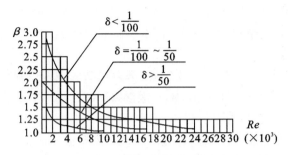

图 2.2.2　修正系数与雷诺数、波陡关系图

按经验,λ'_l 有如下表达式:

$$\lambda'_l = \lambda_{l0}(Re/\alpha)^{-\frac{2}{3}} \qquad (2.2.3)$$

式中,λ_{l0} 表示按模型精度要求的几何比尺,对于波动系统可定义为

$$\lambda_{l0} = \frac{\text{原型中所要求的波高}}{\text{模型中可以观测到的最小波高}}$$

模型试验中,对于原始入射波,规则波波高和不规则波有效波高不应小于 2 cm,规则波周期不应小于 0.5 s,不规则波谱峰周期不应小于 0.8 s。如果选择的比尺过大,模拟的原始入射波高和周期过小,水的黏滞力和表面张力将起显著作用,不能满足重力相似准则,同时会严重影响试验的测试精度。故上述模型可以观测到的最小波高通常取为 2 cm。

$$\alpha = \frac{C_m}{2\nu} \qquad (2.2.4)$$

式中,C_m 表示模型波速,即 $C_m = \sqrt{gh_m}$;h_m 表示模型水深,即 $h_m = h_p/\lambda_{l0}$。其中,h_p 表示原型水深;ν 表示流体动力学黏滞系数。

将以上各量的数值,以及按图 2.2.2,令 $\beta=1$ 查得的 Re 值代入式(2.2.3)中,即可求得 λ'_l,也就是 $\lambda_{l\mathrm{II}}$,将 $\lambda_{l\mathrm{I}}$ 与 $\lambda_{l\mathrm{II}}$ 比较,如果 $\lambda_{l\mathrm{I}} < \lambda_{l\mathrm{II}}$,则 $\lambda_{l\mathrm{I}}$ 就可以作为试验用的几何比尺,如果 $\lambda_{l\mathrm{I}} > \lambda_{l\mathrm{II}}$,则应摒弃 $\lambda_{l\mathrm{I}}$,这时需要加大场地。

λ_l 确定后,可据此确定其他的比尺。

3. 水工建筑物构件模型的制作

(1)选材。个体构件的制作,首先是选材。为保证相似,要注意材料的容重及摩擦系数,从工艺性出发,还要考虑到材料的可塑性和易于脱模,材料来源和经济指标,也应作为选材的原则。在这些原则中,首要的是保证相似,通常材料有水泥砂浆、混凝土、木材、石蜡等。

（2）制模。模胎多为木质。制模是一项技术性较强的工作，模胎的加工质量直接影响到模型精度。制模工作应由技术较高的木工承担，模胎应便于浇注和模型脱模，对于复杂模型块，需要将木模做成分离体。模具制作应保证构件模型尺寸的准确。

（3）浇注模型。浇注模型时要细心，努力提高成型率以降低成本。浇注成的构件模型重量应在要求的范围内，一般误差不超过构件重量的±5％。

4. 海底地形及水域边界的制作

（1）整体模型的制作。整体物理模型试验模型包括试验区域海底地形（含水域边界）模型和水工建筑物模型，其制作程序如下：

1）根据试验海区范围和试验波浪方向，确定模型制作区域。整体模型试验一般包括多个波浪方向，模型区域应保证研究对象位于波浪有效区内，并保证建筑物与造波机间距离、建筑物与水池边界间距离满足规范要求。

2）模型区域的平面控制。平面控制一般采用网格控制，具体是将试验区域沿造波板方向及其垂直方向绘制等分的网格，根据地形和建筑物在网格中的位置进行水平定位。网格线间距根据地形变化的幅度确定，如果地形变化幅度不大，一般取 1.0 m，如果地形变化幅度较大，应适当加密。

3）海底地形的高程控制。绘制网格线后，根据地形图确定网格交叉点处的高程，并将高程换算成模型值。高程点采用水准仪控制。水域边界和岩石地质的高程变化幅度一般较大，其高程一般采用断面法控制。制作断面的材料选取易于裁剪的板材（一般采用三合板或薄铁皮），制作时先用记号笔在板上画出不同水平位置的高程点，并连成折线，再沿折线裁剪板材，切割好后将断面立于相应位置处，利用水准仪确定断面两端的高程，断面两侧用基土固定。

4）基土的填充。控制点制作完成后，根据控制点的高低填充基土，基土一般采用便于密实的石碴或沙土，填充沙土时应注意保护高程点。基土填好后进行密实处理。

5）表面处理。基土密实后对基土表面进行抹面处理，对于淤泥质地基一般进行光滑处理，对于岩石地基或沙质地基应进行加糙处理，保证海底糙度的相似，抹面前应对高程控制点进行校验，抹面后高程控制点误差控制在±2 mm 之内。

（2）断面模型制作。港口工程水工建筑物断面一般指防波堤、护岸或码头岸线结构的断面。这些建筑物是由个体构件或块体组成。在水槽内制作模型时，一般先根据地形标高和水位确定水深，然后根据试验水位和建筑物的相对关系在水槽壁上画出结构断面的轮廓线,然后将构件和块体按图摆放。

另外要注意的是模型的测量部位,方案的待选部位要便于拆装、更换,防止每更换一个方案要拆毁全部模型。在制作和布置模型时还应照顾到测量仪器的安装方便、记录准确等。有的应便于摄影,布置灯光和取景部位合理有效等。

5. 试验前的准备

(1)对造波机进行检查。造波机一般分为直流电机式和液压伺服式两种。试验前应对造波机进行检查,保证其机械性能良好,并具有良好的重复性。

(2)测试仪器的率定。试验前应对测试仪器全部通电检验,并对波高仪等进行率定,如有故障及时排除。

(3)准备充足的水源和畅通的排灌水系统。

(4)在水池边界设置消波网,减小反射波的影响。

(5)拟定试验程序。事先将需要测的物理量进行规划,排好测量组次、先后顺序并制成表格,以便逐次进行试验,从而避免重测和漏测。

6. 依据波试验

依据波即模拟水工建筑物建设之前工程海区的原始入射波浪。整体物理模型试验在地形制作完成后、放置水工建筑物之前进行依据波试验。

波浪的模拟应满足重力相似准则,波浪模型试验宜模拟单向不规则波,必要时应模拟多向不规则波,所采用波谱宜模拟工程水域的实测波谱,无实测波谱时,可采用现行行业标准《港口与航道水文规范》(以下简称《水文规范》)规定的波谱或其他合适的波谱,必要时应模拟波列及波群。

依据波试验中所模拟的各累计频率波高、周期必须在误差要求范围内。《试验规程》规定,规则波平均波高和周期、不规则波有效波高和有效周期或谱峰周期的允许偏差均为±5%。

断面物理模型试验一般不制作地形,依据波试验在摆放水工建筑物模型之前进行。

7. 水工建筑物模型制作

依据波试验后进行水工建筑物模型制作。建筑物模型制作一般采用断面法,利用网格进行平面控制,利用水准仪进行高程控制。制作建筑物模型的方法和材料根据建筑物型式和试验内容确定。

(1)直立堤模型的制作:直立堤常用的结构型式有沉箱式、方块式和浆砌块石式。如果是波高测量试验,建筑物模型制作只遵循几何相似准则,可以采用砖块和水泥砂浆现场砌筑,也可利用有一定硬度的铁皮预制,只需保证建筑物外表与原型相似即可;如果是稳定试验,必须遵循几何相似和重力相似准则,建筑物模型采用模具制作,保证其形状和重量与原型一致。

(2)斜坡堤模型的制作:斜坡堤一般由胸墙、堤心石、垫层石、块石棱体和人工护面块体组成。堤心石用有一定级配的碎石代替,垫层石和块石棱体根据规定的重量范围选取,人工护面块体和胸墙采用模具制作。制作斜坡堤模型时先根据设计图布置断面,然后堆填不同重量的块石,摆放胸墙和人工护面块体。人工护面块体的摆放型式根据设计要求和《防波堤设计与施工规范》确定,一般分为规则摆放和不规则摆放两种型式。

建筑物模型的几何尺度和高程误差应控制在±1 mm 之内。

8.模型试验

水工建筑物模型制作完成后进行结构模型试验。

(1)如果是稳定试验,试验前先用小波作用一段时间,然后用标准波浪试验,先采用小波进行试验的目的是让块体、块石自行密实,不至于在大波突然作用下失稳。标准波浪总的作用时间不应少于 2 h(原型值),即一个风暴潮的作用时间,为避免反射波浪的影响,可以分次进行。

(2)如果是波高或波压力测量试验,试验前应根据测点布置图安置好波高仪或波压仪,并确保仪器处于良好的工作状态。试验时取得的数据应具有规律性,每个工况至少取得三组合理、相近的数据。

(3)试验过程中应仔细观察试验现象,并作好记录,以便于正确分析试验现象,编写试验报告。如果进行数据测量,要将每组次测点位置绘图标明,组次编号与其记录波形要严格对应标明;如果在稳定试验中出现结构失稳现象,应认真分析失稳原因,并及时和设计人员沟通,共同研究出现的问题,制订合理的修改方案。

9.试验数据的处理

对试验数据的处理一定要认真,做到一丝不苟。模型试验中测量数据时必须重复多次,每组数据必须符合同一规律,所提供的试验数据应该是至少三组数据的平均值。

如果试验数据出现异常,应判明其因由,以科学态度对待,不能轻舍轻取。

试验数据的处理及模型值和原型值间的换算要准确,处理完后必须由别人进行校核。

编写试验报告时,要对试验现象进行必要的描述、分析,仔细推敲提出的试验结论。另外,编写试验报告要注意书写工整、规矩,语言要简练不存歧义。

第3章 试验设备与测量仪器

要研究波浪对海岸水工建筑物的作用,首先必须利用机械手段准确模拟海中波浪的真实状态和规律,我们把制造波浪的机械称为造波机。波浪试验一般在室内进行,原因是人工制造的波浪一般较小,容易受到风等自然因素的影响,室内封闭的环境可以将这些不利因素消除,确保制造的波浪有良好的波形和规律性;再者,室内封闭的环境可以有效抵御风、雨、雪等因素对试验设备的损坏,确保试验设备能长期使用和有效运行。

作为一个现代化的海岸波浪试验室,不仅需要一支具有较高专业技能、扎实的波浪理论知识和实践经验的专业队伍,而且需要有一整套完善的试验设备和测试仪器。本章将简要介绍进行波浪物理模型试验所需的设备和测试仪器。

3.1 试验设备

试验设备主要包括试验水池、试验水槽、造波系统、造流系统等。

3.1.1 试验水池

平面模型试验水池又称三维试验水池,是进行三维模型试验的场地。要求有较大的平面尺寸和一定的深度,建造时必须进行防渗处理,以保证试验过程中不发生池水泄漏,保持恒定的水位。试验水池配备输水系统,输水系统包括泵站和管道两部分,泵站一般位于水池以外的地下,便于试验过程中随时进、出水,水泵采用电磁阀控制;管道一般沿水池周边布置,位于水池周边的地下,包括管道和廊道两种,管道和廊道间隔一定距离留有出水口,保证全方位进、出水,以防止因制作模型封闭部分出水口而影响试验用水的进出。

试验水池一般用于近岸一定海区波浪的模拟,适用于整体物理模型试验和局部整体物理模型试验,如港区平面配置泊稳试验、防波堤堤头、堤根块体稳定试验。

根据实验室投资规模和用途的不同,各单位采用的水池平面尺寸和深度差别较大。但无论水池大小,都必须保证有一定的水面宽度,避免不良的模拟效果。波浪水池长度应大于 10 倍波长,一般为 30～60 m,水池宽度一般为 15～40 m。表 3.1.1 是部分学校和研究单位所拥有试验水池的主要尺度参数。

表 3.1.1　部分学校和研究单位的水池尺寸

序号	单位名称	长×宽×深/m	造波机类型	实施时间
1	大连理工大学	56×28×1.0	70 块推板液压伺服电机（多向不规则波）	1996～1997
2	长沙理工大学	50×22×1.0	4 块推板液压伺服电机	1998
3	中国海洋大学	60×36×1.2	0.45×75 块推板伺服电机（多向不规则波）	2008.7～2009.7
4	浙江大学	60×40×1.2	0.5×140 块推板伺服电机（L 形多向不规则波）	2013.1～2014.1
5	广东省水利水电科学研究院	50×23×1.0	0.4×56 块推板液压伺服电机（多向不规则波）	1999.2～2002.2
6	南京水利科学研究院	60×50×1.0	0.4×100 块推板伺服电机（多向不规则波）	2006.4～2008.4
7	中国船舶工业集团公司第七〇八研究所	320×10×5.0	0.5×160 块摇板伺服电机（多向不规则波）	2006.9～2008.12
8	海军工程设计研究院工程综合试验研究中心	60×40×1.2	推板液压伺服电机（L 形多向不规则波）	2011.11～2012.11
9	长江水利委员会长江科学院	45×3×1.5	伺服电机	2012.4～2013.4
10	天津水运工程科学研究院	82×42×1.3	推板伺服电机（多向不规则波）	2007

图 3.1.1 为中国海洋大学山东省海洋工程重点实验室的水池。其尺寸为 60 m×36 m×1.5 m,水池安装有横跨水池的 X-Y 行车,可做水平两个方向的拖曳实验。主车车速可达 2 m·s^{-1},副车车速可达 1.5 m·s^{-1},上方另配有天车,可以方便地吊装试验设备和试验材料。

图 3.1.1　中国海洋大学试验水池

图 3.1.2 是交通运输部天津水运工程科学研究院(以下简称"天科院")海岸水动力综合试验厅,建有国内首座大型 L 形可吸收式(无反射)不规则造波机,波浪试验厅内有波浪试验港池(82 m×42 m×1.3 m),配备了由 33 块推板组成的蛇形方向谱不规则波造波机一台,液压摇板式不规则波造波机两台。此试验大厅可配合循环水库和可逆水泵进行任意方向造流,并配套可移动式大功率变频可调风机,实现风—浪—流共同作用。

图 3.1.2　天科院海岸水动力综合试验厅

天科院 2014 年竣工的大型水动力实验中心,已建成长 440 m,宽 100 m 的大型海港内河综合试验厅(图 3.1.3),长 450 m、宽 5 m、深 8～12 m 的大比尺波浪实验水槽以及长 83 m、宽 1 m、高 0.8 m 的多功能变坡水槽。

图 3.1.3　天科院大型海港内河综合试验厅

水池首、尾两端应设消浪装置。有斜向波反射时，水池的两侧也应设消浪装置。水池采用的消波器一般为立式，由消波网组成，具体如图 3.1.4 所示。该消波器是经过测定反射率后确定的型式，它由不锈钢柱形成方形框架，框架内填充塑料制成的消波网，消波网间隔布置。为便于试验中移动，消波器尺寸不宜过大，一般宽度为 1 m 左右。各试验室的消波器有一定差异，但其作用是相同的。

图 3.1.4　水池的消波器

3.1.2　试验水槽

试验水槽用于断面模型试验，也称二维模型试验，主要研究正向浪对水工建筑物的作用规律。相当于在垂直于建筑物轴线方向的波浪作用下，取一定宽度的建筑物进行研究。试验水槽通常不需很宽，一般不小于 0.5 m，但长度较长，其有效长度一般大于 10 倍波长。

试验水槽一般由水槽、造波机和消波器组成。水槽一般采用钢化玻璃制作，玻璃板间用角钢连接和支撑，目的是便于观察试验中发生的现象。为了不阻碍波浪在水槽内的传播,水槽两侧壁与水槽中轴线必须绝对平行,安装时偏差不应超过±2 mm。造波机一般为单向不规则造波机,其结构和原理与试验水池配备的造波机一致;水槽首、尾两端均安装有消波装置,末端安装消波装置是为了确保试验波浪的准确,同时避免水槽末端直墙对波浪的反射,要求能消除 90%以上的反射波,首端安装消波装置是为了消除造波机后方水体运动时产生的波浪,确保造波板运行平稳。水槽的消波系统一般由立式消波器和碎石(或钢丝圈)组成,碎石(或钢丝圈)为斜坡式布置。

由于水槽较窄,在进行结构试验时,由建筑物形成的反射波容易在造波板处形成反射波,反射波和由造波机生成的波浪迭加后传播至建筑物,致使入射波因变大而失真,从而导致依据波发生变化,影响试验结果的真实性,这种现象称为二次反射。要消除二次反射的影响,除安装吸收式造波机外,另一个措施是将水槽试验区(即安装模型的区域)分隔为两部分,一部分用于安装试验模型,另一部分用于消能。为有效发挥消能区的作用,其宽度一般为模型区的两倍或三倍。

试验时,水工建筑物模型一般布置在水槽中、后段,原因是由造波机生成的波浪的波形在水槽中、末端最稳定,另一方面模型远离造波机,可有效减小二次反射的影响。

由于水深条件的限制,建筑物模型区往往不能产生要求的波浪要素,为此,一般将模型区的池底抬高,抬高的池底和原池底间用斜面连接,该斜面的坡度不应陡于 1∶15。

表 3.1.2 是国内部分学校和研究单位所拥有试验水槽的尺寸。

表 3.1.2　国内部分学校和研究单位的水槽尺寸

序号	单位名称	长×宽×深/m	造波机类型	实施时间
1	大连舰艇学院	18×0.45×0.55	液压伺服电机	2003
2	大连理工大学	58×0.5×0.6 环形水槽	伺服电机(30 块推板)	2004～2005
3	大连理工大学	48×1.0×1.2	伺服电机	2005
4	四川大学	28×1.2×1.1	伺服电机	2005
5	河海大学	60×32×1.0	0.4×20 块推板液压伺服电机(多向不规则波)	2005～2006

（续表）

序号	单位名称	长×宽×深/m	造波机类型	实施时间
6	天津大学	60×50×1.2	0.4×40 块推板伺服电机（多向不规则波）	2006～2007
7	清华大学	38×2.5×1.5	1.25×2 块推板伺服电机	2007
8	中国海洋大学	60×3×1.5	1.0×3 块推板伺服电机	2008～2010
9	长沙理工大学	50×1.0×1.2	伺服电机	2009～2010
10	大连理工大学	160×7.0×4.2	0.35×20 块摇板伺服电机（多向不规则波）	2009
11	同济大学	46×0.8×1.2	吸收式造波机	2011
12	大连海洋大学	45×0.8×1.2	伺服电机	2013
13	上海交通大学	46×0.8×1.2	伺服电机	2014
14	上海航道设计院	50×0.8×1.1	液压伺服电机	2003
15	海军工程设计研究院工程综合试验研究中心	81×1.4×2.4	伺服电机	2007
16	上海河口海岸中心	300×1.0×1.2	吸收式伺服电机	2009～2010
17	黄河水利科学研究院	80×1.2×1.0	伺服电机	2010～2011
18	国家海洋局第一海洋研究所	40×1.0×1.8	伺服电机	2010～2014
19	中国水产科学研究院渔业工程研究所	65×1.0×1.5	伺服电机	2012～2013
20	天津水运工程科学研究院	450×5.0×12	伺服电机	2012～2014

图 3.1.5 为中国海洋大学山东省海洋工程重点实验室的试验水槽，水槽长 60 m、宽 3 m，安装有推板式电机驱动的单向不规则造波机。

图 3.1.5　中国海洋大学宽断面波流水槽

图 3.1.6 为海军工程设计研究院工程综合试验研究中心的风浪试验水槽，水槽长 81 m、宽 1.4 m,安装有推板式电机驱动的单向不规则造波机及风机,能同时模拟波浪和风的作用。

图 3.1.6　海军工程设计研究院工程综合试验研究中心风浪试验水槽

2015 年 11 月 10 日,在天科院大型水动力实验基地进行了大比尺波浪水槽(图 3.1.7 和图 3.1.8)造波能力测试。测试共进行了 3 组,分别产生了波高为 1.0 m、3.2 m 和 3.5 m 的波浪,是目前世界上最大、造波能力最强的大比尺波浪水槽。其长 450 m、宽 5 m、深 8~12 m,能产生 3.5 m 的波浪和 $1 \text{ m} \cdot \text{s}^{-1}$ 的水流,能进行 1∶5 到 1∶1 的大比尺模型试验。该水槽已成为具有国际领先水

图 3.1.7　天科院大型水动力实验中心大比尺波浪水槽

平的水运工程基础理论研究设施,主要
应用于波浪非线性理论及特性研究、泥
沙起动机理及垂向分布规律研究、波
浪—地基—结构物相互作用研究、防波
堤破坏机理研究与性能评估、应急消浪
技术研究与新结构开发等方面的研究。
自 2014 年 7 月 29 日投入试运行以来,
成功完成了新型双箱浮式防波堤结构
稳定和消浪效果原型试验、波流作用下
孤立建筑物周围局部冲刷研究、恶劣水
文条件下港口水工结构的破坏机理和
设计参数优化研究、岛缘陡变地形与极
浅水波浪冲击作用机理研究、海上溢油
围油栏性能检测及设计优化技术研究、
应急型浮式防波堤建设成套技术开发
与应用推广等 10 余项科研课题。

图 3.1.8　大比尺波浪水槽冲刷实验

　大比尺波浪水槽的应用前景(耿宝
磊,等,2014)主要在以下 5 个方面:

　(1)消除比尺效应,进行基础理论研究,为数学模型、理论分析提供依据。
控制模型比尺可最大限度地消除比尺效应的影响,从而得到更为真实的试验数据和试验现象,这些都可以为数学模型以及理论分析提供依据。

(2)进行结构破坏性研究,为防波堤的破坏评估提供依据。近年来频现的恶劣天气产生的极端波浪对海岸工程造成了极大的威胁,借助大比尺波浪水槽,可在实验室对结构进行破坏性试验,检验块体、沉箱、胸墙等结构的稳定性,进一步根据不同结构的破坏形式分析破坏机理,从而为防波堤的破坏评估提供依据。

(3)进行海堤的越浪研究,为安全防护和防灾减灾提供依据。在海洋波浪场中,防波堤不但受到波浪的冲击,在大浪作用下还会出现严重的越浪,往往造成巨大的经济损失,因此防波堤的越浪量不但是防波堤结构和断面设计的关键因素之一,也是衡量防波堤防浪效果以及评价堤后安全的重要参数。国外学者多采用大比尺波浪水槽进行接近原体的试验,检验越浪对防波堤结构及对人体的冲击作用。借助天科院大水槽进行海堤的越浪研究,可确定不同的越浪标准,从而为港口码头及沿岸设施的安全防护和防灾减灾提供依据。

(4)进行泥沙问题研究,探讨运动机理,寻求减淤方法。泥沙模型试验中,除重力相似条件外,摩擦力相似、黏性力相似也会对泥沙的启动、输移、沉降产生影响,这些影响在小比尺的模型试验中会产生较为明显的比尺效应。借助大比尺波浪水槽,可以模拟接近原体的泥沙问题,从而探讨运动机理,寻求减淤方法。

(5)进行波浪与地基基础相互作用研究,探索地基失效引起的建筑物破坏机理与改善措施。恶劣水文条件下,波浪对结构物的作用远超过正常天气条件,尤其在软土地基情况下,更容易发生结构与地基失稳。波浪作用下结构与地基特别是软土地基失稳机理的研究作为港口海岸工程学科的前沿课题,一直是各国学者和工程技术人员研究的热点和难点,利用大比尺波浪水槽铺砂段进行波浪与地基基础相互作用试验,是大比尺波浪水槽设计的主要功能之一。

大比尺波浪水槽的建设填补了中国大陆地区在大比尺波浪水槽研究领域的空白,其将用于突破海岸工程建设中涉及波浪特性、结构安全、波浪—地基—建筑物相互作用及防灾减灾等基础理论和技术的制约,从而形成强大的自主创新能力,成为我国水运交通、海洋、水利以及国防等相关领域基础理论的研究基地,研究成果必将推动我国海洋工程事业的发展。

3.1.3 造波系统

造波系统是波浪物理模型试验的主要设备,其功能是利用机械原理,通过计算机控制电机或液压系统推动造波板,制作出试验所需的波浪。

实验室造波技术随着科学技术的发展而不断进步。20 世纪 60 年代以前,波浪模型试验全部采用规则波,随机的海域天然波况被简化为以有效波高 $H_{1/3}$

及相应的波周期 $T_{1/3}$ 为特征的波。产生这种规则波的设备常见的有击块式、提水式等。此后,随着计算机技术的应用,不规则波造波机研制成功,这种造波机不仅可以很好地模拟波列中不同累计频率的波高和周期,而且可以同时制作多个方向的波浪,并有较强的操作性,使造波系统由单纯的机械式向人工智能化发展,节省了大量的人力,且使试验周期大大缩短。测量仪器、数据采集及处理技术也有了较大的改进,使模型试验的精度有了很大的提高。

用于波浪物理模型试验的造波机必须保证能产生波形平稳、重复性好的波浪,这样才能在试验中找出波浪对试验建筑物的作用规律。

1.造波机的分类

就造波机的动力系统而言,目前国内实验室常用的造波机有两种:一种是液压伺服多向不规则波造波机,该造波机的原理是利用伺服阀控制液压油缸,推动造波板产生不规则波,并利用相位差生成不同方向的波浪;另一种是低惯量直流电机式多向不规则造波机,该造波机利用电磁阀控制电机,推动造波板产生不规则波。两种造波机均由计算机控制,操作极为方便,通过输入谱型、有效波高、有效周期、水深和随机因子等数据,即可制作出符合要求的波浪。如果试验需要规则波,那么操作更加简单,只需输入波高和周期就可以了。

按扰水器生波方式(蔡守允,等,2008)可分为:

(1)摇板式造波机。通过机械驱动使摇板绕固定轴往复摆动,使水池中的水产生波动,波高由摇板的摆动振幅控制,波长或周期由摆动频率确定。

(2)推板式造波机。通过电机,使滚丝杠转动转化为推板负载在导轨上的直线运动。波高取决于推板的冲程和速度,周期取决于往复的频率。

(3)冲箱式造波机。其造波部件为断面呈特殊形状的柱体,通过该柱体沿垂直水面方向做往复运动达到造波的目的。波长由冲箱上下振动的周期决定。

(4)空气式造波机。空气式造波机的原理依靠附加在钟罩所限制的水域上,并随时间做周期变化的空气压力制造波浪,该造波机备有鼓风机做气源,鼓风机通过管路与钟罩相连接。钟罩内的空气压力靠配气阀门来实现周期变化,因此波浪的周期与阀门摇动的周期等,波长与阀门的工作周期和水深有关。

2.国内外造波技术发展历程

1965年国外就开始了对造波技术的研究,1957年正式投产的荷兰瓦格宁根水池,系世界上最早的一座耐波性水池。建于1958年的美国泰勒矩形水池,采用空气式造波机,可对长峰不规则波及短峰波进行模拟。建于1957年的英国哈斯拉水池,安装有冲箱式造波机,可造长峰规则波和不规则波。美国斯帝文森水池,装有冲箱式造波机,可模拟长峰规则波和不规则波。日本三鹰露天水池,装有摇板式造波机。

英国 20 世纪 80 年代中期已有电机式的造波系统,日本 80 年代中期已有电机式的造波系统,当时采用的是直流伺服电机。从 1992 年开始采用新型的交流伺服电机。2000 年荷兰 Delft 水工试验室和力士乐公司合作为我国 702 所 05 水池提供的不规则波造波机系统方案中,采用的是交流伺服电机。

20 世纪 50 年代初,我国第一台规则波造波机研制成功。70 年代,造波系统开始采用模拟信号装置来控制。到了 80 年代,已采用小型电子计算机,通过系统软件和应用软件及造波软件来控制,我国第一台不规则造波机安装在南京水利科学研究院水池。90 年代以后,已完全采用计算机进行造波控制。计算机控制运用到造波机系统,为造波技术开辟了新天地。运用计算机自动控制,不仅能方便地造出各种规则波、不规则波,而且可以实现对反射波的主动吸收,从而大大提高了波浪模拟的精度。

目前国内的造波机基本为推板式,即通过动力装置推动平板产生波浪。造波宽度由很多块推板组成,每块推板后方均有独立的动力装置,推板的高度根据试验水池的水深确定,宽度一般为 40~50 cm。2000 年前后所生产造波机的推板是独立的,相邻的推板间没有连接,现在生产的造波机的推板间已改为铰式连接,这样所生产波浪的波峰线更加光滑,波形与现实更为接近。

2014 年 7 月天津理工大学承建的天科院大比尺波浪水槽造波装置采用活塞式造波板,用电动机带动齿轮和齿条的驱动方式,电动机采用交流伺服电机(260 kW×6 台)。造波装置的最大冲程为 ±4 m,采用位移控制,并且可以利用造波板前面的波高计所采集的波高信息,进行吸收式造波,为目前世界上造波能力最大的造波机,如图 3.1.9 所示。

图 3.1.9　大比尺造波机

3. 造波机工作原理

实验中要模拟一个波谱时,首先根据目标谱(实测谱或理论拟合谱),利用反傅立叶变换将其展开成一个时间序列值控制信号,经计算机专用运动控制接口将其转换成不规则的位置脉冲控制信号,送给伺服电源,驱动伺服电动缸,带动造波摇板做往复运动,推动水体产生波列,伺服电机编码器实时测出推板的运动轨迹,并反馈到运动控制器,以确保推波板能准确地跟踪计算机给定信号运行。造波的同时,波高仪将波浪物理量转换成电量信号送 A/D 转换器进行数据采集。一般情况下,每次谱模拟不要少于 120 个波。

由于传递函数拟合时产生的误差及机械系统的影响,很难一次模拟成功,必须按以下公式修正:

$$S^*(\omega) = S(\omega) + \alpha[S(\omega) - DS(\omega)]$$
(3.1.1)

式中,$S^*(\omega)$ 表示修正后的控制谱;$S(\omega)$ 表示实测模拟谱;α 为修正参数;$DS(\omega)$ 为目标谱。

按 $S^*(\omega)$ 重新计算出电压时间序列值,再一次控制造波机造波,分析比较,直至得到理想的模拟谱为止。一般情况下经过 2～5 次修正就基本成功。谱模拟控制过程如图 3.1.10 所示。

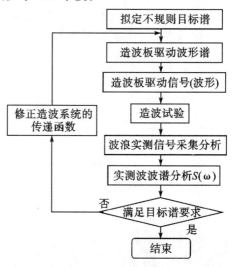

图 3.1.10　不规则波模拟控制过程图

3.1.4　造流系统

造流系统由双向造流泵、变频器、造流管路、均流箱和计算机控制系统组成。图 3.1.11 是中国海洋大学海工实验室宽断面波流水槽造流系统示意图,该系统用双向造流泵配备双向变频电源,用计算机自动控制产生双向流场。水管放置在过道的下边,既隐蔽,又美观,比传统的多阀门调流向方法,节省了大量空间。

此造流模拟系统可以进行双向流速模拟,由两台双向水泵实现。整个造流系统由造流控制软件控制。开始造流时,控制软件首先根据造流模拟参数确定的流量,选择造流水泵,并发出相应的阀门控制信号。该阀门控制信号通过端口输送给阀门控制箱里的继电器板,控制相应的阀门操作。阀门开关状态到位后,程序启动相应的造流水泵。程序根据造流试验的流速要求,计算出控制电流,由 PCI 卡端口输送给变频器,控制水泵的转速,从而模拟相应流速的水流。当需做反向流时,程序通过 PCI 卡控制变频器的正、反转控制端,发出反转命令,水泵将开始反向造流,流速大小仍由电流输出控制。模拟造流可以通过计算机自动控制或者手动调节产生双向流场。在试验区,可以通过计算机自动

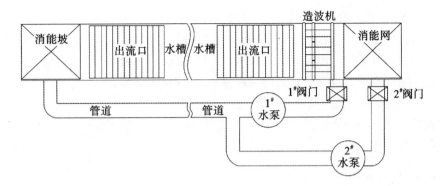

图 3.1.11　宽断面波流水槽造流系统示意图

控制,模拟双向变速流场。例如,可以得到一个流速按正弦规律变化的流场,也可以通过更改变频器设置,操作变频器面板按键,进行手动控制造流,此时比较适合模拟固定流速的流场。

　　波流模拟系统配备了多功能应用软件,可以进行单独波浪模拟,单独流场模拟,波、流同步叠加模拟,满足各种试验要求。

3.1.5　生风系统

　　生风系统由风道和鼓风机组成,设置在波浪水槽或水池上(图 3.1.12)。对于前者,通常在水槽上加盖使之形成风洞,风洞可以是矩形或半圆形。为了保证试验断面风速稳定,水槽长度一般不短于 30 m,进风口置于水槽一端,风洞内的风速由伺服电机控制。

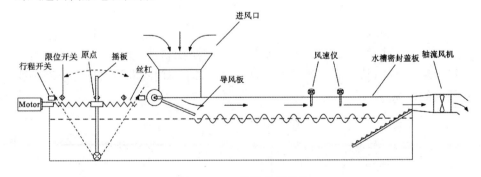

图 3.1.12　风浪水槽系统

　　风的流动方向通常与波浪传播方向一致,根据鼓风机放置位置风洞可分为吸风式和吹风式两种。

吸风式风洞:将风机设置在出口处,从洞内吸风的布置,只要将进口喇叭口形状布置得当,当气流进入风洞即达到均匀分布的目的,尾部吸风的布置构造较简单而常被采用。但吸风式风洞要求洞身必须密不透气,因洞内压力低,边壁有任何向内漏气都会影响洞内风速分布,造成试验误差。

吹风式风洞:风机安装在风洞进口处,向洞内吹风,进口布置较为复杂,需配置整流、稳流和导淹等辅助设备。但洞内压力较高,对风洞的密闭性要求相对低一些。

3.1.6 生潮系统

1.潮汐箱式

潮汐箱式系统(图 3.1.13)是由空气压缩机在潮汐箱内形成压缩气体,通过伺服电机控制气压调节阀,使箱内水体被压出或吸入,从而控制模型中水面的变化,获得需要的潮汐水流(蔡守允,等,2008)。潮汐箱式潮汐仪模拟精度高,稳定性好,但结构较复杂。

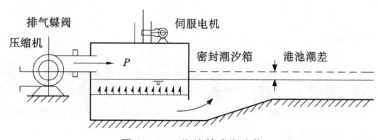

图 3.1.13 潮汐箱式潮汐仪

2.水泵尾门式

水泵尾门式潮汐仪如图 3.1.14 所示,由水泵控制进水流量,尾门控制出水流量及水位变化,从而达到模拟潮汐的目的。水泵尾门式潮汐仪适合于潮差变化较大的情况。

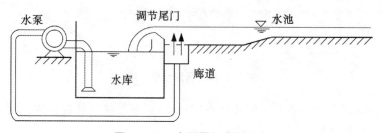

图 3.1.14 水泵尾门式潮汐仪

3. 双向泵控制流量式

双向泵控制流量式潮汐仪如图 3.1.15 所示,由计算机控制多台双向泵的进出流量,从而达到模拟潮汐的目的。双向泵式潮汐仪主要适用于潮差较小和水流条件较复杂情况。

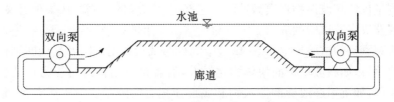

图 3.1.15　双向泵控制流量式潮汐仪

4. 水泵尾门和双向泵组合控制流量式

水泵尾门和双向泵组合控制流量式潮汐仪如图 3.1.16 所示。在模型的一端由水泵控制进量,计算机控制尾门水位及出水流量,同时在模型的另一端配备双向泵,控制进出流量,从而达到模拟潮流运动的目的。其特点是可调节性强,是模型试验中普遍采用的生潮方式。图 3.1.17 所示为天科院生潮系统。

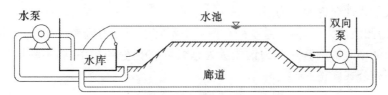

图 3.1.16　水泵尾门和双向泵组合控制流量式潮汐仪

图 3.1.17　天科院生潮系统

3.2　测量仪器

测量仪器在波浪物理模型试验中起着至关重要的作用。从某种意义上讲，测量仪器决定着试验的成败。因为对于试验结果的判断依赖于两点：一是试验过程中观察到的试验现象，二是试验中测得的试验数据。前者是判断结构稳定的主要手段，如斜坡堤护面块体稳定试验，后者是对结构进行受力特征分析的主要手段，如沉箱迎浪面的波浪力和底部浮托力的测量。对于后者，用眼睛很难作出判断，只能依靠试验中测得的数据进行分析。如果测量仪器测得的数据准确，精度高，对数据进行分析后给出的结论是正确的，否则将会作出错误的判断，从而对试验的稳定产生不利影响。

波浪模型试验中使用的测量仪器应满足下列要求：

（1）置于水中的传感器不应破坏波形和流场。

（2）测量系统应满足灵敏度和稳定性要求。在满足量程条件下 2 h 内的零漂允许偏差应为±5%，波高仪线性允许偏差应为±2%，总力仪、波压仪和波动流速仪的线性允许偏差为±5%。

（3）测波浪力时，测力系统的自振频率不宜小于测力频率的 4 倍，不规则波的测力频率宜取高频一侧力谱能量为总能量30%处的频率，当不满足要求时，应按下列公式修正：

$$F = \mu F_i \tag{3.2.1}$$

$$\mu = \left[\left(1 - \frac{\omega^2}{\omega_0^2} \right)^2 + \left(2\varepsilon \frac{\omega}{\omega_0^2} \right)^2 \right]^{1/2} \tag{3.2.2}$$

式中，F 为修正后的力（N）；F_i 为实测的力（N）；μ 为修正系数；ω 为作用力的圆频率（rad·s^{-1}）；ω_0 为未考虑阻尼时测力系统的自振圆频率（rad·s^{-1}）；ε 为测力系统阻尼系数（s^{-1}）。

波浪物理模型试验常用的测量仪器主要有波高仪、波压仪和流速仪。测量仪器一般都包括三部分，即传感器、放大器和记录器，工作原理都是将电信号转换成某一物理量。传感器是其中最关键的部分，而传感器最重要的是分辨率，即对水温和水质变化的稳定性，以及在测量范围内保持线性。

下面对三种常用的仪器进行简要的介绍。

3.2.1　波高仪

在海岸工程试验中，进行水面波动即波高测量是必不可少的。一般使用变参数式传感器来测量,测量波高的波高仪主要有电阻式和电容式两种。电阻式波高仪由于传感器的两个电极,在水中易于极化,测试时间较长时,率定系数发生变化,所测波高参数就不稳定。因此目前多使用电容式波高仪。

图 3.2.1　波高仪

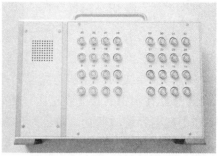

图 3.2.2　DS30 智能数据采集仪

电容式波高仪(图 3.2.1)常用钽丝或聚乙烯电线做成,没入水中时,中心的金属导线为一个电极,水为另一个电极,形成一个电容器,它的电容量与传感器没入水中的长度成正比。若传感器位置固定不变,则水位的变化将引起电容量的变化,经过集成电路转换为电压的变化,这种变化被 DS30 型智能数据采集仪(图 3.2.2)捕捉,经 A/D 转换,传入电脑处理,记录为波高值。

电容式波高仪是在一个弓形扁平钢片两端紧绷一根直径 1 mm 的漆包线。在弓形钢片上端留有安装孔及信号接插座,漆包线和扁平钢片之间构成一个电容器,其电容大小为

$$C_x = \varepsilon A / d_{w_g} \qquad (3.2.3)$$

式中,C_x 表示电容器电容量;ε 表示电容介电常数;A 表示漆包线右半部外表面积;d_{w_g} 表示漆包线与钢片间距离。

传感器浸入水中(图 3.2.3),电容器容量等于两个介电系数不同的电容器并联,即

$$C_x = \frac{\varepsilon_1 A_1}{d_{w_g}} + \frac{\varepsilon_2 A_2}{d_{w_g}} \qquad (3.2.4)$$

式中,A_1 表示浸入水中漆包线右半部外表面积;A_2 表示水面上段漆包线右半部外表面积;ε_1 表示水的介电常数;ε_2 表示空气的介电常数。

由于 $\varepsilon_1 = 81.5$,$\varepsilon_2 = 1.000\,6$,$\varepsilon_1 \gg \varepsilon_2$,故式

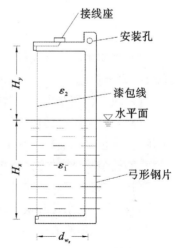

接线座
安装孔
漆包线
水平面
弓形钢片
H_y
H_x
ε_2
ε_1
d_{w_x}

图 3.2.3　波高仪示意图

(3.2.4)的第二项可以忽略,即

$$C_x = \varepsilon_1 A_1 / d_{w_g} = \frac{\varepsilon_1}{d_{w_g}} \cdot \frac{1}{2}\pi\varphi H_x = \frac{\pi\varphi\varepsilon_1}{2d_{w_g}}H_x = KH_x \qquad (3.2.5)$$

式中,$K = \frac{\pi\varphi\varepsilon_1}{2d_{w_g}}$;$\varphi$ 表示漆包线直径;H_x 表示漆包线浸入水中的长度。

由于 $\varphi,\varepsilon_1,d_{w_g}$ 均为常数,所以传感器的电容量与浸入水中的传感器长度成正比,也就是说该传感器是一个可随水面浪高变化而变化的电容器。

实际上,导线的直径和绝缘层的厚度,都是固定不变的常数,因此,电容量只与传感器在水中的长度成正比。如果传感器的位置固定不变,那么水位的变化,将引起电容量的变化。电容量的检出电路,就设在传感器的上端。这个电路由振荡器、开关电路和电泵组成,电泵把电容器上的电荷,提升到负载电阻上,在负载上形成一个直流电压降,这个电压降与传感器在水中的长度成正比。

波高仪在测量时可以不调零,因为在波高和周期的分析计算时,与调零无关。但是,若进行波面数据处理时,就必须调零,如计算波峰和波谷值时。波高仪调零时,应在造波之前的静水中进行。

波高仪在一般情况下,不需要重新率定。但是,由于元器件的老化变质,使灵敏度系数改变,就必须重新率定。当然,为了保证试验数据的可靠性,每次试验波高仪在使用前应利用测量软件进行率定(测量程序中有率定按钮),具体方法是:

(1)将波高仪与采集盒、计算机连接。

(2)打开波高测量程序,进入程序主界面。

(3)逐个输入需要率定波高仪号码,测量并输入率定箱内水的温度值。

(4)对波高仪进行硬件调零(波高仪位于空气中)。

(5)点击进入波高仪率定程序。

(6)将使用的波高仪放入率定箱内的水中(波高仪没入水的深度应大于波高仪的率定长度),静置 30 min(仪器预热)。

(7)输入率定箱内水位高度(水位标尺上的刻度),按确认键。

(8)打开率定箱的放水开关慢慢放水,放水高度为 3~5 cm,要求放水高度准确,待水位平稳后输入率定箱水位高度(水位标尺上的刻度),并按确认键。

(9)按步骤(8)的方法逐次放水,总放水次数为 7~14 次(不能少于 7 次)。

(10)结束率定。此时计算机将自动绘出每个波高仪的水位变化曲线,同时列出每次输入的水位和仪器的测定值,给出每次的差值。率定结果示意图如图 3.2.4 所示。此差值的允许范围为 ±1 mm,如果超出该范围说明仪器精度不够,应弃用。

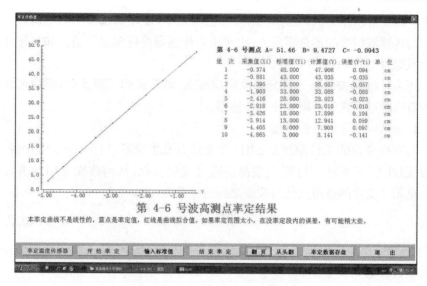

图 3.2.4　波高仪率定结果示意图

(11)确认无误后将率定系数存盘。其后在使用某波高仪时必须使用该率定文件。

为了解波高仪的工作状态,确保测量数据的准确,试验过程中要定期对波高仪进行校核,校核方法是在水面静止的时候对所有波高仪定零,然后将试验水池内的水降低一定高度,查看波高仪显示的数据是否与此一致,如果一致,说明波高仪工作正常,否则说明仪器出现故障或精度不够,应及时更换。

3.2.2　压力传感器

在海岸工程中,由于建筑物的结构类型繁多,其结构形状和受力情况十分复杂,研究作用于结构物上的力对于防护工程十分重要。通常不能用理论的方法得到精确解,需要应用实验应力分析的方法测量应变来解决结构的应力分析问题。

在物理模型试验中,经常需要测量的是脉动水压力和波压力,该类仪器和传感器应具有频响快、灵敏度高、体积小、防水性能好等特点。一般测量立波压力的仪器,其自振频率在 $60\sim300$ Hz 之间;测破波压力的仪器,其自振频率应大于 1 500 Hz。

压力测量时要先将传感器安装在水下某一高程位置,传感器应安装一根塑料管与大气相通,以保证背景压力是大气压力。压力传感器不仅能应用于港工、水工和河工模型试验的波压力和脉动压力的动态测量,还能进行静态压力测量。测量静水压力时,必须对压力传感器调零,最好是在零压力下调零。如果有的传感器所受的不是零压力,应对压力传感器进行测量赋值。如只作脉动压力数据处理时,不要求调零。

压力传感器按敏感元件分为电阻应变式、电容式和压阻式等,但应用最广泛的有电阻应变式和压阻式压力传感器。

1.电阻应变式压力传感器

电阻应变片的工作原理是:当试件受外力发生变形,粘贴在试件表面的电阻应变片的几何尺寸和电阻系数都将随之发生变化,从而改变电阻应变片阻值。电阻应变片的电阻变化与应变之间的关系为

$$\frac{\Delta R}{R} = k\varepsilon \tag{3.2.6}$$

式中,R 表示电阻应变片电阻;ΔR 表示应变引起的电阻变量;k 表示电阻应变片灵敏系数;ε 表示应变值。

在电阻应变式压力传感器的结构中,一般是将 4 个电阻应变片成对地横向或纵向粘贴在弹性元件的表面,使应变片分别感受到零件的压缩和拉伸变形。通常 4 个应变片接成电桥电路,可以从电桥的输出中直接得到应变量的大小,从而得到作用于弹性元件上的力。

弹性元件的应变值 ε 的大小,不仅与作用在弹性元件上的力有关,而且与弹性元件的形状有关。可以根据试验要求选择不同形状弹性元件的应变式压力传感器。图 3.2.5 所示为两种结构的应变式压力传感器结构示意图。

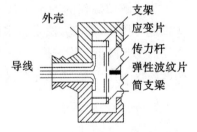

图 3.2.5　电阻应变式压力传感器结构示意图

2.压阻式压力传感器

压阻式压力传感器又称硅膜压力传感器,它的核心部分是一块 N 型单晶硅膜片,是利用单晶硅的压阻效应制成的。在硅膜片特定方向上扩散 4 个等值的半导体电阻,并连接成惠斯通电桥,如对电桥施加激励电源(恒流或恒压),当膜片受到外界压力作用,构成电桥的电阻值发生变化,电桥失去平衡,得到与施加的压力成正比的输出电压。

将电桥的 4 个电阻刻制在微小的硅膜片上,电阻的一致性好,随使用环境同时变化,温度变化对硅材料的影响也有成熟的修正措施,长期稳定性好,输出信号大,后续电路简单。硅膜压力传感器具有精度高、灵敏度大、频率响应高(可测量高达几十千赫的脉动压力)、体积小等优点。

压阻式压力传感器的灵敏度系数比应变式压力传感器灵敏度系数要大 50
～100 倍。如 CY200/300 高精度数字压力传感器(图 3.2.6),是针对硅膜压力
传感器的特点,采用目前国际最新的 SOC(单片系统)芯片为 CPU,结合高精密
度、高稳定度参考源技术和信号采集处理、通信、总线等一系列的高新技术开发
研制而成的压阻式压力传感器。具有以下特点:

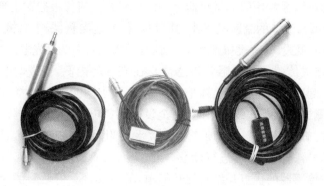

图 3.2.6 CY300 系列压力传感器

数字化:数字量输出,无须其他采集设备,接上计算机即显示压力时间曲线。

智能化:即插即用。通电后传感器自诊断、自连接,参数自动加载。

高精度:制作完成的数字压力传感器在中国测试技术研究院进行了检定,
测量范围的所有传感器能达到常规精度为 0.1%,超高精度达 0.02%。

网络化:通用 485 工业总线,方便地组成网络化的压力测量系统。

高可靠:进口压阻硅敏感元件,配套测试软件。

系列化:常用型、表头型、长线传输、存储型、精密型、复合型……

可应用于高速水流脉动压力、动水压力、渗压/渗透率、水位监测、潮汐、波
压力等实验测试。由于采用数字传输,大幅减少了信号干扰,提高了测量系统
的可靠性和稳定性。

3.2.3 流速仪

流速是海岸工程模型试验最基本的测量要素之一,水流速度的测量对于研
究水流的运动规律和水流泥沙的相互作用机理具有十分重要的意义。近年来,
随着电子技术和传感技术的迅猛发展,国内外测量水流速度的仪器设备越来越
多,如旋桨流速仪、声学多普勒流速仪、激光多普勒流速仪、粒子成像测速系统
等。水流速度的检测仪器和技术,原理各不相同,相应的性能和适用范围也不
一样,即没有一种流速测量仪器和技术适用于所有流动、所有场合,选择和使用

测速仪时,需要根据所测物系的具体条件进行选择。海岸工程物理模型试验常用的流速仪有旋桨流速仪和声学多普勒流速仪。

1. 旋桨流速仪

目前在流速测量方面用得比较多的是旋桨式流速仪。旋桨式流速仪是通过一种旋桨传感器提供脉冲信号的测量流速的方式,是国际标准组织(ISO)认可的在各行业最为常用的测量仪器之一。旋桨式流速仪根据置于流体中的叶轮的旋转角速度与流体的流速成正比的原理进行流速测量,属于机械式,按传感器的结构分为电阻式、电感式和光电式三种,目前采用较多的是光电式。

(1)电阻式传感器。电阻式传感器是在支杆的内侧,镶嵌两个钼电极。当旋桨加宽的侧边与两个电极连线平行并遮挡了两个电极时,电极间形成的水电阻最大;当侧边与电极连线垂直时,完全没有遮挡电极,此时两电极间水电阻值最小。因此,旋桨每旋转一周便产生两次水电阻阻值的变化,然后通过桥路输出电脉冲信号,送入计数器进行计数。

电阻式传感器的优点是结构比较简单,易于实现。但其阻值受水温、水质、电极大小、氧化程度、遮蔽体大小、间隙距离等因素影响,如果不在电路设计上进行解决,精确度与灵敏性均难以保证。

(2)电感式传感器。电感式传感器如图 3.2.7 所示,在支杆下端嵌入一个直径为 3 mm 的线圈。旋桨的叶片中各嵌入直径为 1 mm、长度为 5 mm 的永久磁铁。这样,旋桨每旋转一次,便有与叶片数相同的电感脉冲输出,送至计数器进行计数。其输出脉冲是有极性的,能反映旋桨的旋转方向,因此也就能测量流速方向。

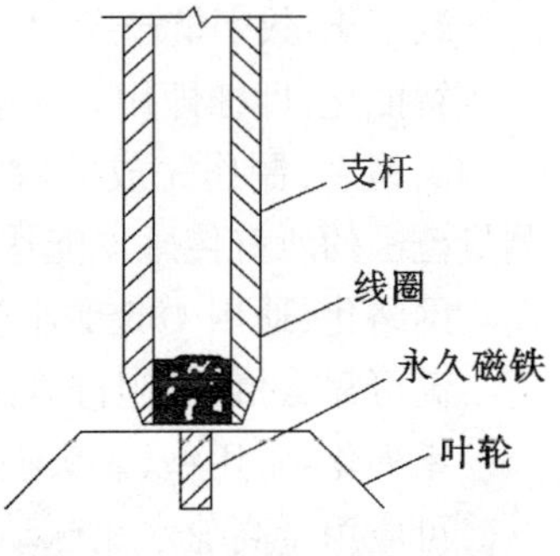

图 3.2.7 电感式传感器示意图

电感式传感器不受水温、水质的影响。但支杆中的线圈加工与叶片中永久磁铁的镶嵌都要求较高的工艺,支杆顶端与旋桨边缘的间隙要求严格保持 0.2 mm,因此加工安装比较困难。其输出信号只有毫伏级,比较弱小。

(3)光电式传感器。光电式传感器的旋桨叶片边缘上贴有反光镜片,传感器上端安装一发光源,经光导纤维传至旋桨处,旋桨转动时,反光镜片产生反射光,经另一组光导纤维传送至光敏三极管,转换成电脉冲信号,由计数器计数(图 3.2.8)。光电式传感器输出信号较强,受水温、水质影响小,工作可靠。

南京水科院研制的 LGY-II 型智能流速仪是目前常用的便携式光电式旋桨流速仪(图 3.2.9),具有自动存储和记忆功能,内置 CPU、存储器,功能丰富,方便在野外或无交流电场所测量流速,内有过流、短路保护装置,一次充电可连续工作数十个小时。流速测量范围 $1.0\sim300$ cm·s^{-1},采样时间为 $1\sim99$ s 任选。

图 3.2.8　光电式流速旋桨传感器

图 3.2.9　LGY-Ⅱ便携式旋桨流速仪

2. 声学多普勒流速仪

20 世纪 70 年代随着集成电路 IC 技术的迅速发展,声学多普勒流速仪得到实际应用,如今已广泛应用于水力及海洋实验室的流速测量。声学多普勒流速仪能直接测量三维流速,对水流干扰小、测量精度高、无须率定、操作简便、流速资料后处理功能强,极具推广应用前景。声学多普勒流速仪一般由传感器、信号调理、信号处理三个部分组成。传感器由 3 个 10 MHz 的接收探头和一个发射探头组成,3 个接收探头分布在发射探头轴线的周围,它们之间的夹角为 120°,接收探头和采样体的连线与发射探头

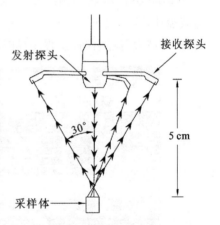

图 3.2.10　超声多普勒流速仪传感器工作原理图

轴线之间的夹角为 30°,采样体位于探头下方 5 cm,这样可以基本上消除探头对水流的干扰。图 3.2.10 为超声多普勒流速仪传感器工作原理图。

声学多普勒流速仪的测量原理,就是通过发射换能器产生超声波,以一定的方式穿过流动的流体,当水中的声波遇到移动的粒子反射回来时,回声的频率会发生改变(多普勒频移效应),改变的大小和粒子移动的速度成比例。利用压电晶体的逆压电效应做成超声发射探头,向水中发射超声波,利用压电晶体的压电效应制作接收探头,接收水中粒子散射回来的超声波,利用声学多普勒效应测量水流速度。

声学多普勒流速仪特点是：

(1)测量点在探头的前方，不破坏流场；

(2)测量精度高，响应速度快，可测瞬时流速也可测平均流速；

(3)无机械转动部件，不存在泥沙堵塞和水草缠绕问题；

(4)探头坚固耐用，不易损坏，操作简便。

声学多普勒流速仪与机械式流速仪的区别是没有可移动部件，它的声波发射频率是固定的 10 MHz，没有零点漂移，所以不需要率定。

由于上述原因，声学多普勒流速仪在波浪模型试验中得到广泛应用。图3.2.11所示为实验室中常用的 Nortek 公司出品的声学多普勒点式流速仪"小威龙"。

图 3.2.11　"小威龙"流速仪

"小威龙"流速仪控制程序界面如图 3.2.12 所示。

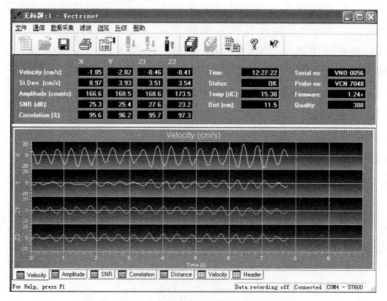

图 3.2.12　"小威龙"流速仪控制程序界面

需要注意的是，声学多普勒流速仪靠水中粒子测量流速，如果水池中水体过于清澈，水中粒子偏少，将无法测量流速，此时应将水适当"搅浑"或加入特制的玻璃微珠悬浊液，以增加水中粒子的数量。

第4章 模型比尺的确定

波浪物理模型试验中的模型都按一定比尺制作,即试验结构的原型与模型同一部位的尺寸之比为一常数。我们通常把长度比尺称为模型比尺,如我们说模型比尺是20,就是指水工建筑物某部位的原型长度与试验模型同一部位的长度之比为20。模型试验中其他物理量的比尺,如质量比尺、速度比尺、压强比尺、流量比尺等均可由长度比尺导出。

确定合理的模型比尺的是试验人员在进行模型试验前必须首先考虑和解决的问题。在此之前,试验人员必须认真阅读、领会试验任务书和技术要求,明确试验目的和试验内容,同时认真研读设计人员提供的试验资料,包括:①工程设计图。在研读设计资料的同时,试验人员应多与工程设计人员沟通,领会设计人员的设计意图,看懂与试验有关的结构图,明确试验范围,必要时应查看工程现场。②熟悉工程区域的水文资料,包括工程所处海区的设计水位、试验波向、波浪谱型,按累积频率统计的波高和周期特征值。如果建设单位提供的波浪资料不是工程区域的,应由专业部门推算至工程区域,并得到建设单位的确认。

1. 模型比尺的制约因素

确定模型比尺时,试验人员应从以下方面综合考虑。

(1)试验范围。即模型制作时应掌握制作的建筑物和海区范围,此时应考虑不同方向波浪作用时共同的有效区域。此时试验水池的大小及造波宽度往往起限制作用。

(2)水工建筑物尺度。从试验准确性方面考虑,为减少比尺效应,希望比尺小一些,即模型大一些,但比尺过小,往往受到试验场地和造波能力的限制。

(3)波浪要素。每一台造波机的造波能力是一定的,试验波要素应限制在造波机的最佳的造波范围,即合理的波高值和周期值。如果试验范围过大,必须保证波要素不能过小,否则水的黏滞力和表面张力将起显著作用,不能满足重力相似准则。

(4)边界条件。水工建筑物与造波机、水池边界的距离应满足规范要求。

规范规定,进行整体模型试验时,试验水池中造波机与建筑物模型的间距应大于6倍平均波长,模型中设有防波堤堤头时,堤头与水池边界的间距应大于3倍平均波长,但突堤堤头与水池边界的距离应大于5倍平均波长。进行断面模型试验时,建筑物与造波机间的距离应大于6倍平均波长,如果要测量建筑物后的波浪要素时,建筑物模型与水槽尾部消波器间的距离应大于2倍平均波长。

(5)造波板前水深。造波板前水深不能太浅,否则可能无法制作出所需的依据波(特别是采用极限波高进行试验的时候);但是也不能太深,造波板前水深与所造波浪的波高值之和不能超过造波板的高度,否则造波机将影响造波机的使用。

(6)测量仪器的精度。每种仪器均有一定的测量精度,如果比尺过大,会导致波浪要素变得很小,测量的物理量也会因此变小,从而使得测量值中误差的比重变得大,影响所提供试验数据的精度。

2.断面试验模型比尺的要求

断面试验用于验证正向浪作用下试验结构的一些特性,一般只考虑波浪的影响,而不制作地形,其模型比尺主要根据建筑物尺寸、水深条件及造波机的造波能力确定。

由于水槽较窄,水槽壁对模型区域的波浪形态有一定影响,如果建筑物与水槽壁间存在一定的缝隙,很容易产生射流,从而使波浪作用形态发生改变。在进行沉箱等重力式结构稳定试验时,一般制作一个完整结构放在水槽中间,该结构严格按重力相似准则和几何相似准则制作模型,两边放置两边放置建筑物局部模型,这两部分模型只需按几何相似准则制作即可。这样处理的目的是为了保证作用于中间标准结构的波浪作用形态的准确。因此,在确定模型比尺时不能只考虑单个结构的高度和宽度,而应在宽度方向上留出一定的富裕度,如进行沉箱稳定试验时,在水槽宽度方向上要按同时摆放两个沉箱考虑;如果进行孤立式结构断面试验,结构与水槽壁间的距离要求更大,结构为圆形时一般为3倍结构直径或结构在水槽宽度方向上的投影。

如果试验要求按梯度增加波高或周期进行试验,在考虑标准波浪条件的同时,还要为增大波高和周期留出余地。

由于断面试验用于研究波浪与建筑物的直接作用,为减少试验模型的缩尺影响,使试验结果更加真实,测量的数据更加准确,断面试验采用的模型比尺一般较小。

《试验规程》对不同结构断面模型试验的长度比尺作了规定,具体如表4.0.1所示。

表 4.0.1　断面物理模型长度比尺

序号	建筑物型式	模型长度比尺
1	斜坡式、直墙式、水下管线	≤40
2	桩基、墩柱	≤60
3	浮式	≤80

3. 整体试验模型比尺的要求

由于整体模型试验的模型制作范围较大,受试验水池尺寸的限制,模型比尺一般较大,即建筑物模型较小。然而模型比尺不能盲目加大,因为模型比尺增大后,虽然水池容纳的建筑物模型增多,但波浪要素却进一步减小,波浪模型试验采用的波浪为重力波,如果波高过小,水的黏滞力和表面张力将起显著作用,此时将不能满足重力相似准则,同时也会影响试验的精度。因此,对波浪物理模型试验中的依据波作出了严格的限定。《试验规程》规定:如果入射波为规则波,那么波高不能小于 2 cm,波周期不小于 0.5 s;如果入射波为不规则波,其有效波高不小于 2 cm,谱峰周期不小于 0.8 s。

为保证试验结果的可靠性,《试验规程》规定:整体物理模型长度比尺不应大于 150。当有船舶模型置于其中时,长度比尺不应大于 80,船行波试验时,长度比尺不宜大于 30。

4. 常用的模型比尺

海岸工程波浪物理模型试验中,常用物理量的模型比尺与长度比尺的关系如表 4.0.2 所示。

表 4.0.2　不同物理量比尺

物理量	长度	时间	频率	速度	压强	力	流量	单宽流量	能量
比尺	$\lambda = l_p / l_m$	$\lambda_t = \lambda^{1/2}$	$\lambda_f = \lambda^{-1/2}$	$\lambda_u = \lambda^{1/2}$	$\lambda_p = \lambda$	$\lambda_F = \lambda^3$	$\lambda_Q = \lambda^{5/2}$	$\lambda_q = \lambda^{3/2}$	$\lambda_E = \lambda^4$

表中:l_p 为建筑物原型长度;l_m 为建筑物模型长度。

第5章 试验模型的模拟制作

波浪物理模型试验的一个重要意义在于能在模型试验中复演复杂的自然现象,为解决诸多海岸工程的规划、设计和施工问题提供科学依据与安全保障。而要真正在模型试验中复演自然现象,即将水工建筑物原型与波浪原型的作用规律在建筑物模型和波浪模型的作用过程中完全展现出来,必须保证建筑物原型与模型、自然条件的原型与模型的高度相似性。而要做到这一点必须在制作试验模型的时候严格遵循根据相似理论确定的模型律。

本章主要介绍水工建筑物和海底地形在实验室中的模拟制作方法。

5.1 水工建筑物模型的制作

海岸工程中的水工建筑物一般分为重力式和非重力式两种。重力式建筑物指依靠自身重量维持自身稳定的建筑物,如重力式码头、人工块体护面的斜坡堤等,这类建筑物根据结构型式分为斜坡式、直立式和混合式三种;非重力式建筑物指主要依靠结构强度维持自身稳定的建筑物,如高桩码头、板桩码头等,这类建筑物一般上部为梁板结构,下部为桩基。因波浪物理模型试验主要研究波浪与建筑物的相互作用,所以对防波堤等直接受外海波浪影响的建筑物研究较多,本节重点介绍这类建筑物的模拟制作。

水工建筑物模型如何制作需要根据试验内容确定。一般分两种情况:一是用于波压力测量试验的模型。这类模型仅需满足几何相似准则,模型制作也较为简单,按模型比尺制作结构的外壳即可。制作模型的材料主要有木板、有机玻璃和铁板等,制作出的模型要便于压力传感器的安装,必要时在模型设计时就定好传感器位置,由模型制作人员帮助打孔、绞丝。二是用于结构稳定试验的模型。该类试验中使用的建筑物模型制作较为复杂,必须严格遵循几何相似准则和重力相似准则。下面分类介绍这类模型的制作方法。

5.1.1　斜坡式水工建筑物模型的制作

斜坡堤构筑一般包括堤心填料、护面层和上部结构。堤心填料一般为 10～100 kg 块石。对于工程量大、石料缺乏的地区，也可采用开山石、石渣或袋装砂土等代用材料。护面层的作用是抵御波浪侵袭，保护堤心填料。一般为人工块体或大粒径块石。护面层和堤心填料之间需设置垫层块石。垫层块石的重量一般为护面块体重量的 1/20～1/10。上部结构一般为现浇混凝土胸墙或采用与护面层相同的型式，具体视使用要求确定。

1. 斜坡堤构件的模拟制作

斜坡式建筑物模型的制作主要是组成斜坡堤的各种构件的模拟制作。

在进行模型制作时，对于上述结构中的护面大块石、垫层石、抛石棱体通常采用挑拣的方式选取，具体方法是先用天平称出各类块石上限和下限的块石模型重量，然后参照该范围的块石尺寸在碎石堆中挑选，挑选时应挑选近乎圆形的块石，片石的含量应严格控制，选出后逐个称重，误差范围控制在 ±5% 之内，剔除不合格者。

胸墙和护面块体模型用模具制作。模具一般为木质和有机玻璃，前者较为常用，原因是木材易于切割，且制作出的混凝土模型气泡较少。制作前试验人员先用 CAD 画出构造图，并详细标明各部位尺寸，然后交给模具制作人员并详细说明制作要求。制作模具时要保证两点：一是尺寸的准确，二是易于脱模。常见的块体，如扭王字块体、扭工字块体，形状较为复杂，应将模具分为几部分，然后进行拼装。

制作构件的材料一般为快硬水泥或泥子，这两种材料凝结速度快，且易于脱模。一般情况下，全部采用上述材料制作出的模型，其重量较根据构件原型换算成的模型重量轻，因此在制作时应掺入适量铁砂。铁砂的掺入量需要在制作过程中逐渐摸索，例如，在制作人工块体模型时，可以先制作一个，然后烘干、称重，根据实际重量和块体模型标准重量的差值确定铁砂的掺入量，其后制作模型时掺入等量的铁砂即可。

构件制成后，应进行尺寸和重量的校核。对于一些大型构件，如斜坡堤的胸墙等，其几何尺度允许偏差为 ±1%，且应控制在 ±5 mm 之内。有重心和质量相似要求的建筑物构件，其重心位置允许偏差为 ±2 mm，质量允许偏差为 ±3%。对于单个护面块体，如扭王字块体、扭工字块体等，其重量的允许偏差为 ±5%。

斜坡式建筑物护面块体的模拟，当需要检验其强度时，应模拟护面块体的抗弯强度，其允许误差为 ±10%。

斜坡堤胸墙一般为现浇混凝土结构,其底部与堤心石间的摩擦系数较大,因此,为保持模型与原型结构的相似性,在制作斜坡堤胸墙模型时,应在其底部进行加糙处理,并测量其摩擦系数。加糙是采用倒置的方法制作胸墙模型,即制作模型时将胸墙底面朝上,浇筑完混凝土后在其表面插入一定长度的碎石(碎石露在表面的长度视摩擦系数而定,一般1cm左右即可)。

图 5.1.1~5.1.4 所示是几种常用块体模型的制作模具。

图 5.1.1 扭工字块体制作模具

图 5.1.2 扭王字块体制作模具

(1)组合后

(2)模具分解图

图 5.1.3 四脚空心方块制作模具

2.斜坡堤模型的制作

斜坡堤模型的制作过程是斜坡堤构件的组合过程。在水槽中制作斜坡堤模型的过程如下:

(1)按 1:λ 的比例打印出结构设计断面图。

(2)将设计图贴于水槽模型制作区外面,并利用激光水平仪使设计图中水平线保持水平、水槽底与海底面齐平。

(3)在图纸所示范围内填充堤心石并密实,要求堤心石表面与图纸堤心石轮廓线齐平。

制成的胸墙模型

胸墙制作模具

图 5.1.4 制作中的胸墙模型

(4)将胸墙放入水槽,按贴图中的胸墙位置安放,要求胸墙顶部水平、高程准确。

(5)依次放入坡脚棱体块石和垫层石,要求填石表面与图纸中轮廓线齐平。

(6)摆放护面块体,要求相邻块体相互勾连,但摆向不宜相同,块体数量一般为规范计算值的 $90\%\sim95\%$,不宜过密和过疏。

(7)将摆放块体时踩踏的地方重新整理,并清理模型周围的碎石。如果要求观测棱体块石的稳定性,应将棱体块石顶面和坡脚处的少量块石按一定规律(如沿水槽中心线及距离水槽壁一定距离摆放成一条直线)换成染色的标准块石,以便在试验中观测其稳定性。

图 5.1.5 所示为某斜坡堤模型在水槽内制作完成并放水后的情形。

图 5.1.5 斜坡堤模型制作实例

如果在水池内制作斜坡堤模型,应将按比例打印出的图纸贴于薄板上,然后固定在断面所处位置上,通过水准仪确定其高程,再按在水槽内制作模型的方法填充碎石、摆放块体即可。图5.1.6和图5.1.7所示是在水池中制作斜坡堤模型的实例,其中,图5.1.6所示是斜坡堤控制断面的布设情况,图5.1.7所示是模型制作完成后的斜坡堤。

图5.1.6 斜坡堤模型在水池中制作实例(断面控制)

图5.1.7 斜坡堤模型在水池中制作实例

5.1.2 直立式水工建筑物模型的制作

直立式水工建筑物主要包括钢筋混凝土沉箱和正砌混凝土方块两种型式。其墙身结构为钢筋混凝土沉箱、混凝土方块或空心方块。上部为现浇或装配整体式混凝土结构。下部为抛石基床。

　　直立式水工建筑物模型制作方法有两种:如果为薄壁结构,如沉箱、圆筒,在设计模具时需要内外支模,制作模具较为复杂;若为实体结构,如浆砌块石或混凝土结构,只制作外模即可。

　　1. 直立堤构件的模拟制作

　　直立堤构件模拟通常用模具制作,填充材料为水泥砂浆。方块和胸墙模型的制作比较简单,只需根据方块、胸墙模型的外形尺寸,用木板或有机玻璃制作外模,然后用水泥砂浆浇筑即可。而沉箱等薄壁结构的模型制作较为复杂。因薄壁结构的外壁较薄,换算成模型值后仅有数毫米厚,因此无论制模、填充混凝土还是拆模均有较大难度,即使模型制作成功,在往水槽内吊装、填充碎石时也很难保证其不受损坏。所以,如果模型尺寸较大,应采用其他材料,如钢板、有机玻璃等制作外壳,通过一定的技术手段使其达到混凝土模型的效果。具体方法是:将薄壳结构的底板和外壁围成一个凹槽,在凹槽内的底板上通过焊接或绞丝的方法固定一定长度和数量的铁钉,并将一定长度的铁丝焊接在铁钉上,形成铁丝网,然后将结构倒置在地面上浇筑混凝土并抹平,这样可保证底板的摩擦系数与混凝土模型一致。在制作结构模型、向结构内填充碎石并配重时,适当提高配重铁砂的位置,确保结构中心与混凝土模型一致。

　　近年来,随着建港技术的发展,一些异形方块相继问世,这些块体消浪效果好,但形状较为复杂,需要模型制作人员有较高的识图能力及模型制作技巧。图 5.1.8 所示是中交第一航务工程勘察设计院有限公司研制的异形方块——天地块的试验模型。

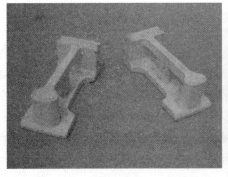

　　　　(1)单个块体　　　　　　　　　　　(2)块体组合后

图 5.1.8　异形方块模型实例

直立堤结构的模型总重量在配重后,其尺度允许偏差为±1%,且应控制在±5 mm之内,其重心位置允许偏差为±2 mm,质量允许偏差为±3%。

2.直立堤模型的制作

直立堤模型的制作步骤同斜坡堤模型一致,但制作方法有所不同。

方块结构的直立堤因组成直立堤的方块、胸墙模型严格按几何相似准则和重力相似准则制作,因此方块结构模型制作时按设计图摆放方块和胸墙即可。图5.1.9所示是某断面模型试验中试验模型在水槽内制作完成后的情形。

图5.1.9　某直立堤模型在水槽内制作完成后情形

沉箱结构直立堤模型的制作稍微复杂。首先,沉箱结构需要配重,一般情况下,沉箱及其内部填料的总重量较模型设计重量轻,因此需要将部分填料换成铁块或铁砂,该工作需要在沉箱模型摆放前完成,此时应注意结构重心的改变,应将铁砂均匀摆放在仓格内,不能简单放入仓底或仓顶部。其次,需要测量沉箱与基床间的摩擦系数,沉箱与基床顶面的摩擦系数为0.6,如果测量结果偏大或偏小,需要通过改变基床块石的粒径进行调整。

5.2　地形的模型制作

在进行波浪整体物理模型试验时,为正确反映波浪的传播规律,需要在试验水池中对研究海区的海底地形进行模拟制作。制作步骤如下:

1.工程所处海区海底地形的控制

本步骤工作需要借助 CAD 绘图软件及 Excel 表格完成。

(1)在 CAD 中绘出试验水池平面图(仅绘出水池边界即可),并沿长、宽方向分为 1 m×1 m 的方格,然后扩大 λ 倍(λ 为模型比尺),将其创建成块。

(2)将块插入到试验海区地形图(比例尺不小于 1∶5 000)中,位置由模型设计时确定。

(3)在地形图中标出试验区域网格交叉点的高程值。

(4)将交叉点高程值依次输入到 Excel 表格中。

(5)将地形制作区域高程最低点 N_0 定为池底,或将该点定在水池底以上 h_0(mm)处,即整个模型区的地形抬高 h_0(mm)。抬高地形的目的是为了增加造波板前的水深,方便制作出所需依据波;抬高地形后,应保证造波板前水深为 $2H$(H 为依据波点最大波高)左右。

(6)通过各交叉点高程与 N_0 点高程的相对关系,计算出各交叉点的在水池中的相对高程。例如,交叉点 i 处的标高为 Y_i(m),N_0 点的标高为 Y_0(m),则 i 点的相对高程为

$$h_i = (Y_i - Y_0) \times 1\,000/\lambda + h_0 \text{(mm)} \tag{5.2.1}$$

2.试验水池内垫层沙土(或沙)的铺设

在水池中欲制作地形的区域填充含沙量较高的沙土(或沙),并震动密实,每个交叉点的沙土厚度根据计算的各交叉点的相对高程确定,以比计算值小 2~5 cm 为宜。此次填土的目的是使每个控制点的高程接近要求值,便于后序工作的进行,没有精度要求。交叉点的位置由水池定位系统确定。

3.试验水池内地形高程的控制

水池内地形高程根据地形起伏幅度的不同分为两种控制方法:地形较为平坦的区域采用控制点法,地形起伏幅度较大的区域采用断面控制法。

地形平坦区域地形高程的控制步骤:

(1)在水池内架设水准仪,并设置 1~2 个水准点。

(2)利用水池定位系统确定最低点 N_0 的位置,然后在该点埋设标识高程的

尖锐物体(能准确表示高程的物体即可,如在水泥预制块上埋设的铁钉),利用水准仪确定当该点高度为 0 或 h_0 mm 时的读数。

(3)通过各交叉点高程与 N_0 点的相对关系,利用 Excel 计算出各交叉点的读数。

(4)在准备抹面的位置布设水平控制导线和网络,对每个交叉点准确定位,然后埋人高程标识物、利用水准仪确定其高程,再用沙土固定。

地形起伏幅度较大区域的高程控制步骤:

(1)用 CAD 打开电子地形图,在地形变化幅度较大的区域设置控制断面,控制断面应覆盖整个地形起伏较大的区域。为便于布设,最好沿水池控制线方向。

(2)量出每个断面高程发生变化时的水平距离,并换算成模型值。

(3)在三合板上绘出每个断面的地形的变化趋势,并裁剪。

(4)将木板固定在地形模型的相应位置,用水准仪控制断面两端高程,并用沙土固定。

4.试验水池内海底地形的制作

海底地形的模拟通过水泥砂浆抹面的方法实现。

地形较为平坦的区域一般采用间隔法抹面,即先抹 1 m 宽度,间隔 1 m 再抹 1 m 宽度,待水泥固结一定强度后,再将剩余的部分用水泥砂浆填充、抹平。为保证地形制作的质量和精度,高程控制点布设完毕后应根据各交叉点的高程,对准备抹面的区域补填沙土,或铲除多余的沙土并适当密实,沙土高程以低于高程点 2~3 cm 为宜(即保证抹面厚度 2~3 cm)。抹面前应对每个交叉点的高程进行校对,高程允许偏差为±1 mm;抹面时注意保护高程点,如果受到扰动,应重新打点。抹面时必须保证砂浆表面光滑,不留划痕,抹面后地形高程的允许偏差为±2 mm。

地形起伏较大区域抹面较为简单,只需在固定的三合板间填充水泥砂浆,并以此作模板进行抹面即可。海中地形起伏幅度较大的区域一般为岩石地质,为使地形的糙度相似,抹面后应进行加糙处理,加糙的方法有两种:一是在稀薄的水泥砂浆中加入不同粒径的石子,然后甩到抹好的地形上;一是用扫把在抹好的地形上扫出划痕。

图 5.2.1 所示为某试验中海底地形控制断面的布设情形,图 5.2.2 所示为制作完成后的海底地形。

图 5.2.1 某工程试验时控制断面的布设情形

图 5.2.2 某工程试验时利用控制断面制作的地形

5.3 海岸工程波浪物理模型试验中常用的块体

海岸工程波浪物理模型试验中常用的块体有扭王字块体、扭工字块体、四脚空心方块和四脚锥体(JTS154-1—2011《防波堤设计与施工规范》)。

5.3.1 常用块体的结构图与立体图

1.四脚锥体

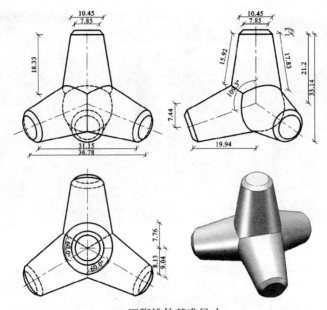

a—四脚锥体基准尺寸

图 5.3.1　四脚锥体三视图与立体图

2. 四脚空心方块

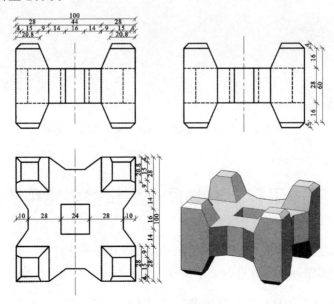

L_a—四脚空心方块边长

图 5.3.2　四脚空心方块三视图与立体图

3. 扭工字块体

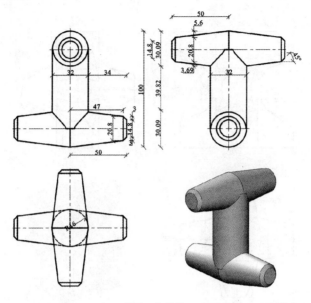

a) A型扭工字块体

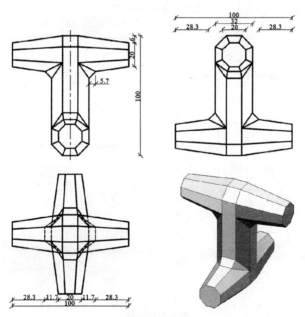

b) B型扭工字块体

h_a—扭工字块体正向高度

图 5.3.3　扭工字块体三视图与立体图

4. 扭王字块体

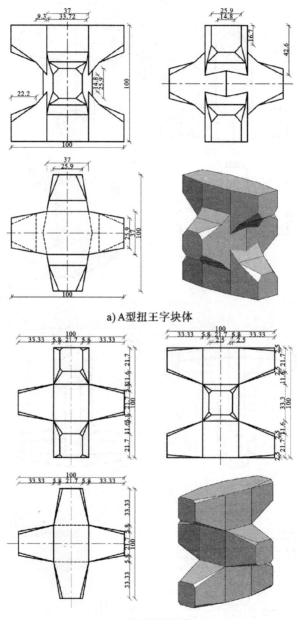

a) A型扭王字块体

b) B型扭王字块体

（宜用于重量 10 t 以内, h_a—扭王字块体高度）

图 5.3.4　扭王字块体三视图与立体图

5.3.2　常用块体的体积与基准尺寸的关系

常用护面块体的体积与基准尺寸间的换算关系如表 5.3.1 所示。

表 5.3.1　护面块体体积与基准尺寸关系表

块体	四脚锥体	四脚空心方块	扭工字块体		扭王字块体	
			A 型	B 型	A 型	B 型
V/m^3	$9.925a^3$	$0.299L_a^3$	$0.142h_a^3$	$0.160h_a^3$	$0.330h_a^3$	$0.265h_a^3$

5.3.3　常用护面块体的稳定重量及个数计算图

本节介绍常用块体的稳定重量和个数根据原型波高计算(JTS154-1—2011《防波堤设计与施工规范》)。

抛填 2 层块石和抛填 1 层块石的稳定重量可按照图 5.3.5 和图 5.3.6 确定,图中 m 为坡度(下同)。

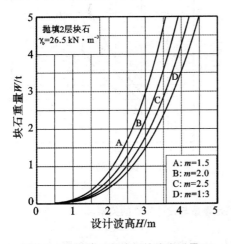

图 5.3.5　抛填 2 层块石的稳定重量 W

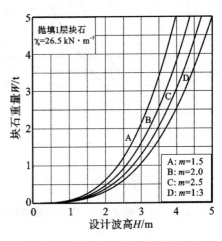

图 5.3.6　抛填 1 层块石的稳定重量 W

四脚锥体、四脚空心方块、扭工字块体,以及扭王字块的稳定重量与设计波高的关系如图 5.3.7(a)～(d)所示。

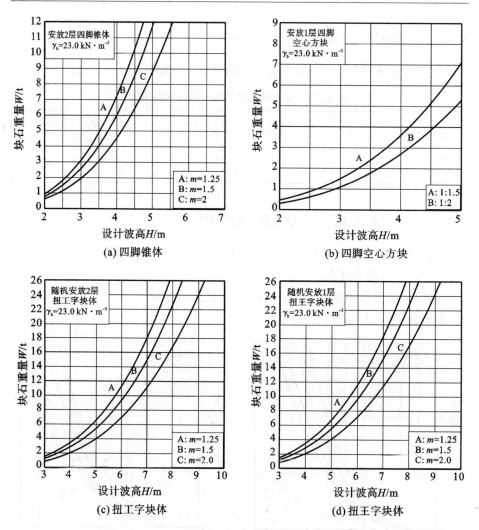

图 5.3.7　不同护面块体的稳定重量与设计波高的关系

四脚锥体、四脚空心方块、扭工字块体,以及扭王字块的块体个数和稳定重量的关系如图 5.3.8(a)~(d)所示。

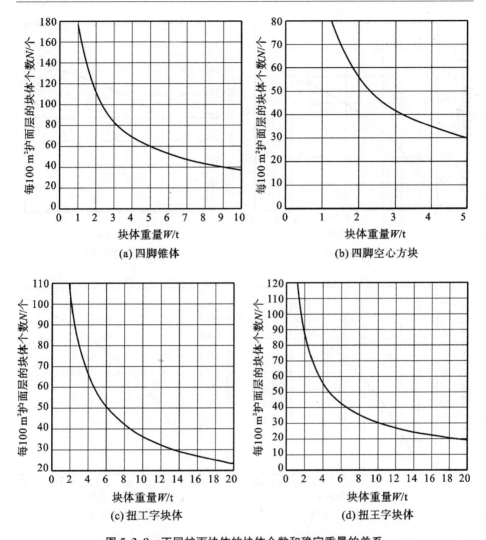

图 5.3.8 不同护面块体的块体个数和稳定重量的关系

四脚锥体,四脚空心方块,扭工字块体,以及扭王字块的混凝土量和块体重量的关系如图 5.3.8(a)~(d)。

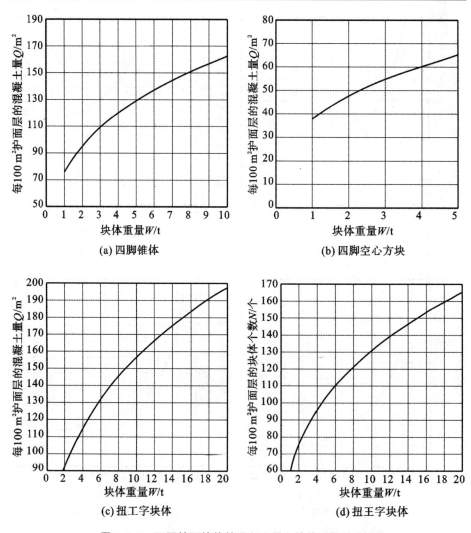

图 5.3.9 不同护面块体的混凝土量和块体重量的关系

第6章 依据波试验

所谓依据波是指在波浪物理模型试验中作为依据和基准的波浪,和在工程设计中进行结构计算时,以一定重现期和累积频率的波浪要素为基准是一个道理。依据波试验就是在实验室中通过调整造波设备控制参数及试验水位,制作出试验要求的基准波浪的过程。

依据波试验中模拟的波浪应该是某海区建设建筑物之前,采用数学模型从外海推算至拟建工程处,或距离工程较近区域一定水深处的波浪。进行依据波试验时模拟的自然环境条件,如海底地形、水深等应与数模计算时设定的一致,这样才能确保依据波的准确。如果工程建设之前,周边已存在建筑物,且该建筑物对传播至工程区域的波浪有影响,那么进行依据波试验前必须将这些建筑物根据设计图,按几何相似准则制作出这些建筑物的模型,一并放在模型制作区域以内。

依据波试验在海底地形模拟制作完成后、拟建水工建筑物模拟制作前进行。

6.1 随机海面的描述

波浪理论能够采用确定的函数形式描述波浪运动的变化,然而,直接应用这些理论来描述实际海浪是困难的。海面上产生的海浪高低长短不齐,杂乱无章,此起彼伏,瞬息万变,具有明显的随机性。如何研究复杂而随机的海浪呢?20 世纪 50 年代初,人们已将许多振幅、频率、方向、位相不同的简单的波动迭加起来以代表海浪,此处规定组成波的振幅或位相是随机量,从而迭加的结果为随机函数,它反映了海浪的随机性。这种研究方法现已成为研究海浪的主要手段。

海浪既为随机现象,我们观测到的海浪性质将随时间与位置而呈现不同的数值,从而可将此视为随机过程。

设某一水域处于同一天气形势下,风场的宏观结构相同,且水深足够大,水深对风浪的影响可以忽略,则于风区下沿不同点 $1,2,\cdots,k$ 记录的波面 $\eta^{(1)}(t),\eta^{(2)}(t),\cdots,\eta^{(k)}(t)$ 可示意为如图 6.1.1 所示。这些记录的外观复杂,没有能够互相重合的,但所反映的为同一海浪状态。它们构成一随机过程 $\eta(t)$ 的总称,每一段记录为此过程的一次现象。

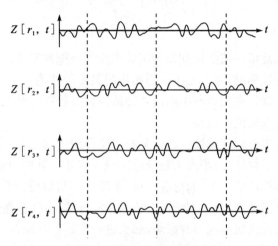

图 6.1.1　波面记录时程曲线

如何从这些记录中得到海浪的统计特征? 首先,我们把海浪的过程看作各态历经的平稳随机过程,此性质能保证我们可用随机海浪过程的一次现象代替它的总体进行计算,而且,对于一次现象,计算的起点不影响计算的结果。其次,海浪过程具有正态性。这样计算手续大为简化。迄今为止已提出的描述波面的模型,都是基于此性质得出的。经过验证,实际海浪现象能够满足这些理论性质的要求。

目前已提出的海浪模型有多种,现以较早且常用的 Longuet-Higgins 模型为例进行讨论。

Longuet-Higgins 采用 Rice 分析电子管噪音电流的方法,将多数随机的正弦波迭加起来,以描述一固定点的波面,其表达式为

$$\eta(t)=\sum_{n=1}^{\infty}a_n\cos(\omega_n t+\varepsilon_n) \tag{6.1.1}$$

式中,a_n 为振幅;ω_n 为圆频率;ε_n 规定为均匀分布的随机位相,它在 $0\sim2\pi$ 的范围内出现于间隔 α 至 $\alpha+\mathrm{d}\alpha$ 的概率为

$$P(\alpha<\varepsilon<\alpha+\mathrm{d}\alpha)=\frac{\mathrm{d}\alpha}{2\pi} \tag{6.1.2}$$

在式(6.1.1)中还规定

$$\sum_{\omega}^{\omega+d\omega} \frac{1}{2} a_n^2 = s(\omega) d\omega \tag{6.1.3}$$

式(6.1.3)左侧的含义是:将频率介于$(\omega,\omega+d\omega)$范围的各组成波的振幅平方之和,乘以 1/2。右侧 $s(\omega)$ 为 ω 的函数。

为了说明函数 $s(\omega)$ 的物理意义,我们考察量

$$\frac{1}{d\omega} \sum_{\omega}^{\omega+d\omega} \frac{1}{2} \rho g a_n^2 = \rho g s(\omega) \tag{6.1.4}$$

从线性波能量表达式可知,式(6.1.4)左侧代表频率介于$(\omega,\omega+d\omega)$范围内各组成波的能量的和除以 $d\omega$,即 $d\omega$ 频率间隔内的平均能量,也就是单位频率间隔内的能量。$s(\omega)$ 显然比例于此能量密度。重力加速度 g 及水体密度 ρ 在特定场合下为不变量,故 $s(\omega)$ 即可代表海浪能量相对于组成波的频率的分布,它给出了能量密度,$s(\omega)$ 称为谱。由于它反映能量密度,故称为能谱。又由于它给出能量相对于频率的分布,故也称为频谱。

由于式(6.1.1)中每一组成波的初相 ε_n 为随机量,从而组成波的波面铅直位移 η_n 及合成的波面铅直位移 η 均为随机量。令 $\bar{\eta}_n$ 及 σ^2 分别代表 η_n 的平均值及方差,则 η 的平均值及方差分别为

$$\bar{\eta} = \sum_{n=1}^{\infty} \bar{\eta}_n = \sum_{n=1}^{\infty} \frac{1}{2\pi} \int_0^{2\pi} a_n \cos(\omega_n t + \varepsilon) d\varepsilon = 0 \tag{6.1.5}$$

$$\sigma^2 = \sum_{n=1}^{\infty} \sigma_n^2 = \sum_{n=1}^{\infty} \frac{1}{2\pi} \int_0^{2\pi} a_n^2 \cos^2(\omega_n t + \varepsilon) d\varepsilon = \sum_{n=1}^{\infty} \frac{1}{2} a_n^2 \tag{6.1.6}$$

将组成波的频率范围分为许多间隔 $d\omega$,依式(6.1.3)可将式(6.1.6)写成

$$\sigma^2 = \sum_{n=1}^{\infty} s(\omega_n) d\omega \tag{6.1.7}$$

或取极限

$$\sigma^2 = \int_0^{\infty} s(\omega) d\omega \tag{6.1.8}$$

上式表明,海浪波面 $\eta(t)$ 的方差 $\sigma^2 (=\bar{\eta}^2)$ 比例于波动的总能量。此一事实,也可用另一方式说明:单位面积的铅直水柱内的平均势能等于 $\frac{1}{2}\rho g \bar{\eta}^2$。

下面我们计算波面的协方差函数。

兹以 M 代表数学期望,由式(6.1.1)得波面的协方差函数

$$M[\eta(t), \eta(t+\tau)] = M\left\{ \left[\sum_{n=1}^{\infty} a_n \cos(\omega_n t + \varepsilon_n) \right] \times \left[\sum_{n=1}^{\infty} a_n \cos(\omega_n(t+\tau) + \varepsilon_n) \right] \right\}$$

$$= \sum_{n=1}^{\infty} \frac{1}{2} a_n^2 \cos\omega_n \tau \tag{6.1.9}$$

式(6.1.9)与时间 t 无关,而只取决于间隔 τ。故协方差函数可写为积分的形式

$$R(\tau) = \int_0^{\infty} s(\omega) \cos\omega\tau \, \mathrm{d}\omega \tag{6.1.10}$$

以上讨论表明,Longuet-Higgins 提出的海浪模型代表一平稳的各态历经的正态过程。

6.2 海浪谱的形式

上述讨论认为海浪是平稳、各态历经的正态随机过程,并引入谱的概念。可以看出,为了描述海浪并在此基础上研究海浪,必须知道它的谱,海浪谱已构成海浪研究的重要课题。海浪本身的理论研究和实际应用都与谱存在密切关系,如海浪生成的机制、海浪观测与分析、海浪预报及海洋环境等问题研究都要以海浪谱为主要工具。在海岸工程设计中,20 世纪 50 年代以来,谱成为描述复杂海浪的有效手段,在工程应用中逐渐取代简单波动方法。

寻求海浪谱,不论在理论上还是在应用上,均具有重要意义。迄今已提出许多风浪频谱,其中相当大的一部分具备 Neumann 最先于 1952 年得到的形式

$$S(\omega) = \frac{c_1}{\omega^{p_1}} \exp\left[-c_2 \frac{1}{\omega^{p_2}} \right] \tag{6.2.1}$$

式中,指数 p_1 常取 5~6,p_2 常取 2~4,量 c_1 及 c_2 中包含风要素(风速、风时、风区)或波浪要素(波高、周期)作为参数。此种形式的谱主要优点是结构简单、使用方便。谱式中包括 p_1, p_2, c_1, c_2 四个可以调整的量,故反映外部因素对谱的影响具有较大的灵活性。

这种谱形式的主要缺点是理论依据不充分,在很大程度上它是一个经验公式,并且,它的高阶谱矩不存在,成为深入研究的障碍。我们定义谱的 γ 阶谱矩为

$$m_\gamma = \int_0^{\infty} \omega^\gamma S(\omega) \, \mathrm{d}\omega \tag{6.2.2}$$

将式(6.2.1)代入式(6.2.2)得

$$m_\gamma = c_1 c_2^{\frac{\gamma - p_1 + 1}{p_2}} \times \frac{1}{p_2} \Gamma\left(\frac{p_1 - \gamma - 1}{p_2} \right) \tag{6.2.3}$$

式中,Γ 为伽马函数,m_γ 之值不为负。故须使 $p_1 - \gamma - 1 > 0$,由此

$$\gamma < p_1 - 1 \qquad\qquad (6.2.4)$$

如果式(6.2.1)中的谱取 $p_1 = 5$，则此谱就不具有 4 阶和 4 阶以上的关系，如果取 $p_1 = 6$，谱仅具有 5 阶以下矩。并且，依式(6.2.1)计算得到所谓"谱宽度"参量仅决定于 p_1，p_2 而与 c_1，c_2 无关，此显然与实际不符。

下面讨论几种已提出的谱的形式及其特性。

1. Neumann 谱

Neumann 谱是最先提出的谱形式，迄今仍不失其应用意义，它于 20 世纪 50 年代至 60 年代初应用最广。此谱是根据观测到的不同风速下波高与周期的关系并作出一些假定后导出的，它是半理论半经验的谱，适用于成长的风浪，其形式为

$$S(\omega) = c\,\frac{\pi}{2}\frac{1}{\omega^6}\exp\!\left(-\frac{2g^2}{U^2\omega^2}\right) \qquad (6.2.5)$$

式中，$c = 3.05$ m^2 · s^{-5}，U 为海上 7.5 m 高度处的风速。在深水中，充分成长的风浪状态仅决定于风速，故 Neumann 谱中只包含参量 U。图 6.2.1 表示 $U = 15$ 及 20 m · s^{-1} 下的 Neumann 谱。由图可知：①谱虽理论上包括频率为 $0 \sim \infty$ 的各组成波，但谱的显著部分集中于一狭窄的频率段内；②随着风速的增加，谱曲线下面的总面积增大，谱的显著部分涉及的频率范围也扩大，对应风浪

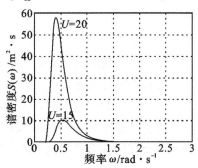

图 6.2.1　Neumann 谱

的波高及周期范围增大；③随着风速的增加，谱的显著部分沿低频率方向推移，极大值对应的频率为

$$\omega_0 = \sqrt{\frac{2}{3}}\frac{g}{U} \approx 0.817\frac{g}{U} \qquad (6.2.6)$$

由式(6.2.6)可知，ω 随风速的增大而减小。

2. P-M 谱

Pierson-Moscowitz 于 1964 年对北大西洋上 1955～1960 年的观测资料进行 460 次谱分析，从中挑出属于充分成长情形的 54 个谱，并依次分成 5 组，各组代表的风速分别为 10.29，12.87，15.47，18.01，20.58 m · s^{-1}（指海面上 19.5 m 高度处的风速），就各组的谱求一次平均谱，又将这些谱无量纲化，最后得到有量纲谱

$$S(\omega) = \frac{\alpha g^2}{\omega^5}\exp\!\left[-\beta\left(\frac{g}{U\omega}\right)^4\right] \qquad (6.2.7)$$

式中,无量纲常数 $\alpha=8.10\times10^{-3},\beta=0.74$。上式谱即为 P-M 谱,它代表充分成长的风浪。与 Neumann 谱相比,它具有较充分的观测资料的依据,分析方法也较为有效,故 P-M 谱在海浪研究及有关工程问题中得到了广泛应用,逐渐取代了 Neumann 谱。

图 6.2.2 表示在 $U_{10}=15\ \mathrm{m\cdot s^{-1}}$ 情形下 P-M 谱与 Neumann 谱的比较。与各谱相适应的高度风速分别为 $U_{19.5}=16.24\ \mathrm{m\cdot s^{-1}}$ 及 $U_{7.5}=14.46\ \mathrm{m\cdot s^{-1}}$,Neumann 谱随风速的成长较 P-M 谱为快,如在同一风速下,我们对两种谱进行比较,于低风速 Neumann 谱低于 P-M 谱,于高风速($>20\ \mathrm{m\cdot s^{-1}}$)极值对应的频率

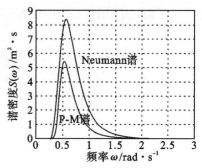

图 6.2.2　P-M 谱与 Neumann 谱的比较

$$\omega_0=0.877\frac{g}{U}\qquad(6.2.8)$$

与式(6.2.6)相比,可以看出当风速变化时,此两极值频率很接近。

3. JONSWAP 谱

为了适应北海开发的需要,英、荷、美、德等国的有关机构进行了所谓"联合北海波浪计划"(Jonit North Sea Wave Project,简称 JONSWAP)。这是一次迄今为止最系统的海浪观测工作。他们利用观测结果,提出了如下的风浪频谱:

$$S(\omega)=\frac{\alpha g^2}{\omega^5}\exp\left[-\frac{5}{4}(\frac{\omega_0}{\omega})^4\right]\gamma^{\exp\left[-\frac{1}{2}(\frac{\omega-\omega_0}{\lambda\omega_0})^2\right]}\qquad(6.2.9)$$

式中,ω_0 为谱峰频率,γ 为峰升高因子,其定义为

$$\gamma=\frac{E_{\max}}{E_{\max}^{PM}}\qquad(6.2.10)$$

式中,$E_{\max}$ 为谱峰值,$E_{\max}^{PM}$ 为 P-M 谱的峰值(γ 的观测值介于 1.5~6,平均 3.3)。λ 又称为峰形参量,其值

$$\lambda=\begin{cases}0.07,\omega\leqslant\omega_0\\0.09,\omega>\omega_0\end{cases}\qquad(6.2.11)$$

无量纲常数 α 为无量纲风区 $\widetilde{X}=gX^2/U^2$(X 为风距,U 为海面上 10 m 高度处的风速)的函数,对于 $\widetilde{X}=10^{-1}\sim10^5$ 有

$$\alpha=0.07\ \widetilde{X}^{-0.22}\qquad(6.2.12)$$

对于较狭的范围 $\widetilde{X}=10^2\sim10^4$,上式中指数约为 -0.4;对于无量纲频率 $\widetilde{\omega}_0=$

$U\omega_0/g$，当 $\widetilde{X}=10^{-1}\sim10^5$ 时有

$$\widetilde{\omega}_0=22\ \widetilde{X}^{-0.33} \qquad (6.2.13)$$

式(6.2.9)表示的谱称为 JONSWAP 谱。它的高频率部分与 P-M 谱很接近；对于大风区，γ 趋于 1，此谱也与 P-M 谱接近，于峰频率附近，它比 P-M 谱显著地高。图 6.2.3 表示平均 JONSWAP 谱($\gamma=3.3$)与 P-M 谱的比较，纵轴表示频率 $f(=\omega/2\pi)$。图中二谱峰对应的周期均为 10 s，而谱对应的有效波高分别为 5.3 m 和 4.0 m。

JONSWAP 谱适用于风浪成长的整个过程。其结果因其峰值高，能量高度集中于峰值附近，由此谱通过传递函数计算得到的作用力谱必受到这种能量集中的影响，这对于工程设计是非常重要的。

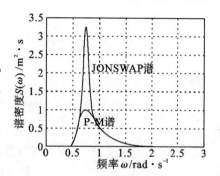

图 6.2.3　JONSWAP 谱与 P-M
谱的比较

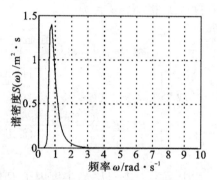

图 6.2.4　Bretschneider-光易谱

4. Bretschneider-光易谱

Bretschneider-光易谱是日本学者光易恒在原有 Bretschneider 谱的基础上修正得到的，形式如下：

$$S(f)=0.257H_s^2T_s(T_sf)^{-5}\exp[-1.03(T_sf)^{-4}] \qquad (6.2.14)$$

式中，T_s 为有效波周期，统计得到 $T_s\approx1.11\overline{T}$。

Bretschneider-光易谱(图 6.2.4)适用于风浪成长阶段，在工程上得到了广泛的应用。

5. 文氏谱

1989 年中国海洋大学文圣常教授提出了文氏谱。此谱是由理论导出的，谱中包含的参数很容易求得，精确度高于 JONSWAP 谱，且深、浅水都适用，并通过检验证明与实测资料相符合。该谱已被列入我国《水文规范》，作为规范谱使用。谱函数中引入尖度因子 P 和浅水因子 H^*，当已知有效波高 H_s(m)和有效波周期 T_s(s)时，其表达式为：

(1)对于深水水域，当水域深度 h 满足 $H^*=0.626H_s/h\leqslant0.1$ 的条件时，风浪频谱的形式为

$$S(f)=\begin{cases}0.068\,7H_s^2T_sP\cdot\exp\left\{-95\left[\ln\dfrac{P}{1.522-0.245P+0.002\,92P^2}\right]\right.\\\left.\qquad\qquad\times(1.1T_sf-1)^{\frac{12}{5}}\right\}\\\qquad\qquad\qquad 当\ 0\leqslant f\leqslant1.05/T_s\\0.082\,4H_s^2T_s^{-3}(1.522-0.245P+0.002\,92P^2)\cdot f^{-4}\\\qquad\qquad\qquad 当\ f>1.05/T_s\end{cases}\tag{6.2.15}$$

式中，P 为谱尖度因子，按下式计算：

$$P=95.3H_s^{1.35}/T_s^{2.7}\tag{6.2.16}$$

此外，P 还应满足 $1.54\leqslant P<6.77$ 的条件。

（2）对于浅水水域，当 $0.5\geqslant H^*>0.1$ 时，风浪频谱中引入浅水因子 $H^*=\overline{H}/h$，频谱的表达式为

$$S(f)=\begin{cases}0.068\,7H_s^2T_sP\cdot\exp\left\{-95\left[\ln\dfrac{P(5.813-5.137H^*)}{(6.77-1.088P+0.013P^2)(1.037-1.426H^*)}\right]\right.\\\left.\qquad\qquad\times(1.1T_sf-1)^{\frac{12}{5}}\right\}\\\qquad\qquad\qquad 当\ 0\leqslant f\leqslant1.05/T_s\\0.068\,7H_s^2T_s\dfrac{(6.77-1.088P+0.013P^2)(1.307-1.426H^*)}{(5.813-5.137H^*)}\left(\dfrac{1.05^m}{T_sf}\right)\\\qquad\qquad\qquad 当\ f>1.05/T_s\end{cases}\tag{6.2.17}$$

式中，$m=2(2-H^*)$；尖度因子 P 仍由式（6.2.16）计算，其值应满足 $1.27\leqslant P<6.77$。

应指出的是，式（6.2.15）及式（6.2.17）中（$1.1T_sf-1$）的值，当 f 较小时，它是负值，此时应先取平方，然后再取 $\dfrac{6}{5}$ 次方，以保证谱密度不出现负值。

图 6.2.5 为使用表 3.2.1 中的统计值 $\overline{H}=2.2$ m，$\overline{T}=7.0$ s 绘制出的文氏谱密度曲线，细实线为深水波进入浅水区变形后的谱密度曲线。由图可见，文氏谱谱形的特点是左侧随 f 的增加，谱密度从 0 迅速增大，而当 f 大于谱峰频后就缓慢衰减至 0。

国内外提出的波浪频谱还有很多，此处不再作介绍。而获得频谱的途径主要有

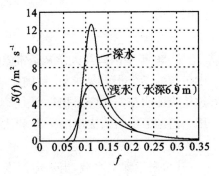

图 6.2.5　文氏谱

两种：一是利用固定点观测的波面随时间变化的记录，通过谱分析方法求得；二

是利用观测的波高与周期的某些规律进行理论推导得出半理论半经验形式的谱。

6.3　频谱与海浪要素的关系

前面通过随机波迭加建立了海浪模型,这种迭加不仅反映出海浪的内部结构,同时也必然导致海浪对外表现出随机性。实际上,外部观测到的海浪波面高度的极大值、波高、周期、波长等要素,都是随机量。本章将讨论这些要素的统计性质,并以谱的概念加以说明。此种讨论在理论上或工程实际应用都是重要的。

在上述海浪模型中,海浪被视为正态过程,与不同时刻的波面高度符合如下分布:

$$f(\eta) = \frac{1}{(2\pi\lambda^2)^{\frac{1}{2}}} \exp(-\frac{\eta^2}{2\lambda^2}) \tag{6.3.1}$$

式中,$\lambda^2(=\overline{\eta^2})$代表波面坐标的方差。

任取一波面记录曲线 $\eta(t)$,应用 Longuet-Higgins 的海浪模型,讨论曲线上的极大值及峰值的统计分布和规律。

波面坐标 $\eta(t)$ 为一随机函数,设以 η_1 表示,波面相对于时间的一阶与二阶导数 $\eta'(t)$ 及 $\eta''(t)$ 亦为随机函数,现分别以 η_2 和 η_3 表示,则有

$$\begin{cases} \eta_1 = \sum_n a_n \cos(\omega_n t + \varepsilon_n) \\ \eta_2 = -\sum_n a_n \omega_n \sin(\omega_n t + \varepsilon_n) \\ \eta_3 = -\sum_n a_n \omega_n^2 \cos(\omega_n t + \varepsilon_n) \end{cases} \tag{6.3.2}$$

利用谱矩

$$M_n = \int_0^\infty S(\omega)\omega^n \mathrm{d}\omega \tag{6.3.3}$$

计算行列式

$$D = \begin{vmatrix} M_0 & 0 & -M_2 \\ 0 & M_2 & 0 \\ -M_2 & 0 & M_4 \end{vmatrix} \tag{6.3.4}$$

将其代入 η_1, η_2, η_3 的正态联合分布函数,得

$$f(\eta_1,\eta_2,\eta_3) = \frac{1}{(2\pi)^{\frac{3}{2}}(\Delta M_2)^{\frac{1}{2}}} \times \exp\left[-\frac{1}{2}\left(\frac{\eta_2^2}{M^2} + \frac{M_4\eta_1^2 + 2M_2\eta_1\eta_3 + M_0\eta_3^2}{\Delta}\right)\right]$$

(6.3.5)

式中,

$$\Delta = M_0 M_4 - M_2^2$$

(6.3.6)

如果 $\eta(t)$ 于间隔 $(t, t+dt)$ 内存有一极值则 $\eta'=0, d\eta'=|\eta''|dt$,那么出现此事件 η 同时落在 $(\eta, \eta+d\eta)$ 内的概率等于 $\int_{-\infty}^0 [f(\eta_1, 0, \eta_3)d\eta_1 \cdot |\eta_3|dt]d\eta_3$,其平均频率为

$$F(\eta_1)d\eta_1 = \int_{-\infty}^0 [f(\eta_1, 0, \eta_3) \cdot |\eta_3|d\eta_1]d\eta_3$$

(6.3.7)

极大值的总平均频率为

$$N = \int_{-\infty}^0 \int_{-\infty}^0 f(\eta_1, 0, \eta_3) \cdot |\eta_3|d\eta_1 d\eta_3$$

(6.3.8)

极大值位于 $(\eta, \eta+d\eta)$ 范围内的概率为

$$f(\eta_1)d\eta_1 = \frac{F(\eta_1)d\eta_1}{N}$$

(6.3.9)

则计算式(6.3.9)可得无量纲极大值分布

$$f(\xi) = \frac{1}{(2\pi)^{1/2}}\left[\varepsilon e^{-\frac{1}{2}\frac{\xi^2}{\varepsilon^2}} + (1-\varepsilon^2) \cdot \xi \cdot e^{-\frac{1}{2}\xi^2} \cdot \int_{-\infty}^{\eta(1-\varepsilon^2)^{\frac{1}{2}}/\varepsilon} e^{-\frac{1}{2}x^2}dx\right]$$

(6.3.10)

式中, $\xi = \dfrac{\eta_1}{M_0^{1/2}}$,即

$$\xi = \frac{\eta_{\max}}{M_0^{1/2}}$$

(6.3.11)

而

$$\varepsilon^2 = \frac{\Delta}{m_0 m_4} = \frac{m_0 m_4 - m_2^2}{m_0 m_4}$$

(6.3.12)

式中,ε 为一谱宽度量,其值介于 0~1,小的 ε 值对应于窄谱,能量集中,大的 ε 值对应于宽谱,能量分布于较宽的频率带内。当 ε→0 时,式(6.3.10)化为瑞利分布

$$f(\xi) = \begin{cases} \xi e^{-\frac{1}{2}\xi^2}, & \xi>0 \\ 0, & \xi<0 \end{cases}$$

(6.3.13)

而当 ε→1 时,有正态分布

$$f(\xi) = \frac{1}{(2\pi)^{1/2}} e^{-\frac{1}{2}\xi^2} \tag{6.3.14}$$

图 6.3.1 所示为不同的 ε 值对应的概率密度函数。

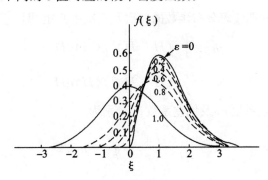

图 6.3.1　式(6.3.10)代表的无因次波面极大值概率密度函数

利用式(6.3.10)可得极大值的平均值

$$\bar{\xi} = \int_{-\infty}^{\infty} \xi f(\xi)\,\mathrm{d}\xi = \left[\frac{\pi}{2}(1-\varepsilon^2)\right]^{\frac{1}{2}} m_0^{\frac{1}{2}} f(\xi) \tag{6.3.15}$$

利用上面的结果可导出 N 个极大值 ξ 中极大值的期望值

$$\bar{\xi}_{\max} = 2^{\frac{1}{2}} \left\{ \left[\ln((1-\varepsilon^2)^{\frac{1}{2}}N)\right]^{\frac{1}{2}} + \frac{1}{2}\gamma\left[\ln((1-\varepsilon^2)^{\frac{1}{2}}N)\right]^{-\frac{1}{2}} \right\} \tag{6.3.16}$$

式中, γ 为尤拉常数($=0.577\,22$)。

对于不规则波,通常根据上跨零点的方式来定义波高。但是,这种方法只有在窄谱的情形中能够得到具有实际意义的结果。窄谱的能量集中于某一频率附近,波动内部结构比较简单,由图 6.3.1 可以看出,在 $\varepsilon=0$ 时,波面极大值不小于 0 的情况。按照波动的对称性,波极大值不同时出现在两相邻上跨零点之间。则此时,两种定义波要素的方式是一致的。这样,我们可以认为波面极大值的两倍为波高 H,即

$$H = 2\eta_{\max} \tag{6.3.17}$$

则由式(6.3.11)得波高分布

$$f(H) = \frac{H}{4M_0} \exp\left(-\frac{H^2}{8M_0}\right) \tag{6.3.18}$$

由式(6.3.15)得

$$\bar{H} = \sqrt{2\pi M_0} \tag{6.3.19}$$

则式(6.3.18)亦可表示为

$$f(H) = \frac{\pi}{2}\frac{H}{\bar{H}^2} \exp\left(-\frac{\pi}{4}\frac{H^2}{\bar{H}^2}\right) \tag{6.3.20}$$

对应的累积概率为

$$F(H) = \exp\left(-\frac{\pi}{4}\frac{H^2}{\overline{H}^2}\right) \tag{6.3.21}$$

以 μ_2 及 μ_3 分别代表分布函数的二次及三次中心矩,即

$$\mu_2 = \int_0^\infty (H-\overline{H})^2 f(H)\mathrm{d}H \tag{6.3.22}$$

$$\mu_3 = \int_0^\infty (H-\overline{H})^3 f(H)\mathrm{d}H \tag{6.3.23}$$

则波高分布的离差系数 c_v 及偏差系数 c_s 分别为

$$c_v = \frac{\mu_2^{\frac{1}{2}}}{\overline{H}} = \left(\frac{4}{\pi}-1\right)^{\frac{1}{2}} \approx 0.522 \tag{6.3.24}$$

$$c_s = \frac{\mu_3}{\mu_2^{\frac{3}{2}}} \approx 0.635 \tag{6.3.25}$$

由分布函数式(6.3.20)的最大值对应的波高 H_m 称为最可能波高,且可由 $\mathrm{d}f/\mathrm{d}H=0$ 得

$$H_m \approx 0.8\,\overline{H} \tag{6.3.26}$$

其他有关波高与平均波高的关系分别为

$$H_{\mathrm{rms}} = \frac{2}{\sqrt{\pi}}\overline{H} \approx 1.129\,\overline{H} \tag{6.3.27}$$

式中,H_{rms} 为均方根波高。

$$\frac{H_F}{\overline{H}} = \frac{\pi}{4}\left(\ln\frac{1}{F}\right)^{\frac{1}{2}} \tag{6.3.28}$$

式中,H_F 为与累积率 F 对应的波高,其中 $H_{1\%} \approx 2.42\,\overline{H}$,$H_{5\%} \approx 1.95\,\overline{H}$ 等。

H_P 为将波高按大小次序排列,其中最高的 P 部分的波高平均值,称为 P 部分大波平均波高。$H_{1/3}$ 又称为有效波高,记为 H_s。$H_{1/10}$ 又称为显著波高,它们与平均波高的关系如下:

$$H_{1/3} \approx 1.598\,\overline{H} \tag{6.3.29}$$

$$H_{1/10} \approx 2.032\,\overline{H} \tag{6.3.30}$$

以上我们讨论了波高的分布情况,对于周期和波高分布情况,我们采用一种半经验公式进行讨论。

经过大量资料验证,海浪波长 L 的概率密度与波高一样满足瑞利分布。参照式(6.3.20)可写为

$$f(L) = \frac{\pi}{2}\frac{L}{\overline{L}^2}\exp\left(-\frac{\pi}{4}\frac{L}{\overline{L}^2}\right) \tag{6.3.31}$$

式中，$\overline{L}$ 为平均波长。

利用线性波理论有 $L = \dfrac{gT^2}{2\pi}$，则可导出周期分布的密度函数

$$f(T) = \pi \frac{T}{T'^4} \exp\left(-\frac{\pi}{4} \frac{T^4}{T'^4}\right) \tag{6.3.32}$$

式中，

$$T' = \sqrt{\frac{2\pi \overline{L}}{g}} \tag{6.3.33}$$

而周期的平均值为

$$\overline{T} = \int_0^\infty T f(T)\,\mathrm{d}T = \left(\frac{4}{\pi}\right)^{\frac{1}{4}} \Gamma\left(\frac{5}{4}\right) T' \tag{6.3.34}$$

以 $\overline{T}$ 为参量时，周期分布函数的密度函数

$$f(T) = 4T^4\left(\frac{5}{4}\right)\frac{T^3}{\overline{T}^4} \exp\left[-T^4\left(\frac{5}{4}\frac{T^4}{\overline{T}^4}\right)\right] \tag{6.3.35}$$

则极大值对应的最可能周期

$$T_{\max} = \left(\frac{3}{4}\right)^{\frac{1}{4}} \frac{\overline{T}}{\Gamma\left(\dfrac{5}{4}\right)} = \overline{T} \tag{6.3.36}$$

由概率密度计算得到的离差系数及偏差系数分别为

$$\begin{cases} c_v = 0.283 \\ c_s = 0 \end{cases} \tag{6.3.37}$$

以上讨论了波要素于深水，即不受海底影响条件下的分布情况。如果考虑水深 h 的影响，对于波高概率密度（经验上的）有

$$f(H) = \frac{\pi}{2\,\overline{H}(1-H^*)(1+H^*/\sqrt{2\pi})}\left(\frac{H}{\overline{H}}\right)^{\frac{1+H^*}{1-H^*}} \exp\left[-\frac{\pi}{4(1+H^*/\sqrt{2\pi})}\left(\frac{H}{\overline{H}}\right)^{-\frac{2}{1-H^*}}\right] \tag{6.3.38}$$

式中，$H^* = \dfrac{\overline{H}}{h}$。

波浪传入浅水中周期几乎不变，则周期分布与深度无关，但波长随深度变化，以线性波理论有

$$L = \frac{gT^2}{2\pi}\tanh\frac{2\pi h}{L} \tag{6.3.39}$$

我们得到波长于浅水中的累积分布为

$$F(L) = \exp\left[-\frac{\pi}{4.8}\left(\frac{L}{L_1}\right)^2 \tanh^{-2}\frac{2\pi h}{L}\right] \tag{6.3.40}$$

式中，$L_1 = \dfrac{g}{2\pi} \overline{T}^2$。

由式(6.3.18)可看出，波高分布与谱的零阶矩 M_0 有关。由式(6.3.19)可利用波高特征与平均波之间的关系导出与谱矩 M_0 之间的关系为

$$H_{\mathrm{rms}} = \sqrt{8M_0} \tag{6.3.41}$$

则

$$\begin{cases} H_{1/3} \approx 4.005\ \sqrt{M_0} \\ H_{1/10} \approx 5.091\ \sqrt{M_0} \\ H_{1/100} \approx 6.672\ \sqrt{M_0} \end{cases} \tag{6.3.42}$$

如果令 $f_1(\eta)$ 及 $f_2(\eta')$ 分别代表随机量 η 与 η' 的概率密度，则 η 与 η' 无关，且都满足正态分布。在时间间隔 $(t, t+\mathrm{d}t)$ 内，η 以各种可能速度 η' 穿过零线的概率为

$$\int_{-\infty}^{\infty} f_1(0) f_2(\eta') \mid \eta' \mid \mathrm{d}\eta' \mathrm{d}t \tag{6.3.43}$$

则单位时间零点的平均个数为

$$N_0 = \int_{-\infty}^{\infty} f_1(0) f_2(\eta') \mid \eta' \mid \mathrm{d}\eta = \frac{1}{\pi} \frac{\lambda_2}{\lambda_1} \tag{6.3.44}$$

上跨零点定义的周期为

$$\overline{T} = \frac{2}{N_0} = 2\pi \frac{\lambda_1}{\lambda_2} \tag{6.3.45}$$

式中，λ_1, λ_2 分别为 η 与 η' 的均方差，其值前面讨论已给出：

$$\begin{cases} \lambda_1^2 = \int_0^{\infty} s(\omega)\,\mathrm{d}\omega = M_0 \\ \lambda_2^2 = \int_0^{\infty} \omega^2 s(\omega)\,\mathrm{d}\omega = M_2 \end{cases} \tag{6.3.46}$$

以谱矩表示时，平均周期为

$$\overline{T} = 2\pi \left(\frac{M_0}{M_2} \right)^{\frac{1}{2}} \tag{6.3.47}$$

而对于波长，由线性理论得到的关系 $L = \dfrac{g}{2\pi} T^2$ 不能直接应用到平均值上。利用 Neumann 谱按波的谱的方式可导出

$$\overline{L} = \frac{2}{3} \frac{g}{2\pi} \overline{T}^2 \tag{6.3.48}$$

6.4　海浪的方向谱

实际海面上的波浪场是三维的,波能不但分布在一定的频率范围内,而且分布在不同的传播方向上。在频谱的基础上进一步研究海浪的谱结构时,应将海浪看作由很多振幅为 a_n、频率为 f_n、初相位为 ε_n,并在 xOy 平面上沿与 x 轴成 θ_n 角方向传播的简谐波迭加而成的。若在 xOy 平面上与 x 轴成斜向的简谐波可写作

$$\zeta(x,y,t)=a\cos[k(x\cos\theta+y\sin\theta)-2\pi ft+\varepsilon] \qquad (6.4.1)$$

式中,k 表示波数,则多向不规则波可由无限个斜向简谐波组成,即

$$\zeta(x,y,t)=\sum_{n=1}^{\infty}a_n\cos[k_n(x\cos\theta_n+y\sin\theta_n)-2\pi f_n t+\varepsilon_n] \qquad (6.4.2)$$

式中,$\theta_n\in[-\pi,\pi]$。如果任何频率间隔 δ_f 和方向间隔 δ_θ 内的组成波能量为 $\frac{1}{2}a_n^2$,则方向谱密度函数 $S(f,\theta)$ 可表示为

$$S(f,\theta)\mathrm{d}f\mathrm{d}\theta=\sum_{f}^{f+\delta f}\sum_{\theta}^{\theta+\delta\theta}\frac{1}{2}a_n^2 \qquad (6.4.3)$$

方向谱 $S(f,\theta)$ 给出了不同方向上各组成波的能量相对于频率的分布,或者说在给定频率条件下,$S(f,\theta)$ 表征了组成波能量相对于方向的分布,见图 6.4.1。在理论上方向角 θ 的变化范围在 $-\pi\sim+\pi$ 之间,实际波浪能量多分布在主波向两侧 $\pm\frac{\pi}{2}$ 甚至更窄的范围内。

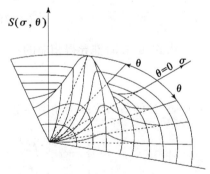

图 6.4.1　海浪方向谱示例

海浪方向谱函数一般可写成下列形式:

$$S(f,\theta)=S(f)\cdot G(f,\theta) \qquad (6.4.4)$$

式中,$S(f,\theta)$ 为频率谱;$G(f,\theta)$ 为方向分布函数,简称方向函数,它必须符合下列条件:

$$\int_{-\pi}^{\pi}G(f,\theta)\mathrm{d}\theta=1.0 \qquad (6.4.5)$$

研究方向谱主要是确定方向函数,下面介绍几种常用的方向函数。为便于

比较,绘制方向谱时采用的波浪要素为$\overline{H}=2.2$ m,$\overline{T}=7.0$ s。工程应用时,均取 $H_s=1.598\overline{H}$,$T_s=1.15\overline{T}$,$T_p=1.05T_s$。

1. 简单的经验公式

假定方向分布与频率无关,即

$$G(f,\theta)=G(\theta)=C(s)\cos^{2s}(\theta-\theta_0),\ |\theta-\theta_0|<\frac{\pi}{2} \tag{6.4.6}$$

式中,θ 为组成波的方向;θ_0 为主波向;s 为角散系数,表示波能沿方向分布的集中程度。

采用不同的 s 值,可由式(6.4.5)推导得相应的 $C(s)$ 值:

$$C(s)=\frac{1}{\sqrt{\pi}}\frac{\Gamma(s+1)}{\Gamma(s+1/2)}=\frac{2s!!}{\pi(2s-1)!!} \tag{6.4.7}$$

式中,Γ 为伽马函数;$2s!!=2s\cdot(2s-2)\cdot\cdots\cdot4\times2$;$(2s-1)!!=(2s-1)\cdot(2s-3)\cdot\cdots\cdot3\times1$。当 $s=1$ 时,$C(1)=\frac{2}{\pi}$;当 $s=2$ 时,$C(2)=\frac{8}{3\pi}$;当 $s=3$ 时,$C(3)=\frac{16}{5\pi}$;当 $s=4$ 时,$C(4)=\frac{128}{35\pi}$。s 的取值范围在 1～10 之间,s 取值愈大,波能的方向分布愈集中。

2. 光易型方向函数

$$G(f,\theta)=G_0(s)\cos^{2s}\frac{\theta}{2} \tag{6.4.8}$$

由式(6.4.5)推导得相应的 $G_0(s)$ 为

$$G_0(s)=\frac{1}{\pi}2^{2s-1}\frac{\Gamma^2(s+1)}{\Gamma(2s+1)} \tag{6.4.9}$$

式中,Γ 为伽马函数;s 为角散系数,与频率和风速有关:

$$\begin{cases} s=s_{max}(\dfrac{f}{f_p})^5, & f\leqslant f_p \\[2mm] s=s_{max}(\dfrac{f}{f_p})^{-2.5}, & f>f_p \\[2mm] s_{max}=11.5(2\pi f_p\dfrac{U}{g})^{-2.5}=11.5(\dfrac{C_p}{U})^{2.5} \end{cases} \tag{6.4.10}$$

式中,f_p 为频谱峰频;C_p 为与谱峰频率相应的波速;U 为海面上 10 m 高度处的风速;$f=f_p$ 时,$s=s_{max}$ 方向分布最窄。$\dfrac{C_p}{U}$ 越小,则风浪越年轻,s_{max} 值越小。日本学者光易测得风浪的 s_{max} 约为 10。

Goda 取谱峰频率 $f_p=1/(1.05T_{1/3})$,建议不同类型的海浪采用不同的 s_{max}

值,即

$$s_{max}=\begin{cases}10,风浪\\25,衰减距离短的涌浪(波陡较大)\\75,衰减距离长的涌浪(波陡较小)\end{cases} \quad (6.4.11)$$

光易型方向函数与 Bretschneider-光易频谱构成的方向谱如图 6.4.2 所示。

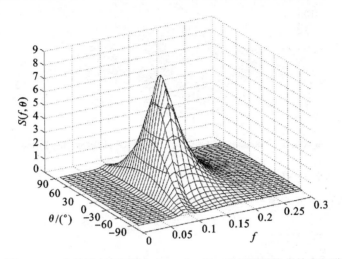

图 6.4.2　光易型方向函数与 Bretschneider-光易频谱构成的方向谱

3. Donelan 方向函数

Donelan 等在加拿大 Ontario 湖上和大型波浪水池内采用 14 个测波仪组成的阵列系统地观测了风浪方向谱,所得资料的 $\dfrac{C_p}{U}=0.83\sim4.6$,分析得到分布函数为

$$G(f,\theta)=\frac{1}{2}\beta sech^2(\beta\theta) \quad (6.4.12)$$

式中,β 按下式计算:

$$\beta=\begin{cases}2.61(f/f_p)^{1.3}, & 0.56\leqslant f/f_p\leqslant0.95\\2.28(f/f_p)^{-1.3}, & 0.95<f/f_p<1.6\\1.24, & 其他 f/f_p\end{cases} \quad (6.4.13)$$

该分布函数不含有表征风浪成长状况的参量。当 $f/f_p=0.95$ 时,$\beta_{max}=2.44$,方向分布最集中。

Donelan 方向函数与 JONSWAP 频谱构成的方向谱如图 6.4.3 所示。

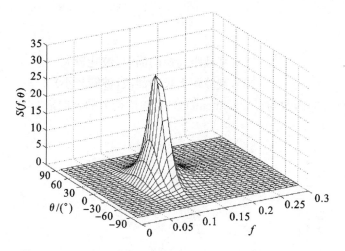

图 6.4.3 Donelan 方向函数与 JONSWAP 频谱构成的方向谱

4. 文氏方向函数

中国海洋大学文圣常提出的方向函数为

$$G(f,\theta) = C(s')\cos^{s'}\theta \tag{6.4.14}$$

式中，$C(s')$ 按下式计算：

$$C(s') = \frac{1}{\sqrt{\pi}} \frac{\Gamma(s'/2+1)}{\Gamma(s'/2+1/2)} \tag{6.4.15}$$

式中，

$$s' = \begin{cases} 9.91(\omega/\omega_p)^{-2}\exp(-0.075\,7P^{1.95}), \omega/\omega_p \geqslant 1 \\ 9.91(\omega/\omega_p)^{4.5}\exp(-0.075\,7P^{1.95}), \omega/\omega_p \leqslant 1 \end{cases} \tag{6.4.16}$$

P 可由风速 U 表示为

$$P = 1.59U\omega_p/g \tag{6.4.17}$$

或用有效波高和有效周期表示为

$$P = 95.3\frac{H_{1/3}^{1.35}}{T_{1/3}^{2.7}} \tag{6.4.18}$$

文氏方向函数与文氏深水风浪谱构成的方向谱如图 6.4.4 所示。

5. 双峰谱形的方向函数

当有两个不同方向的波浪相互迭加或在入、反射波共存的水域,波浪的方向分布具有两个或多个峰值,可以下式表示：

$$G(f,\theta) = G_0 \sum_{i=1}^{I} a_i \cos^{2s_i} \frac{\theta - \theta_{0i}}{2} \tag{6.4.19}$$

式中,$I=2$ 时为双峰谱形分布,a_i 取值不同使双峰的大小不同,G_0 由式(6.4.5)确定。

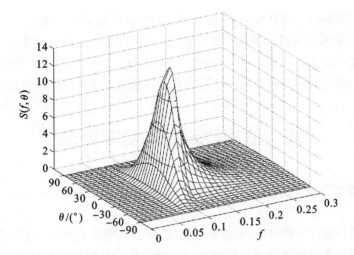

图 6.4.4　文氏方向函数与文氏深水风浪谱构成的方向谱

$$\begin{cases} G(\theta) = \lambda G_1(\theta) + (1-\lambda)G_2(\theta), 0 < \lambda < 1.0 \\ G_i(\theta) = G_{0i}\cos^{2s_i}\dfrac{\theta - \theta_{0i}}{2}, i = 1,2 \\ G_{0i} = \left[\displaystyle\int_{\theta_{\min}}^{\theta_{\max}} \cos^{2s_i}\dfrac{\theta - \theta_{0i}}{2}\mathrm{d}\theta \right]^{-1} \end{cases} \qquad (6.4.20)$$

说明：此式表示的双峰是由两个不同主波方向 θ_{0i} 的单峰分布迭加而形成的，调试 λ 值大小可以改变双峰的大小。若方向函数采用光易型方向函数，频谱采用 Bretschneider-光易频谱，其方向谱如图 6.4.5 所示。

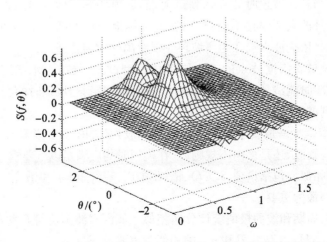

图 6.4.5　光易型方向函数与 Bretshneider-光易频谱构成的方向谱

方向分布函数还有其他形式,读者需要时可查阅相关的文献。

海浪由深水传入浅水的过程中,将发生折射、绕射、反射等现象,它们与不同方向的组成波关系明显。此外,近海泥沙的搬运、大型浮体对海浪的响应等皆与波浪的能量方向分布有关。海浪的方向谱成为上述课题研究的基础。

6.5　依据波试验的基本要求

依据波作为基准波浪,是一切后续试验和研究工作的基础和保证,必须确保其准确。

物理模型试验中的波浪,无论不规则波,还是规则波均为重力波,因此波浪模拟必须满足重力相似准则。这就要求在确定模型比尺的时候必须保证不规则波的有效波高和规则波的波高不小于 2 cm,且尽量采用较小的模型比尺。

1.依据波点的确定

一般情况下,依据波点应位于水深较大、波形平稳处。

在进行波浪整体物理模型试验的时候,为便于制作出所需的依据波,往往将海底地形抬高一定高度,从而增加造波板前的水深,标准地形和池底间通过斜坡连接。试验时给定的依据波点一般是一定水深处的波浪要素,在进行模型设计时最好让该点与坡顶(即依据波点与标准地形最外侧)间有一定距离,一般为 2～3 m,原因是浅水区地形对波浪传播影响较大,当波浪沿斜面传播时有波能集中现象,当到达坡顶时波高达到最大,而坡顶地形突然变缓后波能突然释放,从而使该处波高变小且不稳定,而波浪沿标准地形传播一定距离后波形趋于稳定,因此将依据波点选在距离坡顶一定距离处较为合适。

断面模型试验依据波点的选取同整体模型试验一致,因水槽壁为透明玻璃,依据波试验时能清楚看到波浪沿斜坡传播规律及到达坡顶时的变化情况。

2.不规则波的模拟要求

波浪模型试验一般要求模拟单向不规则波,必要时须模拟多向不规则波,无论单向不规则波,还是多向不规则波,在模拟时均应满足以下要求:

(1)波谱相似。包括谱值 $S_\eta(f)$、谱峰频 f_p、零阶矩 m_0 和谱宽。其中尤以 m_0、f_p、$S_\eta(f)$ 最为重要。

(2)波高、周期和波面极值统计分布相似。如深水波高应符合瑞利分布等。其中尤以 $H_{1/3}$,H_{max},$T_{1/3}$,$\overline{T}$ 和 η_{max} 的相似为重要。

(3)波群相似。要求表征波群特征的参数,如群高因子,平均连长等相同。

　　要完全满足上述要求是很困难的,甚至是不可能的,宜根据情况区别对待,目前绝大多数实验室都考虑相似,问题在于允许多大的误差。我国颁布的《试验规程》对不规则波模拟提出如下要求:

　　(1)试验时,应尽量模拟工程区域的实测波谱,如果没有,可采用行业标准《水文规范》中的波谱或其他波谱;必要时应模拟波列和波群。

　　(2)单向不规则波模拟的允许偏差应满足以下要求:

　　1)波能谱总能量的允许偏差为±10%;

　　2)峰频模拟值的偏差为±5%;

　　3)在谱密度大于或等于0.5倍谱密度峰值的范围内,谱密度分布的偏差为±15%;

　　4)有效波高、有效周期或谱峰周期的偏差为±5%;

　　5)模拟的波列中1%累计频率波高、有效波高与平均波高值的偏差为±15%;

　　(3)多向不规则波应按频率、方向对应法模拟波面,并按下列公式进行模拟:

$$\eta(x,y,t) = \sum_{m=1}^{M} \sum_{i=1}^{I} a_{mi} \cos[\omega_{mi}t - k_{mi}(x\cos\theta_i + y\sin\theta_i) + \varepsilon_{mi}]$$

$$a_{mi} = \sqrt{2s(\omega_m, \theta_i)\Delta\omega\Delta\theta}$$

$$\omega_m = \omega_L + (m - \frac{1}{2})\Delta\omega$$

$$\Delta\omega = \frac{\omega_H - \omega_L}{M}$$

$$\theta_i = \theta_{\min} + (i - \frac{1}{2})\Delta\theta$$

$$\Delta\theta = \frac{\theta_{\max} - \theta_{\min}}{I}$$

$$\omega_{mi} = \omega_m - \frac{1}{2}\Delta\omega + \frac{(i - 1 + R_{mi})\Delta\omega}{I}$$

式中,$\eta(x,y,t)$表示波动水面相对于静水面的瞬时高度(m);x,y,t分别为波动水面的水平位置x,y(m)和时间t(s);M表示频域分割数,通常取50~100;I表示方向等分数,通常取20;a_{mi}表示第m个频率、第i个方向的组成波振幅(m);ω_{mi},k_{mi}分别表示第m个频率、第i个方向的组成波圆频率(rad·s^{-1})和波数(rad·m^{-1});θ_i表示第i个组成波的方向角;ε_{mi}表示第m个频率、第i个方向的组成波初相位,在$(0,2\pi)$域内均布的随机数;$S(\omega_i,\theta_i)$表示圆频率为ω_i、方向为

θ_i 的方向谱密度（$m^2 \cdot Hz^{-1} \cdot rad^{-1}$）；$\Delta\omega$ 表示圆频率分割点间隔（$rad \cdot s^{-1}$）；$\Delta\theta$ 表示方向等分点间隔（rad）；ω_H，ω_L 分别为频谱的最高、最低圆频率（$rad \cdot s^{-1}$）；θ_{max}，θ_{min} 分别为方向谱的最大、最小方向角（rad）；R_{mi} 表示第 m 个频率、第 i 个方向的组成波在 $(0,1)$ 域内均布的随机数。

当波浪模型试验采用规则波时，规则波的平均波高和波周期的允许偏差为 $\pm5\%$。

波浪和水流共同作用时，波浪和水流应采用同一比尺，并符合下列规定：

（1）试验基本资料分别给出波浪和水流要素时，应在试验水槽或水池放置建筑物前，在研究区域先模拟水流的流速和流向，再模拟无流时的波浪，并进行合成。

（2）试验基本资料给出波浪和水流合成要素时，可先进行波、流分离，再模拟要求的水流和波浪。

6.6 依据波试验的基本过程

依据波试验的过程实际是一个"凑波"的过程，即通过反复调整波高、周期、随机因子等造波机控制参数，制作出试验所需波浪要素。"凑波"过程较为烦琐，需要操作员有一定的工作经验和足够的耐心。下面以低惯量直流电机式多向不规则造波机为例，简介整体模型试验中不规则波的"凑波"过程。

（1）依据波试验前的准备工作。依据波试验前应完成以下准备工作：

1）波浪模型设计完成，即将原型波浪要素根据模型比尺换算成模型值，确定试验海区的波浪谱型；

2）地形制作完成后，将地面清理干净，在水池四周及海岸地形突变处摆放消波器；

3）对造波机自带波高仪进行率定，率定后的波高仪应有良好的线性；

4）将波高仪放置在依据波点处，并与造波机连接；

5）水池内放水至试验水位，调整波高仪高度，确保波高仪率定段位于水位变动区；

6）对造波机进行检查，确保造波机运转正常。

（2）打开主控台上的造波控制计算机，进入造波程序控制界面，如图 6.6.1 所示。打开主控台上的造波机电源。此时造波机控制计算机（位于造波机控制

柜内)与主控台计算机(控制造波程序)自动连接,并在主控台屏幕右下方提示
"已连接",该过程约需 2 min 时间。

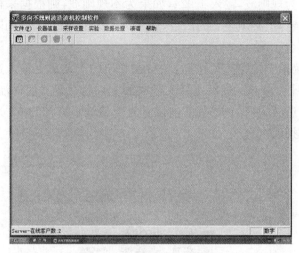

图 6.6.1　造波主程序界面

(3)如果在关闭状态下第一次开启造波机,必须使造波机的推板位于零位
上。具体操作步骤:在造波程序主菜单上按"实验"按钮⇒在下拉菜单中选择
"网络通信",弹出网络控制子菜单⇒在子菜单中按"所有轴寻零"。造波机连接
推板的转动轴开始旋转,推板到达零位后自动停止,并在屏幕上显示"寻零结
束"。此时造波机准备就绪。网络控制子菜单界面如图 6.6.2 所示。

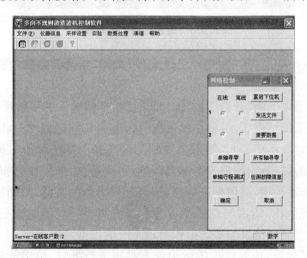

图 6.6.2　网络控制子菜单界面

（4）在主菜单上按"采样设置"按钮。然后在弹出的主菜单中设置采样长度。如果试验为规则波，输入 1 024，如果为不规则波，则根据采样间隔和一个波列的波数确定，但必须是 2 的倍数，如 4 096 或 8 192。采样间隔一般不小于20 ms，波数不少于100。

（5）在主菜单上按"凑谱"按钮，然后在弹出的子菜单上输入造波谱型及相关波浪参数（图 6.6.3）。然后选择文件夹和文件名存盘。值得注意的是，子菜单上的水深指造波板处的水深，波向以垂直于造波板方向为 0（°）（正向浪），逆时针为正，顺时针为负。

图 6.6.3　造波控制子菜单界面

（6）在"网络控制"菜单中按"发送文件"按钮，将造波参数传输给造波机控制计算机。

（7）按主菜单上的"开始造波"按钮，造波机即按输入的参数开始造波。

（8）波高采集结束后，屏幕显示采集到的波高和周期统计值，以及计算出的波浪谱型（同时显示靶谱）。如果采集到的波高和周期统计值与标准值相差较大，需对输入的波高、周期值进行适当调整，再次造波，如果数值相差较小，按控制面板上的修正按钮，对谱型进行修正，直至采集到的波高、周期值与标准值的偏差在要求范围内，谱型与靶谱相近为止。波高、周期、谱型满足要求后，重复两遍，并将三次测量结果的平均值作为该工况的依据波代表值。

依据波试验后，应对模拟的波浪要素数据进行处理，给出依据波制作精度表，范例如表 6.6.1 所示。

表 6.6.1　依据波制作精度表

工况编号	水位	重现期/a	$H_{1\%}$		$H_{13\%}$		$\overline{T}$	
			波高值/m	误差/%	波高值/m	误差/%	周期值/s	误差/%
1		100	4.76	−1.0	3.24	−1.2	7.31	2.3
2	极端高水位	50	4.29	−4.6	2.90	−3.4	7.12	1.2
…		…	…	…	…	…	…	…

依据波谱分析如图 6.6.4 所示。

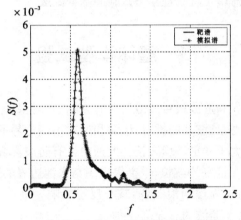

(a) 极端高水位100 a的实测频谱与靶谱

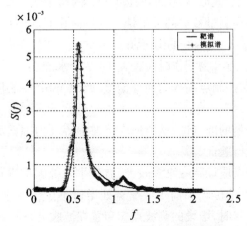

(b) 极端高水位50 a的实测频谱与靶谱

图 6.6.4　波要素实测频谱和靶谱对比

第7章 物理模型试验实例

本章将列举不同类型的海岸工程物理模型试验的实例,用于说明试验的目的、方法、流程以及针对试验开展的模拟计算,与试验数据的对比分析,以帮助读者了解掌握常规海岸工程物理模型试验的基本做法。

7.1 整体模型试验

为减小水池边界和造波板对波浪反射的影响,同时保证所生产的波浪在到达建筑物时较为平稳,且波浪的折射、绕射和反射不受边界的影响,造波机与建筑物模型的间距应大于 6 倍平均波长。模型中设有防波堤堤头时,堤头与水池边界的间距应大于 3 倍平均波长,单突堤堤头与水池边界的距离应大于 5 倍平均波长,并应在水池边界设消浪装置,减小反射影响。进行多向不规则波试验时,研究区域应位于多向波的有效范围内。

整体模型试验中,地形(包括水域边界)的制作至关重要,它直接关系到试验中所反映的现象和测量数据的准确性。地形制作时应满足以下条件:

(1)采用不小于 1∶5 000 的地形图。

(2)地形和水工建筑物制作时应设置 1~2 个水准点。

(3)制模断面和控制点高程的允许偏差为 ±1 mm,抹面后的地形高程允许偏差为 ±2 mm。

为保证试验资料的准确性,试验前应将波浪等动力因素和边界条件与工程水域的实测资料进行验证。

原始入射波测点应设置在水深较大、波形平稳处。在进行港内水域平稳度试验时,还应在每个泊位码头前 1/2 船宽处增设不少于 1 个测波点,试验为规则波且建筑物为直墙时,增设的测波点应布置在波腹处。

下面以某人工岛游艇码头为例,介绍整体模型试验的实施步骤与方法。

1.试验目的

　　某人工岛游艇码头建设项目包括人工岛护岸及道路、码头及防波堤。为了掌握工程水域波浪状况和泊稳条件，提出合理的改进措施，同时研究口门处通航条件，对口门处堤岸直立、斜坡型式进行比选优化，进行整体物理模型试验。

　　2.试验资料

　　(1)试验波向：考虑防波堤的口门朝向，试验采用 NNE、NE、ENE 向波浪进行。

　　(2)试验水位：采用 1985 国家高程基准面。极端高水位为 3.09 m；设计高水位为 1.80 m；设计低水位为 −1.86 m。

　　(3)试验波浪：试验海域 M 点不同水位和方向的波浪要素如表 7.1.1 和表 7.1.2 所示。

表 7.1.1　试验波要素一览表(50 a 一遇)

波向	水位	$H_{1\%}/\mathrm{m}$	$H_{4\%}/\mathrm{m}$	$H_{5\%}/\mathrm{m}$	$H_{13\%}/\mathrm{m}$	$\overline{T}/\mathrm{s}$
NNE	极端高水位	2.45	2.08	2.01	1.67	4.97
	设计高水位	2.39	2.03	1.96	1.63	4.93
	设计低水位	2.13	1.82	1.76	1.48	4.78
NE	极端高水位	2.63	2.24	2.17	1.80	5.10
	设计高水位	2.57	2.19	2.12	1.77	5.07
	设计低水位	2.29	1.96	1.90	1.60	4.90
ENE	极端高水位	2.65	2.25	2.18	1.81	5.11
	设计高水位	2.59	2.21	2.14	1.78	5.08
	设计低水位	2.34	2.01	1.95	1.64	4.94
ESE	极端高水位	4.28	3.68	3.57	3.04	11.22
	设计高水位	4.23	3.65	3.55	3.02	11.22
	设计低水位	3.41	2.97	2.89	2.49	11.22
SE	极端高水位	5.04	4.37	4.24	3.62	12.46
	设计高水位	4.83	4.20	4.08	3.50	12.46
	设计低水位	3.64	3.19	3.11	2.68	12.46
SSE	极端高水位	3.65	3.13	3.03	2.56	10.82
	设计高水位	3.54	3.04	2.95	2.50	10.82
	设计低水位	3.17	2.76	2.68	2.30	10.82

表 7.1.2 试验波要素一览表(2 a 一遇)

波向	水位	$H_{1\%}$/m	$H_{4\%}$/m	$H_{5\%}$/m	$H_{13\%}$/m	$\overline{T}$/s
NNE	极端高水位	1.34	1.13	1.09	0.89	4.19
NNE	设计高水位	1.32	1.11	1.08	0.88	4.18
NNE	设计低水位	1.21	1.02	0.99	0.81	4.11
NE	极端高水位	1.36	1.15	1.11	0.90	4.20
NE	设计高水位	1.35	1.14	1.10	0.90	4.20
NE	设计低水位	1.24	1.05	1.01	0.83	4.13
ENE	极端高水位	1.44	1.22	1.18	0.96	4.26
ENE	设计高水位	1.43	1.21	1.17	0.96	4.26
ENE	设计低水位	1.35	1.15	1.11	0.92	4.22

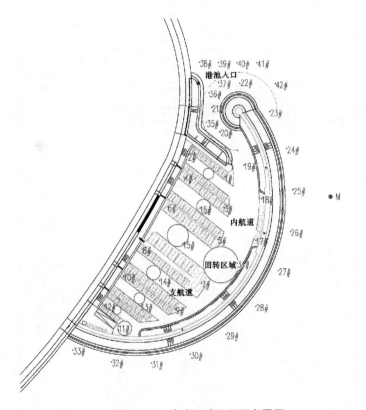

（4）水工建筑物:试验结构型式:南防波堤除加油、边检船、污水排放泊位及下水坡道附近处结构为内直外斜式结构,其余均为内外斜坡式结构;北防波堤为内直外斜式结构;内护岸为直立式结构。工程设计平面图及不同建筑物的结构如图 7.1.1~图 7.1.5 所示。

图 7.1.1 试验区域总平面布置图

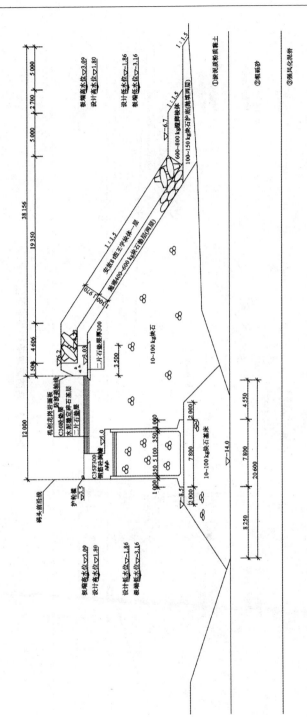

图7.1.2　北防波堤兼码头断面图

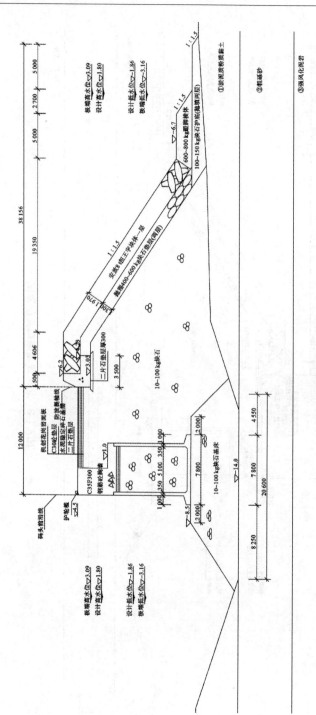

图7.1.3　南防波堤兼码头断面图

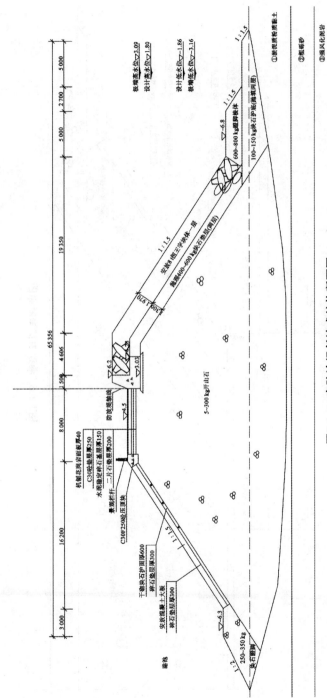

图 7.1.4 南防波堤斜坡式结构断面图

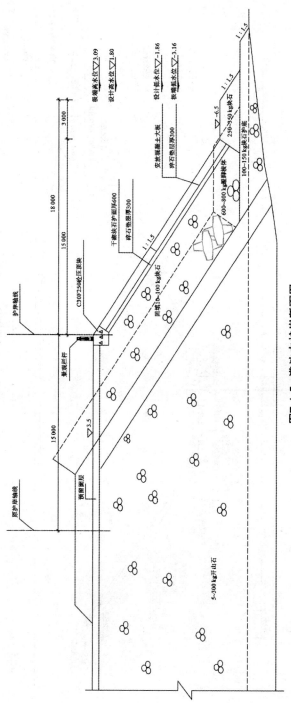

图7.1.5　港池内护岸断面图

3.试验内容和要求

(1)测量试验方案在不同重现期(2 a、50 a)波浪作用下(波浪方向为 NNE、NE、ENE 向)、不同水位(设计高水位、设计低水位)组合情况下的规划区域内水域平稳度。通过模型试验研究工程海域波浪场分布,提供各观测点的设计波要素。

(2)进一步研究口门处通航条件,对口门处堤岸直立、斜坡型式进行比选优化。

(3)港池内游艇泊位系泊允许波高:50 a 一遇 $H_{1\%}$ 顺浪不大于 1.1 m、横浪不大于 0.5 m。

(4)主要观测内容:

1)观测规划方案的防波堤或岸壁在上述工况下的过水情况。

2)观察工程周边地形及建筑物引起的波浪绕射、反射和折射对港内水域平稳度的影响。

4.试验设备和仪器

试验在长 60 m、宽 40 m、深 1.2 m 的室内水池中进行,采用的设备与仪器包括 L 型造波系统、波高仪与数据采集仪。

5.试验波要素确定

根据《试验规程》规定,综合考虑各种控制因素,按模型比 $\lambda = 34$ 进行波要素设计和模型制作,依据波如表 7.1.3 和表 7.1.4 所示。

表 7.1.3　NNE、NE 和 ENE 向试验依据波一览表

序号	水位	重现期/a	波向	$H_{1\%}$/mm	$H_{4\%}$/mm	$H_{13\%}$/mm	$\overline{T}$/s
1	设计高水位	50	NNE	70.29	59.71	47.94	0.85
2			NE	75.59	64.41	52.06	0.87
3			ENE	76.18	65.00	52.35	0.87
4		2	NNE	38.82	32.65	25.88	0.72
5			NE	39.71	33.53	26.47	0.72
6			ENE	42.06	35.59	28.24	0.73
7	设计低水位	50	NNE	62.65	53.53	43.53	0.82
8			NE	67.35	57.65	47.06	0.84
9			ENE	68.82	59.12	48.24	0.85
10		2	NNE	35.59	30.00	23.82	0.70
11			NE	36.47	30.88	24.41	0.71
12			ENE	39.71	33.82	27.06	0.72

表 7.1.4　ESE、SE 和 SSE 向试验依据波一览表

序号	水位	重现期/a	波向	$H_{1\%}$/mm	$H_{4\%}$/mm	$H_{13\%}$/mm	$\overline{T}$/s
1	极端高水位	50	ESE	125.88	108.24	89.41	1.92
2			SE	148.24	128.53	106.47	2.14
3			SSE	107.35	92.06	75.29	1.86
4	设计高水位	50	ESE	124.41	107.35	88.82	1.92
5			SE	142.06	123.53	102.94	2.14
6			SSE	104.12	89.41	73.53	1.86
7	设计低水位	50	ESE	100.29	87.35	73.24	1.92
8			SE	107.06	93.82	78.82	2.14
9			SSE	93.24	81.18	67.65	1.86

6. 水工建筑物及工程所处海区地形的模拟制作

(1)地形制作。根据确定的模型比尺,对港池内工程所处海区约 1.24 km² 范围内的海底地形进行了模拟制作。海底地形制作时,先在试验水池底部铺填沙垫层,然后用 1 m×1 m 的方格网对地形进行平面控制,用水准仪对方格网交叉点进行高程控制,高程点偏差控制在 ±2 mm 以内。为有效保护高程点在抹面过程中不受扰动,试验采用间隔分段抹面的施工方法(图7.1.6)。因工程所处海区为淤泥质地质,为保证海底地形的相似,抹面后对水泥砂浆进行压光处理,使地形表面光滑、平整。制作完成后的海底地形如图 7.1.7 所示。

图 7.1.6　海底地形的模拟制作情况　　图 7.1.7　制作完成后的海底地形

（2）水工建筑物构件的模拟制作。由于试验要求测定工程区域内波浪状况和泊稳条件，所以防波堤模型严格遵循几何相似准则和重力相似准则制作，主要构件的原型、模型尺寸如表 7.1.5 所示。

表 7.1.5　防波堤模型尺寸及重量一览表

序号	名称	原型尺寸或重量	模型尺寸或重量
1	防波堤沉箱	7.8 m(宽)×8.8 m(高)	229 mm(宽)×259 mm(高)
2	扭王字块体	8 t	203.5 g
3	垫层块石	400～600 kg	10.2～15.3 g
4	蹬脚块石	600～800 kg	15.3～20.4 g
5	护底块石	100～150 kg	2.5～3.8 g
6	基床块石	10～100 kg	0.3～2.5 g

根据设计图，按 $\lambda=34$ 的比尺在试验水池中制作水工建筑物模型。制作完成后水工建筑物模型（口门处护岸为直立结构）如图 7.1.8 所示，口门处护岸为斜坡结构时的模型布置如图 7.1.9 所示。

图 7.1.8　模型布置全景图（口门处护岸为直立结构）

7. 依据波试验

（1）依据波点确定：依据波点 M 位于拟建游艇港口门东侧，水深 8.92 m。

（2）试验波谱的确定：试验的依据波均采用改进的 JONSWAP 型谱。

图 7.1.9 口门处护岸为斜坡结构时的模型布置

（3）波浪要素的模拟：所制作的依据波均为不规则波，实际依据波精度如表 7.1.6 和表 7.1.7 所示。

表 7.1.6 实际制作 NNE、NE 和 ENE 向依据波精度表

序号	水位	重现期/a	波向	$H_{1\%}$ 标准值/mm	试验值/mm	误差/%	$H_{4\%}$ 标准值/mm	试验值/mm	误差/%	$H_{13\%}$ 标准值/mm	试验值/mm	误差/%	T 标准值/s	试验值/s	误差/%
1			NNE	70.29	67.9	−3.45				47.9	47.0	−1.83	0.85	0.85	0.0
2		50	NE	75.59	72.1	−4.58				52.06	50.9	−2.28	0.87	0.85	−2.30
3	设计高水位		ENE	76.18	79.3	4.10				52.4	52.2	−0.38	0.87	0.89	2.01
4			NNE	38.82	39.3	1.17	32.65	33.6	2.91	25.88	25.6	−1.18	0.72	0.74	2.78
5		2	NE	39.71	40.4	1.61	33.53	34.3	2.31	26.47	26.8	1.06	0.72	0.74	2.43
6			ENE	42.06	40.7	−3.23	35.59	36.85	3.5	28.24	29.4	4.43	0.73	0.74	1.71
7			NNE	62.65	64.0	2.20				43.53	44.75	3.31	0.82	0.83	1.24
8		50	NE	67.35	68.9	2.23				47.06	48.2	2.42	0.84	0.82	−2.98
9	设计低水位		ENE	68.82	68.9	0.11				48.24	49.0	1.66	0.85	0.84	−1.44
10			NNE	35.59	34.5	−3.06	30.0	30.45	1.50	23.82	24.1	0.97	0.7	0.72	2.86
11		2	NE	36.47	35.4	−2.93	30.88	31.7	2.66	24.41	23.9	−1.99	0.71	0.7	−1.76
12			ENE	39.71	38.1	−4.16	33.82	34.95	3.34	27.06	28.1	3.6	0.72	0.73	1.74

表 7.1.7　实际制作 ESE、SE 和 SSE 向依据波精度表

序号	水位	重现期 /a	波向	$H_{1\%}$			$H_{13\%}$			T		
				标准值 /mm	试验值 /mm	误差 /%	标准值 /mm	试验值 /mm	误差 /%	标准值 /s	试验值 /s	误差 /%
1	极端高水位	50	ESE	125.88	126.0	0.1	89.41	87.8	−1.8	1.92	1.91	−0.4
2			SE	148.2	155.0	4.6	106.5	106.0	−0.4	2.14	2.07	−3.4
3			SSE	107.4	103.3	−3.8	75.3	72.0	−4.4	1.86	1.77	−4.7
4	设计高水位	50	ESE	124.41	123.5	−0.7	88.82	90.8	2.3	1.92	1.92	0.0
5			SE	142.1	147.6	3.9	102.9	102.0	−1.0	2.14	2.11	−1.4
6			SSE	104.1	103.9	−0.2	73.5	71.0	−3.4	1.86	1.91	3.0
7	设计低水位	50	ESE	100.29	99.2	−1.09	73.24	75.9	3.63	1.92	1.68	−12.5
8			SE	107.1	105.6	−1.4	78.8	76.4	−3.1	2.14	1.9	−11.3
9			SSE	93.2	93.6	0.5	67.7	66.1	−2.3	1.86	1.62	−13.0

8.测点布置

根据试验内容及要求,试验共布置 37 个测点。其中,港池内 20 个,口门及附近区域 17 个。测点布置图如图 7.1.10 所示。

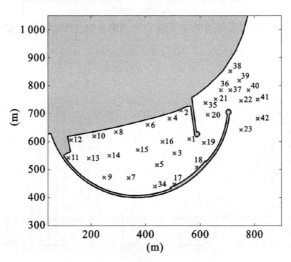

图 7.1.12　泊稳试验测点布置图

9. 模型试验

(1)口门外侧人工岛护岸为直立结构模型试验。根据试验要求,试验采用NNE、NE和ENE向波浪对游艇码头港池及口门外水域进行研究,其中波浪重现期包括2 a和50 a,试验水位包括设计高水位和设计低水位。

对于2 a—遇重现期的波浪,设计高水位下,NNE、NE和ENE向波浪分别作用时,根据各测点实测$H_{4\%}$波高绘制的波高分布分别如图7.1.11~图7.1.13所示。对于2 a—遇重现期的波浪,设计低水位的工况从略;对于50 a—遇重现期的波浪,设计高水位与设计低水位的工况从略。

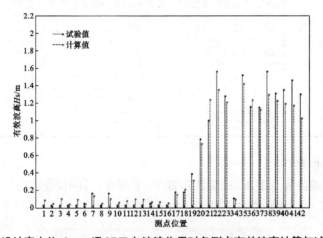

图7.1.11 设计高水位、2 a—遇NNE向波浪作用时各测点有效波高计算与试验值对比图

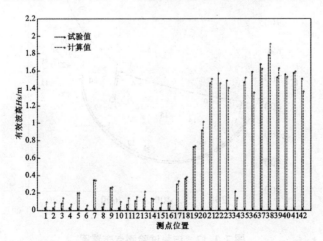

图7.1.12 设计高水位、2 a—遇NE向波浪作用时各测点有效波高计算与试验值对比图

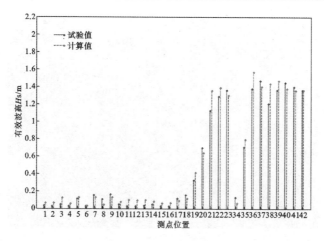

图 7.1.13 设计高水位、2 a 一遇 ENE 向波浪作用时各测点有效波高计算与试验值对比图

　　港池内部水域在三个方向波浪作用时波高较小,说明防波堤对港池水域掩护较好。从港内波高分布情况看,南防波堤内侧水域(即内航道范围)波高相对较大,北防波堤南侧水域(即浮码头区域)波高相对较小。从波浪的传播状态看,废水排放站泊位、边防船泊位及加油泊位属顺浪,游艇码头泊位属于横浪。试验过程中,港池周边建筑物顶部均无上水现象。

　　受口门处水工建筑物的影响,口门附近,特别是口门外侧水域波况较为复杂。三个方向波浪作用时口门处的波浪形态如图 7.1.14~图 7.1.16 所示。

图 7.1.14 NNE 向波浪作用时的口门波态

图 7.1.15 NE 向波浪作用时的口门波态

图 7.1.16 ENE 向波浪作用时的口门波态

(2)口门外侧人工岛护岸为斜坡结构模型试验。将口门处人工岛护岸 140 m 范围由沉箱直立堤改为扭王字块体护面的斜坡堤。试验波浪重现期包括 2 a 和 50 a,试验水位包括设计高水位和设计低水位,波浪方向包括 NNE、NE 和 ENE。

对于 2 a 一遇重现期的波浪,设计高水位下,NNE、NE 和 ENE 向波浪分别作用时,根据各测点实测 $H_{4\%}$ 波高绘制的波高分布分别如图 7.1.17~图 7.1.19 所示。对于 2 a 一遇重现期的波浪,设计低水位的工况从略;对于 50 a 一遇重现期的波浪,设计高水位与设计低水位的工况从略。

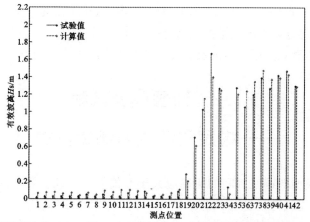

图 7.1.17　设计高水位、2 a 一遇 NNE 向波浪作用时各测点有效波高计算与试验值对比图

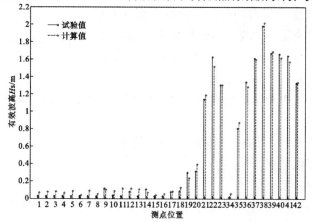

图 7.1.18　设计高水位、2 a 一遇 NE 向波浪作用时各测点有效波高计算与试验值对比图

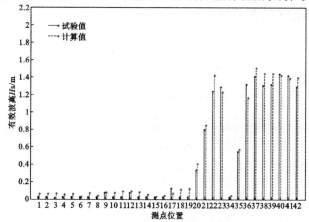

图 7.1.19　设计高水位、2 a 一遇 ENE 向波浪作用时各测点有效波高计算与试验值对比图

试验结果：口门处人工岛护岸改为斜坡堤,减小了沉箱直立护岸对入射波浪的反射,使得进入港池波浪的波高有所减小,波况有所改善,但是人工岛斜坡式护岸以北的直立护岸产生的反射波经扩散后仍能进入口门。

7.2 断面模型试验
——稳定和波压力测量试验

建筑物模型与造波机间的距离应大于 6 倍平均波长。要求测量建筑物后的波要素时,建筑物模型与试验水槽尾部消波器间的距离应大于 2 倍平均波长。

模型建筑物及其构件的几何尺度允许偏差应为 $\pm 1\%$,且控制在 ± 5 mm 内。有重心和质量相似要求的建筑物构件,其重心位置允许偏差应为 ± 2 mm,质量允许偏差应为 $\pm 3\%$。单个护面块体、垫层、棱体、基床和护底块石质量允许偏差应为 $\pm 5\%$。

下面以某沉箱护岸结构为例,介绍断面模型试验的步骤与方法。

1. 试验目的

测定波浪对护岸结构的影响,验证在波浪作用下护岸各部位的稳定性,为护岸的设计提供依据。

2. 试验内容及要求

防波堤的结构形式为沉箱式,挡浪墙有两种形式:一种为直立式,另一种为反弧式。测定在设计高、低水位和极端高水位,重现期为 50 a 的 $H_{1\%}$ 波高规则波及不规则波作用下,沉箱和挡浪墙上波压力及浮托力强度分布(每个断面至少 12 个测点,其中沿断面高度方向不少于 6 个测点,胸墙底部和沉箱底部各不少于 3 个测点)。

3. 试验资料

(1)潮位:设计水位从当地理论深度基准面起算。设计高水位为 2.38 m;设计低水位为 0.18 m;极端高水位为 3.12 m。

(2)波浪:根据建设单位提供的波浪资料,试验海区 -19.5 m 处(拟建护岸处)不同重现期的波浪要素如表 7.2.1 所示。

表 7.2.1　重现期为 50 a 的设计波浪要素

水位	极端高水位	设计高水位	设计低水位
$H_{1\%}/\text{m}$	7.3	7.3	7.3
$\overline{T}/\text{s}$	8.9	8.9	8.9

（3）设计断面图

防波堤设计断面图如图 7.2.1 所示。

4. 试验设备及试验方法

（1）试验设备与仪器。试验在长 50.0 m、宽 1.2 m、深 1.2 m 的不规则波水槽中进行。水槽一端为低惯量直流式电机无反射不规则造波机；另一端为钢质多孔的消能设施，其反射率小于 5%。

断面试验波高测量采用电容式波高仪，波压力测试采用多个直径 20 mm 的压力传感器进行，数据采集及处理为 SG2000 型系统，可进行波高与波压力的同步采集观测，也可实现与造波系统的相互校核比对。波高仪标定量程为 0.26 m。

（2）模型比尺的确定。综合考虑各种控制因素，按模型比尺 $\lambda=40$ 进行波要素设计和模型制作。

（3）依据波的确定。依据波参数如表 7.2.2 所示。

表 7.2.2　试验依据波

序号	水位	h_w/mm	$H_{1\%}/\text{mm}$	T/s	重现期/a	波型
1	极端高水位	565.5	182.5	1.407	50	不规则波
2			182.5	1.407	50	规则波
3	设计高水位	547.0	182.5	1.407	50	不规则波
4			182.5	1.407	50	规则波
5	设计低水位	492.0	182.5	1.407	50	不规则波
6			182.5	1.407	50	规则波

注：波高模型比尺为 $\lambda_H=\lambda=40$，周期模型比尺为 $\lambda_T=\lambda^{0.5}$。

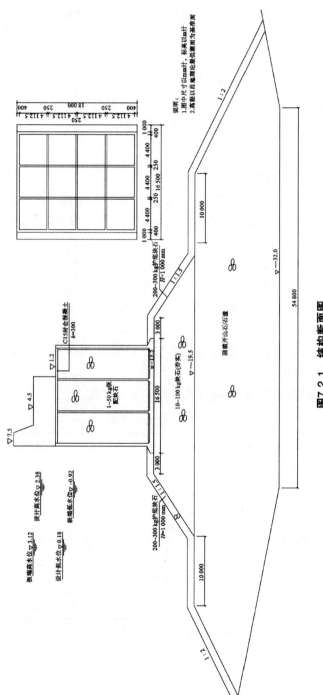

图7.2.1　结构断面图

(4)模型制作。模型制作遵循几何相似和重力相似的原则,重量的模型比尺为 $\lambda_G = \lambda^3 = 40^3$。

试验的水工建筑物包括沉箱和胸墙。断面中 10～50 kg 块石、10～100 kg 块石、200～300 kg 块石均用相应重量的碎石代替。水工建筑物和不同块石的原型重量、模型重量如表 7.2.3 所示。

表 7.2.3 原型、模型重量一览表

序号	结构类别	原型重/kN	模型重/N	备注
1	外沉箱箱体	20 342.40	317.85	
2	外沉箱上部胸墙 1	17 435.52	272.40	施工期
3	外沉箱上部胸墙 2	19 811.52	309.60	使用期
4	外沉箱封顶混凝土	1 625.92	25.40	
5	外沉箱内填石	53 625.56	837.90	
6	外沉箱结构总重 1	93 029.40	1 453.60	施工期
7	外沉箱结构总重 2	95 405.40	1 490.70	使用期
8	内沉箱箱体	12 094.20	189.00	
9	内沉箱上部胸墙	5 015.25	78.40	
10	内沉箱封顶混凝土	94.61	14.80	
11	内沉箱内填石	34 876.66	544.90	
12	内沉箱结构总重	52 080.72	813.80	
13	10～50 kg 块石		$(1.6～7.8) \times 10^{-3}$	
14	10～100 kg 块石		$(1.6～15.6) \times 10^{-3}$	
15	200～300 kg 块石		$(31.3～46.9) \times 10^{-3}$	

压力传感器布置情况如图 7.2.2 和图 7.2.3 所示。图中 A1～A9、B1～B8、C1～C5、D1～D5 表示传感器的安装位置。图中尺寸为模型尺寸,均以毫米计。

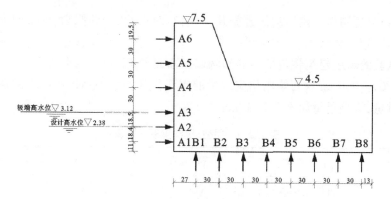

图 7.2.2 胸墙测点布置图

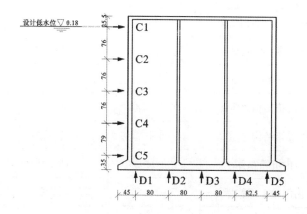

图 7.2.3 沉箱测点布置图

5. 模型试验

波浪力的数据采集时间间隔的设置均小于波浪数据采集的时间间隔。规则波采样波数不少于 10 个,不规则波连续采集 100 个以上波浪所对应的波浪力峰值,每种工况测试至少重复三次,取得至少三组相近、合理的数据。在试验数据处理前进行可靠性检查,并去除异常值。报告中给出的数据均为三组试验数据的平均值。

采用 $H_{1\%}$ 规则波试验时,报告给出了每种工况的平均压力峰值和谷值;采用不规则波试验时,报告给出了统计的特征压力峰谷值,包括平均压力峰谷值、1/3 峰谷值和 1% 峰谷值,为探求波浪压力的分布规律,报告还给出了总水平力最大时刻的各测点的同步压力值。

6. 试验结果及分析

在设计低水位、设计高水位、极端高水位,重现期 50 a 波浪的作用下,方案的稳定性良好。设计高水位和极端高水位时,在波列中较大波浪作用下胸墙顶部产生轻微晃动,但无位移发生。出现该现象的原因主要是结构高度大,波浪冲击力大,再者基床为散体,受到冲击压力后产生了一定的弹性位移。

极端高水位时,$H_{1\%}$ 规则波作用时的波压力及浮托力测量结果如图 7.2.4 和图 7.2.5 所示。

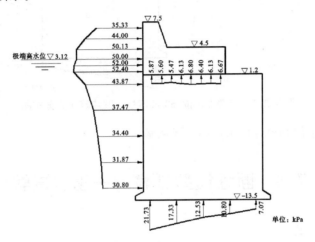

图 7.2.4　极端高水位、50 a、$H_{1\%}$ 规则波波峰压力分布图

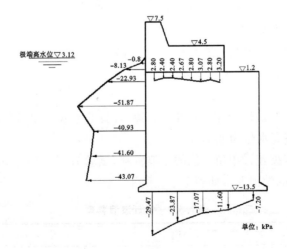

图 7.2.5　极端高水位、50 a、$H_{1\%}$ 规则波波谷压力分布图

极端高水位时,不规则波作用时的波压力及浮托力测量结果如图 7.2.6 所示。

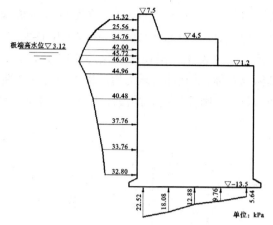

图 7.2.6 极端高水位、50 a、不规则波波峰压力分布图

设计高水位和设计低水位的工况从略。

7.3 断面模型试验——越浪试验

1. 试验目的

测定波浪对护岸结构的影响,验证波浪作用下护岸整体稳定性,为护岸的设计提供依据。

2. 试验内容及要求

测定设计高水位和极端高水位,重现期为 25 a 和 50 a 的 $H_{1\%}$ 规则波及不规则波作用下的越浪量、水舌厚度及越浪落点。

3. 试验资料

(1)潮位:选当地理论深度基准面起算,设计高水位为 2.38 m,设计低水位为 0.18 m,极端高水位为 3.12 m。

(2)波浪:根据建设单位提供的波浪资料,试验海区−19.5 m 处(拟建护岸处)不同重现期的波浪要素如表 7.3.1 所示。

表 7.3.1 设计波浪要素

波浪重现期	25 a 一遇		50 a 一遇	
水位	极端高水位	设计高水位	极端高水位	设计高水位
$H_{1\%}$/m	6.7	6.7	7.3	7.3
$\bar{T}$/s	8.5	8.5	8.9	8.9

(3)设计断面图:防波堤设计断面如图 7.2.1 所示。

4.试验设备及试验方法

(1)试验设备与仪器。试验在长 50.0 m、宽 1.2 m、深 1.2 m 的不规则波水槽中进行。水槽一端为低惯量直流式电机无反射不规则造波机;另一端为钢质多孔的消能设施,其反射率小于 5%。

断面试验波高测量采用电容式波高仪,波压力测试采用多个直径 20 mm 的压力传感器进行,数据采集及处理为 SG2000 型系统,可进行波高与波压力的同步采集观测,也可实现与造波系统的相互校核比对。波高仪标定量程为 0.26 m。

(2)模型比尺。综合考虑各种控制因素,按模型比尺 $\lambda=40$ 进行波要素设计和模型制作。

(3)依据波。依据波的参数如表 7.3.2 所示。

表 7.3.2 试验依据波

序号	水位	h_w/mm	$H_{1\%}$/mm	$T_{1/3}$/s	重现期/a	波型
1	极端高水位	565.5	182.5	1.407	50	不规则波
2			182.5	1.407	50	规则波
3	极端高水位	565.5	167.5	1.344	25	不规则波
4			167.5	1.344	25	规则波
5	设计高水位	547.0	182.5	1.407	50	不规则波
6			182.5	1.407	50	规则波
7	设计高水位	547.0	167.5	1.344	25	不规则波
8			167.5	1.344	25	规则波

注:波高模型比尺为 $\lambda_H=\lambda=40$,周期模型比尺为 $\lambda_T=\lambda^{0.5}$。

(4)模型制作。模型制作遵循几何相似和重力相似的原则,重量的模型比尺为 $\lambda_G=\lambda^3=40^3$。试验的水工建筑物包括沉箱和胸墙。断面中 10~50 kg 块石、10~100 kg 块石、200~300 kg 块石均用相应重量的碎石代替。水工建筑物和不同块石的原型重量、模型重量如表 7.2.3 所示。

5.模型试验

越浪量试验分不规则波和规则波两种情况,采用称重法测量越浪量。

不规则波试验时,测出 1 个波列作用下一定接水宽度的总越浪量,计算单位宽度平均越浪量:

$$q=\frac{V}{bt} \tag{7.3.1}$$

式中,q 为单位宽度平均越浪量($\mathrm{m^3 \cdot m^{-1} \cdot s^{-1}}$),$V$ 为 1 个波列作用下的总越浪水量($\mathrm{m^3}$),b 为收集越浪量的接水宽度(m),t 为 1 个波列作用的持续时间(s)。

规则波试验时,连续采集 10 个波周期的越浪量,然后称其重量,并换算成单位宽度、单位时间的越浪量。

6.越浪量、水舌厚度及落点的测量试验结果

不同水位和不同重现期波浪作用下的越浪如图 7.3.1 和图 7.3.2 所示。多种工况下的越浪量、水舌厚度及波浪落点如表 7.3.3 所示。表中数据均已换算成原型值。

图 7.3.1 设计高水位、25 a 不规则波的越浪

图 7.3.2 极端高水位、50 a 不规则波的越浪

表 7.3.3　越浪量、水舌厚度及越浪落点

序号	水位	重现期/a	波浪	越浪量/m³·m⁻¹·s⁻¹	水舌厚度/m	越浪落点/m
1	极端高水位	25	不规则波	0.096	1.5～3.4	5.0～6.0
2	极端高水位	25	$H_{1\%}$ 规则波		2.4	4.8～6.0
3	极端高水位	50	不规则波	0.106	1.6～2.0	5.2～5.8
4	极端高水位	50	$H_{1\%}$ 规则波		3.0	4.8～6.4
5	设计高水位	25	不规则波	0.032	1.2～2.6	4.8～7.2
6	设计高水位	25	$H_{1\%}$ 规则波		1.8～2.8	5.0～6.0
7	设计高水位	50	不规则波	0.087	1.6～3.8	4.8～6.6
8	设计高水位	50	$H_{1\%}$ 规则波		2.6～2.8	5.0～5.2

注:越浪落点位置为波浪落点至沉箱迎浪侧墙面距离。

7.4　断面模型试验——波浪顶托力测量试验

1.试验目的

东营市拟建造观海栈桥,为了给工程设计与建设提供科学的试验数据和资料,使工程建设更加经济合理、安全可靠,进行本次断面物理模型试验。

2.试验资料

(1)潮位。潮高基准面为 1985 国家高程基准面。该水准面在当地水尺零点以上 0.87 m。设计高水位为 1.40 m;设计低水位为 −0.83 m;极端高水位为 3.61 m。

(2)波浪。波高采用浅水极限波高,海底高程 0.0～−1.5 m,海底坡度 1:1 000。

根据《水文规范》,$(H_b/h_b)_{max}=0.60$,试验波高按水深的 0.6 倍确定,波浪周期取 8.5 s。

根据试验内容确定的 −1.4 m 处的波浪要素如表 7.4.1 所示。

(3)水工建筑物。观海栈桥全长 2 500 m,其结构型式为:下部为 φ1 200 的钢管桩,上部为梁板结构,每跨长 16.6 m,面板顶宽 10.5 m。栈桥处海底表面的顶标高为 0.0～−1.5 m,模型制作时按海底标高 −1.4 m 考虑。观海栈桥结

构的横断面如图 7.4.1 所示,纵断面如图 7.4.2 所示。

表 7.4.1 工程水域波浪要素一览表

序号	水位/m	水深/m	波高/m	周期/s	备注
1	1.0	2.4	1.44	8.5	
2	1.4	2.8	1.68	8.5	
3	1.8	3.2	1.92	8.5	
4	2.2	3.6	2.16	8.5	
5	2.4	3.8	2.28	8.5	海底标高按
6	2.6	4.0	2.4	8.5	−1.4 m 计
7	2.8	4.2	2.52	8.5	
8	3.0	4.4	2.64	8.5	
9	3.2	4.6	2.76	8.5	
10	3.61	5.01	3.01	8.5	

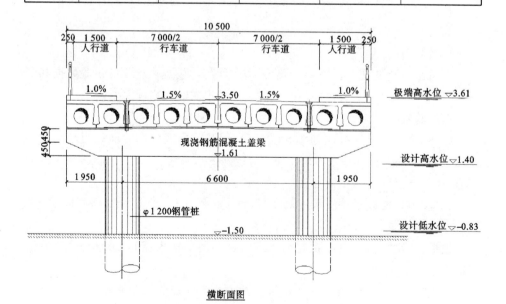

横断面图

图 7.4.1 观海栈桥结构的横断面图

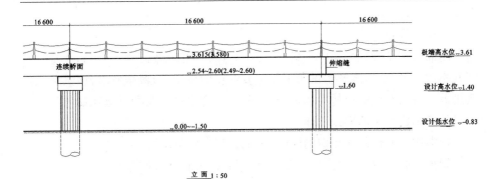

图7.4.2 观海栈桥结构的纵断面图

3. 试验内容与要求

(1)测定梁板上不同水位时的波浪顶托力,提供最大波浪顶托力及相应水位和波高。测定顶托力时,水位要求从1.0 m以20 cm递增至极端高水位。

(2)测定横梁和面板侧面的波浪力。

4. 试验波要素的确定

根据《试验规程》,综合考虑各种因素,按模型比尺 $\lambda=30$ 进行波要素率定和模型设计制作。

试验采用规则波。依据波试验时,按表7.4.1制作依据波。由于本次试验的波浪要素均为各个水位下的极限波高,受地形影响较大,所以制作出的个别依据波有一定的偏差,实际确定的试验波浪要素如表7.4.2所示。表中同时给出了各个水位下的破波比 H_b/h_b。依据波制作时,误差严格控制在±5%内。

表7.4.2 试验波浪要素一览表

序号	水位/m	水深/mm	波高/mm	周期/s	H_b/h_b
1	1.0	80.0	41.8	1.55	0.52
2	1.4	93.3	49.3	1.55	0.53
3	1.8	106.7	64.0	1.55	0.6
4	2.2	120.0	72.0	1.55	0.6
5	2.4	126.7	76.0	1.55	0.6
6	2.6	133.3	80.0	1.55	0.6
7	2.8	140.0	77.5	1.55	0.55
8	3.0	146.7	88.0	1.55	0.6
9	3.2	153.3	92.0	1.55	0.6
10	3.61	167.0	100.3	1.55	0.6

5.试验设备与仪器

断面模型试验在长 40 m、宽 1.0 m、高 1.5 m 的玻璃水槽中进行,水槽一端装有不规则造波机,能产生正向不规则波和正向规则波,根据要求,该试验采用规则波。波高及波浪顶托力测量采用 SG2000 型数据采集及处理系统。

6.水工建筑物的模拟制作

模型制作遵循几何相似的原则,由钢板和木板制作而成。

根据试验内容,共制作模型 3 种,模型制作及测点布置情况如下。

(1)迎浪面波压力测量试验:

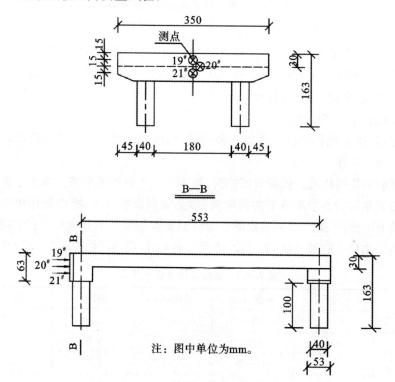

图 7.4.3 迎浪面波压力测量试验的模型制作及测点布置图

(2)顶托力测量试验:顶托力测量试验模型制作及测点布置如图 7.4.4 所示。

(3)总顶托力测量试验:试验时,总顶托力测量模型制作及测点布置如图 7.4.5所示。

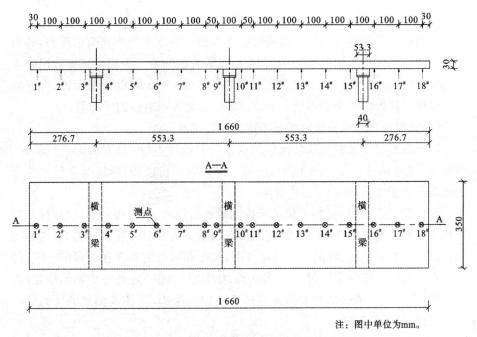

图 7.4.4　顶托力试验的模型制作及测点布置图

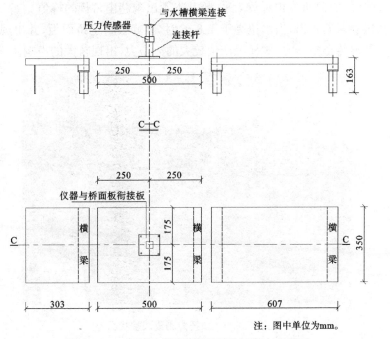

图 7.4.5　总顶托力测量模型制作及测点布置图

7.试验结果

试验的主要内容是测量观海栈桥横梁及面板的波压力和波浪顶托力,寻求波浪力的分布规律。因此,试验的重点是波浪力的测量。为确保试验数据的正确,试验时,每个工况的每个水位测量不少于5次,至少取得5组相近、合理的试验数据。报告中给出的各测点的波压力值均为5组数据的平均值。

(1)波浪顶托力沿桥纵轴线分布规律测量试验:

1)试验现象。试验按从低水位到高水位的顺序进行(图7.4.6)。试验时,当水位为1.0 m、1.4 m、1.8 m时,波峰不能接触到桥面板,所以这3种水位下的试验不予实施。

水位为2.2 m时,虽然水位低于桥面板底面,但波峰已接触到面板,能从监视器中观测到波浪的顶托力。此时的顶托力属于波峰对面板的冲击力,这种力的作用特点是时间短、峰值大。该水位下,水面和面板之间存在大量的空气,波峰向上运动时使部分空气处于封闭状态,如果空气团恰好处在传感器位置,在水压力的作用下,该气团将对传感器产生一定的影响,致使观测到的压力曲线出现较多的"毛刺"。

水位为2.4~3.61 m时,由于水位较高,面板下的空气对传感器的影响减弱,观测到的压力曲线相对较为平滑,基本不出现超出常规的峰值。

从试验现象看出,当水位高于1.8 m时,波峰线高于桥面板,并出现冲击水流。当波浪传至横梁时,对横梁产生较大的冲击力,出现较大的声响。

图7.4.6 顶托力测量试验状况

（2）试验数据处理。不同水位时的顶托力测量结果如图 7.4.7 所示。

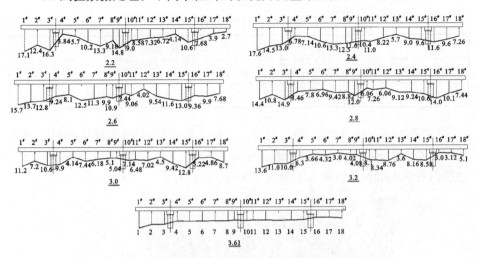

图 7.4.7　不同水位时各测点最大顶托力分布图

（2）波浪总顶托力测量试验：为便于各测点顶托力和总顶托力的比较，对观海栈桥迎浪端第一跨进行总顶托力测量。模型及测量仪器的布置情况如图 7.4.5 和图 7.4.8 所示。

图 7.4.8　总顶托力试验的模型布置情况

测量数据如表 7.4.3 所示，表中数据已换算成原型值。力的比尺为 $\lambda_F = \lambda^3$

$=30^3=27\ 000$。

表 7.4.3　总顶托力一览表

水位/m	1.8	2.2	2.4	2.6	2.8	3.0	3.2	3.61
模型值/N	16.14	17.64	26.94	42.78	38.36	41.36	38.64	34.55
原型值/kN	435.78	476.28	727.38	1 155.06	1 035.72	1 116.72	1 043.28	932.85

(3)迎浪面波压力测量试验:迎浪面波压力测量时,将观海栈桥的面板和横梁的横断面作为一个平面,该断面底标高 1.60 m,顶标高 3.61 m,顶宽 10.5 m。试验时在横断面纵轴线处布置测点 3 个(图 7.4.9)。

图 7.4.9　迎浪面波压力测量试验时的模型布置情况

试验实测数据如表 7.4.4 所示,表中数据已换算成原型值。

表 7.4.4　迎浪面最大波压力一览表

水位 /m	19# 模型值 /kN·m⁻²	原型值 /kN·m⁻²	20# 模型值 /kN·m⁻²	原型值 /kN·m⁻²	21# 模型值 /kN·m⁻²	原型值 /kN·m⁻²
2.2	0.22	6.6	0.22	6.6	0.33	9.9
2.4	0.27	8.1	0.22	6.6	0.30	9.0
2.6	0.32	9.6	0.27	8.1	0.28	8.4

(续表)

测点	19#		20#		21#	
水位 /m	模型值 /kN·m⁻²	原型值 /kN·m⁻²	模型值 /kN·m⁻²	原型值 /kN·m⁻²	模型值 /kN·m⁻²	原型值 /kN·m⁻²
2.8	0.37	11.1	0.29	8.7	0.23	6.9
3.0	0.56	16.8	0.46	13.8	0.40	12.0
3.2	0.59	17.7	0.50	15.0	0.34	10.2
3.61	0.44	13.2	0.56	16.8	0.39	11.7

　　根据表中数据描绘的波压力分布图如图7.4.10所示,图中压力值已换算成原型值。

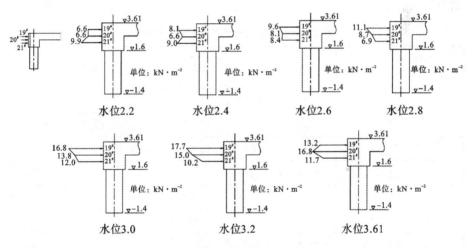

图7.4.10　不同水位时的波压力分布图

8.试验结果分析

　　透空式建筑物面板上的波浪顶托力研究是一个非常复杂的课题,目前国内外港工研究部门对这个问题的研究非常少。面板波浪上托力的计算不仅是波浪理论问题,还与建筑物结构、波浪类型、海底地形等因素密切相关。在现行的港口工程技术规范中,尚无关于波浪顶托力的内容。因此,通过物理模型试验确定透空式建筑物面板上的波浪顶托力是目前最为有效的方法。

　　(1)总顶托力试验分析。通过分析试验数据,可以看出一定的规律。当水位为2.6~3.2 m时,总顶托力较大(试验数据显示,当水位和面板底面齐平时波浪总顶托力最大),其他水位时,总顶托力相对较小。当水位减小时,顶托力逐渐减小,当水位超过面板底面时,所测数据较为混乱,但仍可看出随水位的升高有减小的趋势。

(2)波浪顶托力沿桥纵轴线分布规律的试验分析。面板下部横梁对波浪顶托力的影响较大。从试验数据可以看出,横梁迎浪侧的波浪顶托力明显较背浪侧大,原因是波浪向前传播遇到横梁时,横梁阻止了部分波浪的传播,使横梁前方形成灘水现象,造成该处波浪压力增大。试验中出现的声音即是波浪冲击横梁的结果。

本次试验共测量了 7 个水位,18 个测点的顶托力,统计结果如表 7.4.5 所示。表中同时列出了每个测点在不同水位时的最大顶托力以及各水位下最大顶托力所占的百分比。从表中看出,最大顶托力出现在水位 2.4 m、2.6 m 的概率最大,分别占总数的 33% 和 28%。各水位出现最大顶托力的概率分布情况如图 7.4.11 所示。

表 7.4.5　试验结果统计表(单位:kPa)

水位/m 测点	2.2	2.4	2.6	2.8	3.0	3.2	3.61
1	17.1	17.6	15.7	14.4	11.16	13.56	13.2
2	12.4	14.5	13.7	10.8	7.2	11.04	10.5
3	16.3	13.0	12.8	14.9	10.56	10.86	10.6
4	3.84	6.78	9.24	8.46	9.9	6.3	8.04
5	5.7	7.14	8.1	7.8	4.14	3.66	8.22
6	10.2	10.6	12.5	6.96	7.44	4.32	7.8
7	13.3	13.3	11.3	9.42	6.18	3.0	7.86
8	9.18	12.5	9.9	8.82	5.1	4.02	7.68
9	14.8	11.6	10.9	12.0	5.04	4.08	7.26
10	9.0	10.4	7.44	6.06	7.14	8.1	7.38
11	8.58	10.98	9.06	7.26	6.48	8.34	7.2
12	7.32	8.22	4.02	6.06	7.02	8.76	7.26
13	6.72	5.7	9.54	9.12	4.5	3.6	7.56
14	4.14	9.0	11.6	9.24	9.42	8.16	7.14
15	10.6	9.6	13.0	10.6	12.84	8.58	7.02

（续表）

水位/m\\测点	2.2	2.4	2.6	2.8	3.0	3.2	3.61
16	7.68	11.6	9.36	14.0	5.22	3.0	5.46
17	3.9	9.6	9.9	10.1	4.86	3.12	5.46
18	2.7	7.26	7.68	7.44	8.7	5.1	5.94
最大值占比/%	11	33	28	11	11	6	0

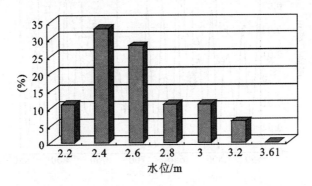

图 7.4.11　各水位出现最大顶托力的概率分布图

鉴于透空式建筑物底面波浪顶托力的复杂性，应探索适宜的数值算法，将计算结果和试验结果进行对比，选择合理的荷载数据，确保工程建设的安全、可靠。

7.5　波群群高与周期分布试验

海浪的群性是一个特别重要的特性。对于海浪群性的研究，如一系列连续的波浪，对海岸工程、海洋工程海洋波浪理论有重要意义。群高、群长及连长等是波群的群性特征量，图 7.5.1 介绍了我们所关心的群高（H_g）和群长（L_g）这两个波群的重要特征量。根据徐德伦和于定勇（2001），波群长度被定义为一波包 $A_w(t)$ 关于水平 $\hat{A}_w$ 相邻两上跨点之间的时间间隔。根据 Dawson 等（1991），水平 $\hat{A}_w$ 的值应该采用 0.4 倍的有效波高。Nolte 和 Hsu（1972）与 Ewing（1973）指出相同波谱的两个波列具有相同的平均连长，而由于包络的波动情况不同使得两个波列的群性不同。Funke 和 Mansard(1980)分析了群因子不同的具有相同波谱的三个波序列,发现这几个波序列的波能过程线很不相同。这表明波群的包络线波动情况不同,波群的群性就截然不同。因此,波群包络线的波动情况是波群的一个重要特征。赵锰等(1990)用群高去表示波群包络线的波动情况。群高被定义为波包 $A_w(t)$ 关于水平 $\bar{A}_w$ 相邻两个上跨点之间的差值。图 7.5.1以几个群高($H_{g1}, H_{g2}, H_{g3}, \cdots$)作为例子。

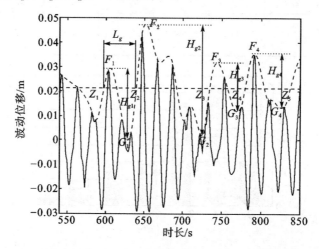

虚线为上包络,实线为波面位移,$Z_1, Z_2, \cdots$是波包络的上跨零点,$F_1, F_2, \cdots$是波包络的峰值,$G_1, G_2, \cdots$是波包络的波谷

图 7.5.1　群高(H_g)和群长(L_g)图

1.试验目的

通过试验获得波群波面高程序列,进一步得到群高、群长及连长的群性特征量,对其进一步统计分析有利于对波群的理解。

2.试验布置与仪器设备

试验是在中国海洋大学物理海洋实验室的风浪水槽中完成的。试验用到的主要仪器设备包括风浪槽、风机、钽丝波面测量装置、照相机、录像机。图7.5.2是试验装置示意图。波浪通过一个给定风速的风扇产生的。水槽另一端的消能岸坡是用来减小波浪反射的。水槽水深为 0.5 m。在距离风出口处 21 m 和 24 m 处各有一个测量水面高程的波高仪。设定的风速分别为 3.5 m·s^{-1}、5.5 m·s^{-1}、7 m·s^{-1}。每个试验在设定风速下重复进行两次。每次测量时间长度超过 20 min,采样频率均为 25 Hz。表 7.5.1列出了所有的试验情况。

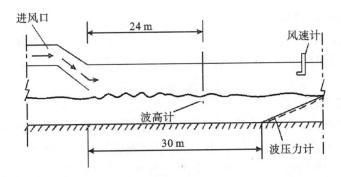

图 7.5.2　试验装置

表 7.5.1　各个试验组

试验组	a1	a2	b1	b2	c1	c2
与风口距离/m	21	24	21	24	21	24
风速/m·s^{-1}	3.5	3.5	5.5	5.5	7	7

3.试验内容与步骤

（1）试验准备：选定一个位置（风区），安装调试好测波仪、录像机、照相机等仪器；调整各仪器的时间使之同步；仪器采样频率设定为 25 Hz（或 50 Hz）。

（2）背景噪声测量：在开始试验前，测波仪工作 1 min，测量静止水面，以确定静止水面的相对高度以及背景噪声与仪器噪声的水平；并对波高仪标定。

（3）风浪成长过程的记录：设定风速，开动风机造风，先测量记录风浪成长过程中的波面起伏，为下一步分析非平稳风浪过程的特征变化积累数据；用测波仪测量波面起伏，用风速仪测量风速，用录像机连续拍摄观测点波面状态；这一过程中将测波仪的采样频率设定在 25 Hz，受限于测波仪的处理记录限制，每次记录时间长度为 10 min，连续记录两次。

（4）平稳风浪的测量：待波面起伏平稳后，测量记录成熟风浪状态下波面起伏，类似于第 3 步，用测波仪、风速仪同步测量波面起伏、风速，用录像机连续拍摄观测点波面状态。测波仪的采样频率设定在 25 Hz，记录时间长度为 10 min。记录前先用白纸标示风区、风速的设定值，拍照记录（同时记录了这一小节试验的开始时间），以备以后校验测波仪与录像资料文件对应的实验标号。

（5）风浪衰减记录：完成某个给定风速的测量后，在停止风机前，仍开始测波仪的数据采集和录像机，等待 2 min，然后关闭风机，记录风浪衰减状况（非平稳风浪情形数据积累)。

(6)停止风机 15 min,重新设定风速,重复上述第 3、4 步的测量内容。

(7)改变风区位置,重复上述第 3、4、5 步的测量内容,及时保存各个仪器的数据记录文件。

4. 数值模拟

对于波群的研究来说,物理实验和数值模拟都非常重要。Rye(1974)与 Goda(1976)认为只需以波谱为靶严格模拟波群就行了。这种方法只适用于模拟平稳正态过程,这时候波包谱完全由波谱决定(Xu 和 Hou,1993)。然而,实际的海浪并不满足正态过程,因此波包谱并不能仅仅由波谱决定。Funke 和 Mansard(1980)提出采用基于 SIWEH 的群因子的方法。Xu 和 Hou(1993)指出具有相同群因子的波群可能有不同的长度。也就是说波群的长度也是波群的一个重要特征。因此,对于波群的模拟不仅需要考虑波群的这种群性,也需要考虑波包谱。Xu 和 Hou(1993)提出了一种同时使用波谱和波包谱的新方法。这种方法可以使模拟信号的波谱和波包谱与指定靶谱的波谱和波包谱完全相同。Xu 和 Hou(1993)也证明了通过这种方法模拟出来的信号可以满足对波群模拟的要求。

根据 Xu 和 Hou(1993),采用 Welch 方法由波浪信号估计目标波谱 $S_\xi(\omega)$ 和波包谱 $S_A(\omega)$,然后计算这两个谱的零阶矩 m_0、$m_{A,0}$ 以及它们的比值。同时,根据波浪的线性叠加原理得到波浪信号 $\xi(t)$ 和 $A_w(t)$。由信号 $\xi(t)$ 和它的 Hilbert 变换 $\zeta(t)$,相位函数 $\varphi(t)$ 可表示为

$$\varphi(t)=\arctan\{\zeta(t)/\xi(t)\} \tag{7.5.1}$$

令

$$A_s(t)=A_w(t)+\overline{A_s} \tag{7.5.2}$$

其中

$$\overline{A_s}=\left(\frac{\pi}{2}m_0\right)^{1/2}=\left(\frac{\pi}{2}\frac{m_{A,0}}{GHF}\right)^{1/2} \tag{7.5.3}$$

式中,$A_s(t)$ 是包络,是 A_s 的平均值,$\varphi(t)$ 是相位函数,GHF 为群高因子,则模拟信号可构造为

$$\xi_s(t)=A_s(t)\cos\varphi(t) \tag{7.5.4}$$

本试验采用这种方法对试验数据进行模拟。图 7.5.3 所示为原始信号、模拟信号及各自的包络。表 7.5.2 列出了描述波群基本特征的这些信号的特征量、相应谱的参数以及群因子。这两个信号的特征量的值基本相同,表明了原始信号和模拟信号的一致性。

图 7.5.4 的(a)、(b)分别为波包谱和波谱,可见模拟信号的波包谱和波谱与靶谱相当吻合。

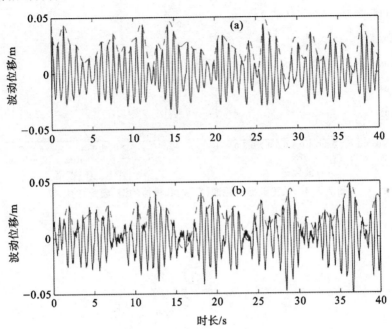

图 7.5.3 (a)实验和(b)模拟信号

表 7.5.2 信号的特征量和群因子

信号		信号的特征量					波包谱参数		群因子
		L_g /s	T_ξ /s	H_ξ /m	f_p /Hz	m_0/m^2 ($\times 10^{-3}$)	$f_{A,p}$ /Hz	$m_{A,0}/m^2$ ($\times 10^{-3}$)	GHF
试验数据	原始	3.23	0.64	0.049	1.41	0.32	0	0.14	0.44
	模拟	3.12	0.63	0.047	1.41	0.34	0	0.13	0.38
实测数据	原始	3.09	0.75	1.943	0.71	0.71	0	0.51	0.71
	模拟	3.14	0.71	1.808	0.70	0.80	0	0.53	0.66

注:L_g 为群长的平均值;T_ξ 为波浪周期的平均值;H_ξ 为波高平均值;f_p,m_0 为波谱的谱峰频率和零阶矩;$f_{A,p}$,$m_{A,0}$ 为波包谱的谱峰频率和零阶矩。

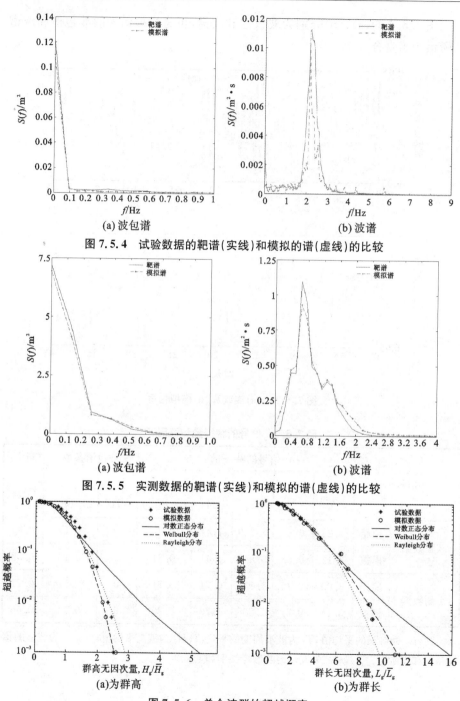

(a) 波包谱   (b) 波谱

图 7.5.4　试验数据的靶谱(实线)和模拟的谱(虚线)的比较

(a) 波包谱   (b) 波谱

图 7.5.5　实测数据的靶谱(实线)和模拟的谱(虚线)的比较

(a)为群高   (b)为群长

图 7.5.6　单个波群的超越概率

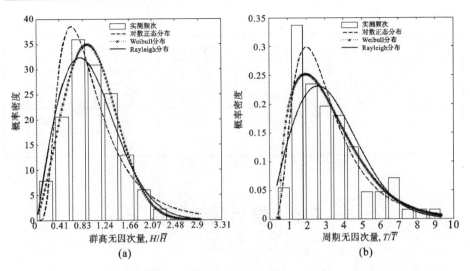

图 7.5.7　实测数据的群高(a)和群长(b)的单变量分布的直方图和概率分布函数

表 7.5.3　试验数据的单变量分布的评价拟合程度统计量

试验组	变量	统计量	对数正态	Weibull	Rayleigh
试验	H_g	$D^2(\times10^{-4})$	35.40	1.56	24.20
		AD	2.050	0.103	0.222
	L_g	$D^2(\times10^{-4})$	2.71	1.28	15.40
		AD	0.130	0.187	0.217
模拟	H_g	$D^2(\times10^{-4})$	38.40	0.70	21.60
		AD	55.901	0.046	0.173
	L_g	$D^2(\times10^{-4})$	0.81	0.26	1.48
		AD	0.140	0.099	0.251

表 7.5.4　实测数据的单变量分布的评价拟合程度统计量

试验组	变量	统计量	对数正态	Weibull	Rayleigh
试验	H_g	$D^2(\times10^{-4})$	13.70	5.62	9.47
		AD	0.183	0.125	0.143
	L_g	$D^2(\times10^{-4})$	3.20	4.55	5.81
		AD	0.288	0.292	0.362

（续表）

试验组	变量	统计量	对数正态	Weibull	Rayleigh
模拟	H_g	$D^2(\times 10^{-4})$	211.01	0.04	2.46
		AD	10.601	0.083	0.187
	L_g	$D^2(\times 10^{-4})$	0.13	0.70	1.57
		AD	0.074	0.152	0.346

7.6　悬泥沉速试验

1. 试验目的

浮泥是一种在淤泥质河口、海岸地区常见的泥沙运动形态,它是一种泥沙浓度较高且具有一定流动性的宾汉塑性流体(曹祖德,1992)。本质上而言,浮泥是由于黏性细颗粒泥沙为主的固态颗粒发生絮凝沉降时,水沙混合体排水速率小于水体内泥沙净输入速率而产生(钱宁和万兆惠,1983;李九发等,2008),是床面淤积过程或新淤泥发生液化的床面侵蚀过程的中间过渡产物。

本节对长江口浮泥及不同粒径的高含沙量泥沙沉降过程进行研究。采用音叉密度测量法,通过室内试验的方式来测细颗粒泥沙沉降过程中密度变化以及表、中、底层的级配变化,找出泥沙沉降到固结状态所需时间以及浮泥沉降速度,研究成果可为航道减淤及疏浚安排提供技术支持。

2. 试验仪器设备

(1)沉降密实桶。沉降密实桶采用白色半透明聚乙烯塑料桶,桶高 60 cm,直径 40 cm,容量为 50 L。当泥沙不断沉降密实时可以从外部清晰地观察和测量密实的过程。试验用塑料桶如图 7.6.1 与图 7.6.2 所示。

(2)音叉支架。支架用来支撑起测量仪器音叉。支架采用角钢和螺纹钢焊接制成,焊接好后表面涂防锈漆。支架顶端有滑轮,用于吊装测量仪器。铝合金支撑梁用于承载音叉及其支架的力量,沉降密实桶安放在铝合金支撑梁下。图 7.6.3 为安放好之后的支架与测量仪器。

(3)泥沙采集器。泥沙采集器(图 7.6.4)用来采集密实过程中不同高度的泥沙进而用于颗粒分析。利用注射器和输液器改造而成。将注射器针头取下后,连接输液器中较长一段塑料管。长管部分用坚韧的细铁丝绑好,从而使塑料管在收集过程中保持形状稳定。在使用过程中每测量抽取一次后应用清水冲洗管内残留的泥沙，避免干扰下一组结果。

图 7.6.1　泥沙密实用塑料桶　　　　图 7.6.2　泥沙密实过程中的塑料桶

图 7.6.3　音叉安放在支架上　　　　图 7.6.4　自制泥沙采集器

试验中测量泥沙密实过程中的密度变化和颗粒级配的变化，采用了马尔文 Mastersizer 2000 激光粒度分析仪（图 7.6.5）和 DensiTune（图 7.6.6）淤泥密度探测器，因其工作原理如同音叉，又简称为"音叉"。

在进行泥沙粒度分析前，需加入双氧水将泥沙中的有机质氧化，避免有机物对粒度分析造成影响，并在氧化完成后加入分散剂（六偏磷酸钠）再进行粒度分析。

图 7.6.5 Mastersizer 2000 主机　　图 7.6.6 DensiTune 淤泥密度探测器整体图

3. 试验沙样的制备

现场采集的泥沙大部分已经密实,必须使其恢复悬浊液的状态。

将取回来的已经密实的泥沙放入桶中(图 7.6.7)搅拌,人工搅拌成悬浊液状态。为使泥沙悬浊液浓度较高,小桶中应有泥沙富裕。搅拌过程中要变化搅拌的方向,避免同一方向的搅拌。搅拌的要求是:完成后,用手感觉,泥沙中不能含有固结物。将上层的高浓度的泥沙悬浊液加入到沉降密实用的大桶中,直到大桶中的悬浊液足够试验使用。泥沙在沉降密实桶中静置时会很快沉降,这就要求试验前要再次进行搅拌。

图 7.6.7 试验所用泥沙

对采集的所有的泥沙级配进行分析之后,选取中值粒径为 8 μm、18 μm 和 58 μm 的 A、B、C 三组泥沙进行试验。这三组泥沙非常具有代表性。粒径从黏性泥沙的较小值到接近细颗粒泥沙的上限 62 μm。可以用来研究长江口浮泥的沉降过程及不同级配的泥沙在静水状态下密实的过程,探究颗粒级配对泥沉降沙密实过程的影响。

4.试验流程

在高含沙量情况下,影响泥沙沉降的主要因素是含沙量,所以此次试验忽略温度及盐度的影响。

利用上面选择的三组采集自长江口南港北槽 12.5 m 深水航道内淤积的泥沙进行密实过程的观测试验。观测内容包括沉降过程中的泥沙的密度和粒径随时间与深度变化的情况。

试验利用声学仪器 DensiTune 淤泥密度探测器(音叉)进行密度测量。试验流程如下:

(1)向沉降桶内注入少量自来水,浸润塑料桶桶壁,加入搅拌均匀的泥沙,然后继续人工搅拌 5 min,搅拌的方式为任意方向的运动,使泥沙充分均匀。

(2)搅拌完成后静置悬浊液,注意观察当过渡沉降阶段结束、密实阶段开始时,进行初始测量。测量一般先用针管抽取表、中、底三个位置的泥沙,再用音叉测量密度。抽取的泥沙用颗分仪进行粒度分析。

(3)初始测量后,可以间隔 2 h 测量一次。24 h 后可以间隔 4 h 测量一次。到 48 h 后,测量间隔为 8 h。72 h 后,测量间隔改为 12 h。到测量 4 d 后可改为 24 h 测量一次。

5.试验现象

泥沙密实过程属于泥沙沉降过程的最后一步。粗颗粒泥沙可以较快地以单独颗粒的形式沉降,中值粒径 $d_{50} < 62$ μm 的细颗粒泥沙,通常不以单颗粒状态存在,而是通过絮凝作用同周围其他的颗粒结合在一起,形成一定的絮凝结构。

试验用的高浓度泥沙悬浊液的沉降速度可以从塑料桶外壁透光情况观察到的。当密实开始时,利用音叉测量密度以及抽取泥沙样本进行粒度分析。

试验将细颗粒泥沙强制搅拌成高浓度悬浊液状态,此状态下,由于搅拌产生的紊动液体中的泥沙尚未絮凝成团。一旦搅拌停止,高浓度的泥沙悬浊液开始絮凝成团进入沉降阶段。

当搅拌停止,泥沙悬浊液在沉降密实桶内首先开始呈"集成体系"沉降,绝大多数泥沙颗粒不论其粒径大小,均具有同一静水沉速。58 μm 的泥沙因粗颗粒泥沙含量较多,迅速沉降,水体表面变清,肉眼能看到清浑水界面形成,20

min 后浑液面已降了 19 cm。然后泥沙进入群体沉降与密实沉降状态。18 μm 的也在 20 min 后出现清浑水交界面,进入群体沉降与密实状态。

中值粒径为 8 μm 的泥沙沉降非常缓慢,在试验开始 22 h 后,从桶壁观察到浑液面,并且表层仍处于浑浊状态,在出现浑液面后泥沙进入群体沉降状态。

随着试验的进行,沉降桶底部泥沙不断增加,浑液面沉降变得越来越慢。当浑液面的下降与底部的泥沙淤积面重合,即进入压缩沉降阶段,18 μm 和 58 μm 的很快进入压缩密实状态。

6.试验结果分析

试验中共使用了 3 组泥沙,分别记为 A、B、C 组,中值粒径如表 7.6.1 所示,各组上、中、下层的颗粒级配曲线如图 7.6.8 所示。

表 7.6.1　初始状态泥沙的中值粒径与密度

编号	A	B	C
$d_{50}/\mu m$	8	16	58
泥沙悬浊液含沙量/kg·m^{-3}	203	205	208

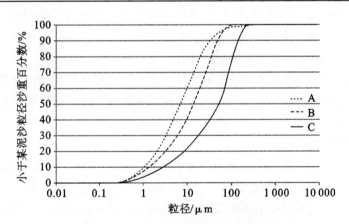

图 7.6.8　三组泥沙的颗粒级配曲线

为与前面统一,将泥沙密度转化成含沙量,含沙量与泥沙密度之间存在以下关系:

$$\frac{M_泥+M_水}{V_泥+V_水}-\frac{M_水}{V_水}=\frac{M_泥 V_水-M_水 V_泥}{(V_泥+V_水)V_水}$$

$$=\frac{M_泥}{V_泥+V_水}-\frac{M_泥}{V_泥+V_水}\cdot\frac{M_水 V_泥}{V_水 M_泥} \tag{7.6.1}$$

即

$$\rho_{泥水} = \rho_水 + \left[1 - \left(\frac{\rho_水}{\rho_泥}\right)\right] \cdot c \tag{7.6.2}$$

取泥沙密度为 2 600 kg·m⁻³，水的密度为 1 000 kg·m⁻³，则含沙量与密度之间的关系为

$$c = 1.63 \cdot (\rho_{泥水} - 1 000) \tag{7.6.3}$$

泥沙密度试验前，计划取搅拌均匀的泥沙密度为 1 120 kg·m⁻³，能较好地代表长江口浮泥的密度，用于试验 A、B、C 的含沙量如表 7.6.1 所示。

泥沙密度随时间和深度的变化可以从图 7.6.9、图 7.6.10 及图 7.6.11 中看出。

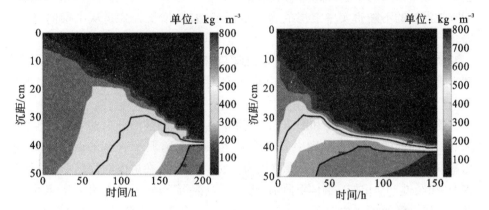

图 7.6.9　泥沙 A 含沙量随水深、时间变化　　　图 7.6.10　泥沙 B 含沙量随水深、时间变化

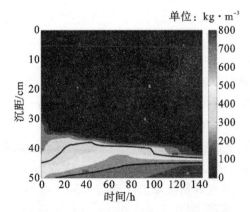

图 7.6.11　泥沙 C 含沙量随水深、时间变化

在颗粒较细的 A 中,含沙量随着水深和时间增加而增大,沉降后的泥沙的含沙量表面达到适航水深的极限(含沙量约为 400 kg·m^{-3}),中底层沉降到达泥沙的弱固结状态(含沙量约为 700 kg·m^{-3})所需时间最长,约为 9 d,且泥沙沉降过程最为均匀。

在颗粒中等的 B 中,底部泥沙密度增长较快,在 24 h 后底层的含沙量就可以超过 700 kg·m^{-3},之后底部密实过程趋于缓慢。随着密实排水,泥沙表面降低,整体密度继续增加。

在颗粒最粗的 C 中,试验开始时,粗颗粒泥沙迅速下沉,表面变清,大部分颗粒较粗的泥沙在 10 h 以内就沉降完毕,液面下降了 30 cm 左右,并且底部的达到了非常密实的状态,探测仪无法深入其中,只能从该表面以上测量。随着细颗粒泥沙的不断密实中上层的含沙量不断增加,增长方式是从中层向上发展。

高含沙量泥沙沉降主要分为群体沉降与密实排水两个阶段,但群体沉降到密实排水,两个阶段并不是突变完成的,中间存在一个过渡阶段,称为过渡沉降阶段。

图 7.6.12、图 7.6.13 和图 7.6.14 为 3 种粒径的泥沙在沉降过程中的泥沙浑液面随时间的变化图,从图中可以看到,在前 110 h,泥沙 A 浑液面随时间变化基本是一条直线,这表明,中值粒径为 8 μm 的泥沙,在进入弱固结状态的过程中,在经过 110 h 左右群体沉降后,进入了过渡沉降段,并没有进入密实的状态。群体沉降的沉速约为 0.64×10^{-3}mm·s^{-1};利用麦克劳林公式计算得,到沉降结束时,整体泥沙沉速为 0.31×10^{-3}mm·s^{-1}。

泥沙 B 浑液面的随时间变化图代表了典型的高含沙量的泥沙沉降方式,AB 段表示群体沉降段,BC 段表示过渡沉降段,CD 段表示密实沉降段。这表明中值粒径为 18 μm 的泥沙在进入弱固结状态的过程中,经历了高含沙量沉降的 3 个过程。群体沉降的沉速约为 0.56×10^{-2}mm·s^{-1};在约 51 h 的沉降后,泥沙进入密实沉降状态,密实沉降速度为 0.22×10^{-3}mm·s^{-1}。利用麦克劳林公式计算得,泥沙沉速为 0.58×10^{-3}mm·s^{-1}。

泥沙 C 颗粒粗,中值粒径为 58 μm 大于絮凝沉降的极限粒径 32 μm,在沉降过程中表面迅速下降,经过 1 h 左右,表面水体变成清水,浑液面在水面 30 cm 以下,泥沙沉降直接进入密实状态。密实沉降速度为 0.3×10^{-3}mm·s^{-1},利用麦克劳林公式计算得,泥沙沉速为 0.48×10^{-2}mm·s^{-1}。

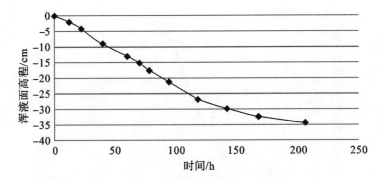

图 7.6.12　泥沙 A 浑液面随时间变化图

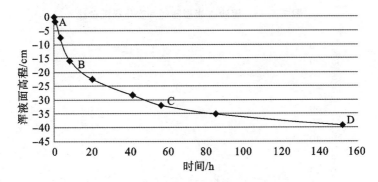

图 7.6.13　泥沙 B 浑液面随时间变化图

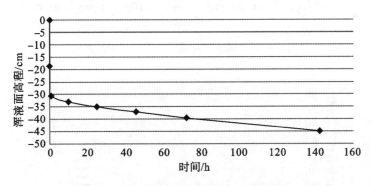

图 7.6.14　泥沙 C 浑液面随时间变化图

在试验过程中,对泥沙进行取样,取样处为泥沙浑液面表层、中层及底部,用激光粒度仪对所取泥样进行粒度分析,得到泥沙级配曲线如下:

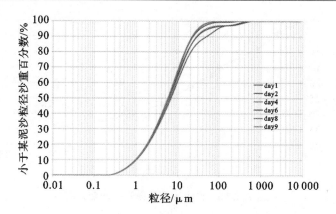

图 7.6.15 泥沙 A 表层随时间变化级配曲线

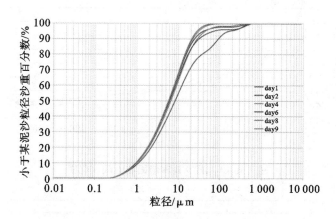

图 7.6.16 泥沙 A 中层随时间变化级配曲线

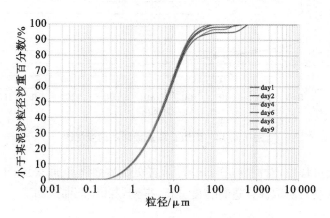

图 7.6.17 泥沙 A 底层随时间变化级配曲线

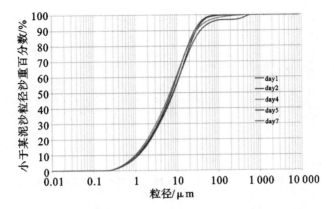

图 7.6.18　泥沙 B 表层随时间变化级配曲线

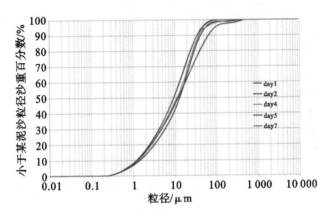

图 7.6.19　泥沙 B 中层随时间变化级配曲线

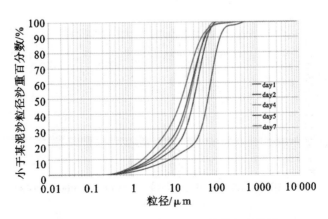

图 7.6.20　泥沙 B 底层随时间变化级配曲线

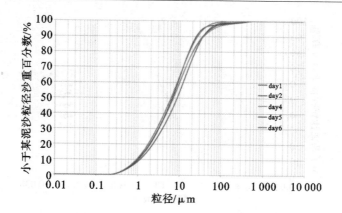

图 7.6.21　泥沙 C 表层随时间变化级配曲线

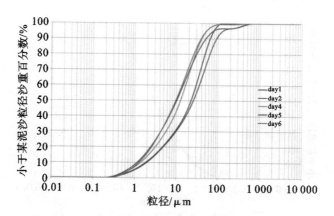

图 7.6.22　泥沙 C 中层随时间变化级配曲线

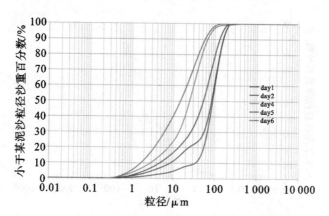

图 7.6.23　泥沙 C 底层随时间变化级配曲线

从图 7.6.15、图 7.6.18 和图 7.6.21 可以看到,在整个密实过程中,泥沙表层的曲线向粒径变小的一端移动,随着泥沙的沉降,整个级配中,细颗粒的泥沙比重越来越大。泥沙中层的变化相对于表层又明显了一些。

从图 7.6.17、图 7.6.20 和图 7.6.23 可以看到,三种泥沙底层的变化趋势是不一样的,泥沙 A 底层虽然曲线向粒径变小的一端移动,但变化幅度不大,这表示泥沙整体处于群体沉降,粗细颗粒以同一速度下降,所以泥沙级配变化程度不大;泥沙 B 与泥沙 C 级配曲线变化幅度大,这是因为泥沙 B、C 中含粗颗粒泥沙较多,在沉降开始时,粗颗粒泥沙先沉降到底部,泥沙 C 表现得尤其明显,随着试验进行,表层细颗粒泥沙沉降下来,泥沙的级配开始变得均匀,C 组实验桶的底层,粗颗粒泥沙已处于弱固结状态,泥沙采集器无法进行采集,导致级配曲线中值粒径变小。

3 组泥沙沉降过程差异较大的原因来自于泥沙的级配不同:

泥沙 A 主要为黏性泥沙,由于颗粒小、比表面积大,受到电化学因素影响,表面携带电荷,相互絮凝产生絮团,受絮凝羁绊力的影响,沉降的速度较非黏性泥沙慢很多。

泥沙 C 中细颗粒泥沙中较大粒径的泥沙含量较高时,这些较大颗粒的泥沙基本不具有黏性,表现出粉砂的特性。密实过程中,首先颗粒较大的泥沙迅速沉降密实,当较大颗粒泥沙基本全部沉降完成时,大部分的细颗粒泥沙还在缓慢的沉降。在试验中,中值粒径接近 58 μm 的泥沙 C 底部泥沙很快密实,上部分还在絮凝沉降中。

泥沙 B 级配相对均匀,泥沙级配跨度较大,泥沙同时表现出以上两种特征时,密实过程相对较快。在较大颗粒沉降密实开始后,黏性泥沙可以在较大颗粒的泥沙之间的空隙传过,泥沙密度进一步增加。试验过程中,垂线含沙量随时间变化明显,含沙量增加较快。

7. 结论

通过高含沙量的泥沙沉降试验,给出长江口北槽浮泥沉降到适航水深的极限(含沙量约为 400 kg·m^{-3}),中底层沉降到达泥沙的弱固结状态(含沙量约为 700 kg·m^{-3})的时间需 206 h 左右,泥沙沉降状态未进入密实状态,沉速约为 0.31×10^{-3} mm·s^{-1};并进行了同浓度下粒径为 16 μm 与 58 μm 泥沙的沉降试验,沉降到适航水深及弱固结状态的时间需分别为 152 h 与 142 h,并都进入了密实的状态,沉速分别约为 0.58×10^{-3} mm·s^{-1}、0.48×10^{-2} mm·s^{-1}。

当泥沙颗粒中值粒径为 8 μm 时,其主要成分为黏性泥沙,由于颗粒小、比表面积大,受到电化学因素影响,表面携带电荷,相互絮凝产生絮团,沉降的速度较非黏性泥沙慢很多。沉降过程主要表现为群体沉降,并未进入密实状态且沉降速度缓慢。

泥沙颗粒中值粒径为 16 μm 时,泥沙级配相对不均匀,泥沙级配跨度比较大,密实过程相对较快。在较大颗粒沉降密实开始后,黏性泥沙可以在较大颗粒的泥沙之间的空隙通过。泥沙沉降过程中,含沙量增加较快,含沙量随时间变化明显。

当泥沙颗粒中值粒径为 58 μm 时,这些较大颗粒的泥沙基本不具有黏性,表现出粉砂的特性。具体到沉降过程中,首先颗粒较大的泥沙迅速沉降,当较大颗粒泥沙基本全部沉降完成时,大部分的细颗粒泥沙还在缓慢的沉降。在试验中,中值粒径接近 58 μm 的泥沙 C 底部泥沙很快进入密实阶段,上部分还在絮凝沉降中。

可以看到颗粒的粒径对泥沙的絮凝影响很大,粗颗粒泥沙不发生絮凝,直接单颗粒沉降,细颗粒组含量是絮凝作用强弱的指标之一,细颗粒含量大,絮凝作用强,沉降速率就小,群体沉降时间就长。

高含沙量的细颗粒泥沙在沉降阶段的主要变化就是在含沙量和颗粒级配上的变化,通过试验,我们深入了解了这一过程中的机理并得到了高含沙量泥沙在静水沉降的沉速,得到了宝贵的数据,加深了对泥沙沉降问题的理解和认识。

7.7 某海滨新区海岸泥沙运移

1. 试验目的

预计工程竣工后在波浪和顺岸流的作用下,工程范围内泥沙淤积情况,用以评价工程的防淤功能。

2. 试验水文条件

本试验以规则波进行。试验水位取平均海平面水位。本工程拟建区的 N 向浪是工程设计选取的依据波向之一,有一定的波能强度,且恰与岸线呈 45°角斜交,所以本泥沙波模试验取 N 向作为试验波向。

在工程拟建海域,对岸滩演变起主要作用的波浪,其显著起动水深约在 -6 m,破碎水深约处于 -3 m。试验波向 N~NNW,重现期 2 a,平均波高 H_{op} = 2.03 m、平均周期 T_p = 6.6 s 的波浪。

3. 模型比尺的确定

　　工程拟建区处于沙质海岸,试验目的在于观测海港回淤情况,本泥沙模型采用动床波浪输沙模型。

　　(1)地形与工程建筑物模型型式的几何比尺 λ_l:地形与工程建筑物模型型式为正态,取几何比尺 $\lambda_l = 90$。

　　(2)波浪要素相似条件与相关物理量比尺:波浪要素按重力相似条件 $\dfrac{\lambda_v^2}{\lambda_g \lambda_l} = 1$,并依相应几何比尺作正态缩尺,于是有:

　　波高比尺 $\lambda_H = \lambda_l = 90$;

　　波周期比尺 $\lambda_T = \lambda_l^{\frac{1}{2}} = 90^{\frac{1}{2}} = 9.49$;

　　水深比尺 $\lambda_h = \lambda_l = 90$;

　　波速比尺 $\lambda_c = \lambda_l^{\frac{1}{2}} = 90^{\frac{1}{2}} = 9.49$。

　　(3)波浪输沙运动相似条件与相关物理量比尺:

　　1)顺岸流运动相似条件。按顺岸流流速表达式

$$v_l = \left[\frac{3}{8} \cdot \frac{g \cdot H_b^2 \cdot n_b \cdot m \cdot \sin\alpha_b \cdot \sin 2\alpha_b}{d_b f} \right]^{\frac{1}{2}} \tag{7.7.1}$$

作相似条件式转换,可得顺岸流流速比尺与各相关物理量比尺的关系式——顺岸流流速相似条件:$\lambda_{v_l} = \lambda_d \cdot \lambda_l^{-\frac{1}{2}} \cdot \lambda_f^{-\frac{1}{2}}$。

　　对于正态模型且在保证阻力相似情况下,有 $\lambda_d = \lambda_l$,$\lambda_f = \dfrac{\lambda_d}{\lambda_l} = 1$,于是 $\lambda_{v_l} = \lambda_l^{\frac{1}{2}}$。

　　2)波浪作用下泥沙起动相似条件。按泥沙起动波高关系式

$$H_c = M \left[\frac{L_0 \cdot \sinh \dfrac{4\pi h_0}{L_0}}{g\pi} \left(\frac{\rho_s - \rho}{\rho} g d \right) \right]^{\frac{1}{2}} \tag{7.7.2}$$

作相似条件式转换,可得泥沙起动波高比尺与各相关物理量比尺的关系式,并令起动波高比尺与入射波高比尺相等,即可得泥沙起动波高相似条件

$$\lambda_{H_c} = \lambda_H = \lambda_h = \lambda_l^{\frac{5}{6}} \cdot \lambda_{\gamma_s - \gamma}^{\frac{1}{2}} \cdot \lambda_d^{\frac{1}{6}} \tag{7.7.3}$$

　　3)含沙量相似条件。按含沙水体单位重量表达式

$$\gamma' = \gamma_s \cdot S_V + (1 - S_V) \cdot \gamma = \gamma + (\gamma_s - \gamma) S_V \tag{7.7.4}$$

作相似条件式转换,可得体积比含沙量相似条件

$$\lambda_{S_v} = \frac{1}{\lambda_{(\gamma_s - \gamma)}} \tag{7.7.5}$$

进而可得重量比含沙量相似条件

$$\lambda_s = \frac{\lambda_{\gamma_s}}{\lambda_{(\gamma_s - \gamma)}} \tag{7.7.6}$$

4)泥沙沉速相似条件。按破波线以内,破波掀沙的含沙量关系式

$$S_s = k \cdot \frac{\gamma_s \cdot \gamma}{\gamma_s - \gamma} \cdot \frac{H_b^2}{8A} \cdot \frac{C_{gb}}{\omega} \cdot \cos\alpha_b \tag{7.7.7}$$

作相似条件式转换可得泥沙沉速相似条件

$$\lambda_\omega = \frac{\lambda_h^{\frac{3}{2}}}{\lambda_L} \tag{7.7.8}$$

对于正态模型水深比尺 λ_h 与水平比尺 λ_L 相同,均等于 λ_l,于是有 $\lambda_\omega = \lambda_l^{\frac{1}{2}}$。

5)顺岸流输沙相似条件。按顺岸流输沙量(包括悬沙和底沙综合输沙量)关系式

$$Q_s = (k + k_0) \cdot \frac{\gamma_s \cdot \gamma}{\gamma_s - \gamma} \cdot \frac{H_b^2}{8} \cdot \frac{C_{gb}}{\omega} \cdot V_l \cdot \cos\alpha_b \tag{7.7.9}$$

作相似条件式转换可得输沙量相似条件

$$\lambda_{Q_s} = \frac{\lambda_{\gamma_s}}{\lambda_{(\gamma_s - \gamma)}} \cdot \lambda_l^{\frac{5}{2}} \tag{7.7.10}$$

进而可得单宽输沙量相似条件

$$\lambda_{q_s} = \frac{\lambda_{\gamma_s}}{\lambda_{(\gamma_s - \gamma)}} \cdot \lambda_l^{\frac{3}{2}} \tag{7.7.11}$$

6)泥沙冲淤时间相似条件。按输沙平衡方程式

$$\frac{\partial Q_T}{\partial x} = -\gamma_0 \cdot B \cdot \frac{\partial Z}{\partial t} \tag{7.7.12}$$

作相似条件式转换得泥沙冲淤时间相似条件

$$\lambda_{t'} = \frac{\lambda_h \cdot \lambda_l \cdot \lambda_{\gamma_0}}{\lambda_{g_s}} \tag{7.7.13}$$

对于正态模型有

$$\lambda_{t'} = \frac{\lambda_l^2 \cdot \lambda_{\gamma_0}}{\lambda_{g_s}} \tag{7.7.14}$$

归纳上述有:

(1)顺岸流运动相似条件: $\lambda_{v_l} = \lambda_l^{\frac{1}{2}}$;

(2)起动波高相似条件: $\lambda_{H_c} = \lambda_l^{\frac{5}{6}} \cdot \lambda_{(\gamma_0 - \gamma)}^{\frac{1}{2}} \cdot \lambda_d^{\frac{1}{6}}$;

(3)含沙量相似条件: $\lambda_{S_s} = \frac{\lambda_{\gamma_s}}{\lambda_{(\gamma_s - \gamma)}}$;

(4)泥沙沉速相似条件:$\lambda_\omega = \lambda_l^{\frac{1}{2}}$;

(5)顺岸流输沙相似条件:$\lambda_{g_s} = \dfrac{\lambda_{\gamma_s}}{\lambda_{(\gamma_s - \gamma)}} \cdot \lambda_l^{\frac{3}{2}}$;

(6)泥沙冲淤时间相似条件:$\lambda_{t'} = \dfrac{\lambda_l^2 \cdot \lambda_{\gamma_0}}{\lambda_{g_s}}$。

以上相似条件仅作为泥沙模型相似比尺初设计参考依据,各项比尺最终由验证试验调整确定。

从现场资料来看,工程拟建区为沙质海岸,悬浮泥沙含量很小,泥沙运动的主要形态为在波浪和顺岸流作用下泥沙作顺岸和垂岸的推移运动,所以本泥沙模型的首要遵守相似条件为波浪起动相似条件。模型设计中,首先选择模型沙体材料以确定模型沙体的重率,然后依起动波高相似条件选取沙体的中值粒径。包括底沙与悬沙的综合含沙量比尺,以现场测量值与模型试验测量值之比确定,其他各项相似比尺以上述既定各量与前述之相似条件式确定。本模型选取的模型沙体材料为阳泉煤,其重率 $\gamma_S = 1.48 \ \text{t} \cdot \text{m}^{-3}$,依相似条件选取的模型沙中值粒径 $d_{50} = 0.05 \ \text{mm}$。各项相似比尺汇列如下:

几何比尺:$\lambda_l = 90$;

波高比尺:$\lambda_H = 90$;

波周期比尺:$\lambda_T = 9.49$;

顺岸流流速比尺:$\lambda_{v_l} = 9.49$;

含沙量比尺:$\lambda_{S_s} = 0.085$;

泥沙干容重比尺:$\lambda_{\gamma_0} = 1.81$;

冲淤时间比尺:$\lambda_{t'} = 201$。

4. 模型布置与制作

模型地形与工程物在水池内的布置与 N 向波泊稳试验的模型布置相同。泥沙模型是在 N 向波泊稳试验清水模型的基础上铺沙改制而成。制作时先将模型沙(煤粉)按容重相似条件加水搅匀使成浆状,然后以 2 cm 的厚度均匀铺设于原有清水模型的水泥砂浆床面上,自各港池、河口口门和防波堤、护岸向海一侧,一直铺设到 -9 m ~ -10 m 等深线处,以确保泥沙有足够的运移物源。由于铺沙使原有清水模型地形抬高 2 cm,所以将原有工程结构物也相应加高 2 cm。考虑到本试验目的旨在观察工程结构物范围之内的回淤情况,为便于观察和测量,在各港池、河口口门以里范围,不铺设模型沙,而是以相同厚度的水泥砂浆铺垫(图 7.7.1)。

图 7.7.1 泥沙模型制作

5.试验过程

在进行正式试验之前,先做预备试验,以验证模型和提取有关试验参数。

在预备试验中,观察到在代表波浪作用下,模型起动水深与破波带和事先的估计相符。在代表波浪作用下,按顺岸流计算公式计得的顺岸流速为 $V_{lp}=$ 73 cm·s^{-1},在预备试验中观测到模型顺岸流速为 $V_{lm}=6.7$ cm·s^{-1},按比尺相当于原型 63.6 cm·s^{-1},也可认为模型顺岸流速与原型基本相符。在模型破波带提取了综合含沙量 $S_{sm}=0.68$ kg·m^{-3},将其比于原型相应条件下实测含沙量 $S_{sp}=0.058$ kg·m^{-3},求得含沙量比尺 $\lambda_{S_s}=0.085$,从而按相应相似条件得到泥沙冲淤时间比尺 $\lambda_{t'}=201$。

6.试验结果与分析

(1)试验结果。试验结果如图 7.7.2 所示,伴图有如下几点说明:

1)图中测点数字为模型泥沙冲淤尺度量。正值为淤高,负值为冲深,单位:mm;

2)泥沙冲淤尺度比尺 $\lambda_l=90$;

3)模型泥沙冲淤时间比尺 $\lambda_{t'}=201$;

4)模型泥沙冲淤试验累计历时 24 h,按比尺相当于原型 4 824 h,或 6.7 个月。

5)测量数字 1 包括了小于和等于 1 mm 的泥沙冲淤量。

(2)结果分析。根据工程拟建区的泥沙情况和动力条件,该区的泥沙运动主要是在波浪和海流作用下的泥沙顺岸纵向运动和垂岸横向运动,在模型试验过程中可以明显看到这个现象(图 7.7.2),图 7.7.3 所示的结果也反映了这一情况。

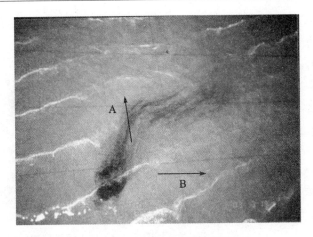

图 7.7.2　泥沙运动方向演示

图 7.7.3 显示了在 N 向波的清水模型中,置放一撮煤粉,以定性观察沙体在波浪作用下的运移情况。可以明显看出粗颗粒沙体基本沿波向向岸做推移运动,运动方向如箭头 A 所示;而悬沙则顺岸做纵向运动,运动方向如箭头 B 所示。

图 7.7.3　海床冲淤变形状态

下面对几个典型冲淤部位作一下重点说明:

1)人工河河口。人工河河口朝北略偏西,其西岸是一条弧形突堤,弧形突堤的脊背朝向河口东岸。河口上游携沙顺岸波浪流流至河口处,因弧形突堤的阻拦,泥沙有停止的趋势,但在灌进河口的北向来波和这一来波经弧形突堤反射形成的向东反射波作用下,来沙遂向河口东岸转移,这是一。再则,灌进河口的北向来波和这一来波因弧形突堤形成的反射波,均有推移底沙的作用,底沙运移路径同样也是朝向河口东岸。由于这二个原因,所以河口东岸有较高的泥沙淤积量(图7.7.4)。不难看出弧形突堤是造成这一淤积现象的主要原因。人工河河口的 A 部位,年淤积量为 9 460 $m^3 \cdot a^{-1}$左右。

图 7.7.4　人工河河口淤积情况

2)圆形水湾。以顺岸流作参照,圆形水湾处在人工河下游且与河口毗邻,上述弧形突堤位于水湾东岸,是人工河河口与圆形水湾的共有建筑。水湾湾口朝西略偏北。由于弧形突堤的存在,水湾上游来流及北向来波,经弧形突堤后将向湾内绕流、绕射,所以水湾湾口与水湾西岸有较大的泥沙淤积量(图7.7.5)。圆

图 7.7.5　圆形水湾淤积情况

形水湾的 B 部位,年淤积量为 6 880 $m^3 \cdot a^{-1}$左右。

3)东防波堤。虽然防波堤走向基本顺岸,但防波堤东段掩护区内有一较大的实体接岸建筑物——栈桥平台,它几乎阻断了防波堤与岸线之间的间隙。将东防波堤东段结构与栈桥平台联系在一起观察,不难发现,二者的组合具有垂直顺岸流走向的突堤效应。由于这一效应的存在,不仅使东防波堤东段掩护区内的泥沙淤积量较大,且能影响到嬉水区口门之外的泥沙活动,以致在该处形成了沙阜。

水池排水后发现,在东防波堤东段掩护区内外有 6 条明显的垅状顺堤泥沙冲淤痕迹(图7.7.6)。靠近嬉水区围堤外侧的几条沙垅行至掩护区内栈桥平台处,急剧向栈桥平台与防波堤之间的狭道收拢,并与其他沙垅合并逐渐模糊了垅间界限。这些现象无疑是由北向来波、嬉水区西岸围堤发生的反射波以及顺

岸流联合作用的结果。防波堤东段掩护区入口处流速较大,模型实测流速可达 8 cm·s^{-1}左右(相当原型流速 76 m·s^{-1})。总的来说,这一区段的动力环境对泥沙活动而言比较不利,应予以重视。东防波堤掩护区内,年淤积量为 27 240 m^3·a^{-1}左右。

图 7.7.6　东防波堤东段泥沙冲淤痕迹

东防波堤整体呈弧形,其脊背朝向岸线,两端朝海方向翘出,于是北向来波行至防波堤西段将发生较大的向东反射波。自防波堤东端堤头量起,在 2/3 堤身处取一参照点,在此参照点以东的堤前(朝海方向)区域,泥沙呈淤积状。这是由于防波堤自身的结构形状及其发生的向东反射波对西下顺岸流均具有阻流滞沙作用的缘故。

图 7.7.7　东防波堤提前床面冲淤状况

在防波堤西段堤前区域,由于北向来波和向东的反射波发生交会,加剧了床面泥沙震动和运移,从而导致床面泥沙有冲刷现象(图 7.7.7)。

　　4)嬉水区。上述"突堤效应"致使泥沙在嬉水区口门外形成了拦门沙阜,眼下该沙阜虽然对嬉水区有一定的拦沙作用,但不难推知,沙阜本身有随着时间的增长逐渐向口门内淤进的可能。嬉水区口门处,年淤积量为 24 150 $m^3 \cdot a^{-1}$ 左右(图 7.7.8)。

图 7.7.8　嬉水区泥沙淤积状况

　　5)西防波堤。西防波堤整体也呈弧形,但弧线方向与东防波堤相反,其脊背方向朝海。堤背对北向来波造成的反射波与来波迭合,加剧了堤前(朝海方向)区域床面的泥沙震动和运移,致使在堤前不远的地方发生有床面的冲刷现象(图 7.7.9)。

图 7.7.9　西防波堤提前床面冲淤状况

　　6)其他。由于本模型工程结构物均采用直立岸壁形式,所以在模型上可观察到各堤堤头周围及上述防波堤局部区段朝海一侧有少量冲刷现象。但在实际工程中,这些部位多采用坡状结构且有抛石护坡,可以大大减缓来波反射和绕流对坡脚的作用,因此,在实际工程上,这些部位估计不会有大的冲刷现象。

通过上述分析,提出以下建议:

(1)对于现有规划方案的人工河河口、圆形水湾、嬉水区口门和东防波堤掩护区门口等部位的泥沙淤积情况,应给予足够的重视。

(2)如果现有工程规划方案不作变动,则针对试验所取水文条件下的泥沙冲淤情况,应对工程设计补充导沙、拦沙工程措施,如在整体工程的上游增设导沙潜堤和拦沙丁坝等。

7.8　滩海采油平台防淘空试验

由于海上风浪和潮流的长期冲淘作用,已经导致胜利油田诸多采油平台和海底管线的基础出现较为严重的冲淘。根据调查,胜利油田部分平台处海底油管周围的典型冲淘深度达 2~2.5 m,输油管线悬空最大长度达 40 m。如果不采取有效的防冲淘措施,时间长了,管线有可能因疲劳而发生断裂,影响平台的正常生产和造成严重的海洋污染。如果平台基础继续淘空,导管架会完全离开海底的支撑,整个导管架悬挂在桩顶"U"形板上,在波浪的反复冲击下,焊缝开裂,有可能造成导管的滑动,严重威胁滩海油田平台和作业工人的人身安全。本节通过室内试验研究滩海油田采油平台的冲淘机理,提出了防护措施。

1.试验理论基础及基本思路

(1)海底地基经过长期的自然过程,在各种水动力因素作用下,基本上达到了冲淤动态平衡。海工构筑物的建设改变了其周围原有动力条件,也就破坏了原有的平衡状态,从而导致局部泥沙迁移,亦即在建筑物周围发生淘空。构筑物的尺度及形状对其周围流场改变有重要影响,从而研究淘空首先应尽可能满足模型周围动力要素变化情况与原型相似。在变态试验理论基础尚不成熟的情况下,为工程目的而进行的试验,采用正态模型试验更准确可靠。

(2)动力因素中,风、浪、流、潮等均对淘空有影响。其中,浪、流是泥沙运移的主要动力因素,其他因素只是间接因素或次要因素。在本次试验中只考虑浪、流作用。

(3)动力因素的模拟试验,首先保证动力相似原则(严恺,2002),即原型和模型傅汝德数相同。

(4)根据泥沙试验理论,冲淘试验要求起动流速相似和摩阻相似,还要求试

验用沙粒径及其级配曲线与原型沙相似(严恺,1996)。合理选择试验用沙成为此类试验成败的关键因素之一,对此作如下考虑:

1)胜利浅海地基表层主要由黄河泥沙沉积而成,通常为粉土或细粉沙,中值粒径 d_{50} 为 0.03~0.10 mm 之间。据测算,原型沙特征粒径大于 5 mm 时,可采用缩尺比为 1:20 的正态模型试验。胜利浅海这样细的基质,满足此要求几无可能。

2)胜利浅海区,表层粉土中黏粒成分含量很少,起动(扬动)流速较小,采用原型沙在实验室中可以满足泥沙起动这一基本要求。当然这也要求模型比尺不能太小,即模型应大一些。这就要求正式试验前先进行预备试验,找出合适的起动流速、波高,从而确定模型比尺。

3)平台周围淘空范围和深度是有上限的。采用原型泥沙,由于其天然坡角为定值。由于周围动力场相似,经过足够长的试验过程,模型周围淘空达到极限,淘空造成的成坑形状和坡度与原型基本相同。这样,采用原型沙和正态缩尺模型进行试验,可以实现对平台及管线周围淘空情况的模拟。冲淘过程时间比尺相似性仅作参考,而不具体分析多长时间的试验过程代表多长的原型实际作用时间。

4)采用原型沙解决工程防护问题,在经济上具有显著的效益。它不仅节省了材料费、加工费,亦避免了试验过程及试验完成后的大量清理和分选工作量,同时亦为以后继续利用原型沙试验积累经验。

2.试验实施

(1)平台原型、模型情况:

1)桩基式平台。桩基式平台原型/模型参数如表 7.8.1 所示。

表 7.8.1　桩基式平台原型/模型参数

名称	原型	模型
桩数量/根	4	4
桩间距/m	15	0.75
桩外径/m	3 000	150
导桩管外径/mm	1 800	180

2)桶基式单桶平台。桶基式单桶平台原型/模型参数如表 7.8.2 所示。

表 7.8.2 桶基式单桶平台原型/模型参数

名称	原型	模型 1	模型 2	模型 3
桶外径/mm	12 000	600	600	600
桶壁厚/mm	300	4	25	25
桶高度/mm	13.0	650	650	650
防护锥体的锥度	1.5∶1	/	/	1.5∶1

3)沉垫式平台。沉垫原型主尺度为 60 m×30 m×3.6 m。

沉垫模型主尺度为 2 000 mm×1 000 mm×120 mm。

(2)试验的主要参数:根据试验原型参数的率定试验情况,结合滩海工程模拟实验室的能力,对试验过程采用的参数如表 7.8.3 所示。

表 7.8.3 试验过程采用的主要参数

物理量	缩尺比	原型量	模型量
波高/m	1∶20	3.94	0.197
波周期/s	1∶4.5	7.2	1.6
流速/m·s⁻¹	1∶4.5	1.03	0.23
水深/m	1∶20	12.0	0.60
方向	1∶1	无限	0°,45°,90°
范围	1∶20	无限	10 m×10 m

(3)试验地基配置:选用原型沙作为模型沙,进行试验地基配置。试验前,测定了试验土样的基本物理力学性质指标,如表 7.8.4 所示。

表 7.8.4 试验土样的基本物理力学性质指标

水下容重/kN·m⁻³	平均含水率/%	密度/kg·m⁻³	孔隙比	液性指数
19.8	27	2 700	0.732	0.75

(4)泥沙起动试验:为了确保原型沙试验方案可以执行,首先进行预演试验。在水深 25 cm 时,开一台泵流速为 12 cm·s⁻¹,可以看到水中土粒起动,但池水不全变浑;在水深 60 cm 时,把一块 500 mm×500 mm×60 mm 的混凝土块置于水中,开三台泵造流,流速为 0.14 m·s⁻¹,此时看不清水下情况,经过 2 h 冲刷,排水观察:混凝土块四角及迎流面均出现淘空,深度约为 0.5 cm,表明

该流速已达到起动流速。浪流合成进行试验，冲淘更明显，表明原型沙试验方案可行。

(5)冲淘、防护试验：

1)桩基式平台冲淘、防护试验。将桩基式平台模型埋设布置于模型区，在平台模型相邻的两角处各布设一条外输管线，管线从平台顶部向下至泥面后沿平台平面角的对角线外伸，水平管线位于泥面下 5～20 mm。

开展流单独作用下的冲淘试验，此时冲淘不明显；开展常规浪、流合成作用下的冲淘试验，导管架及管线处出现了明显的冲淘。

逐渐增加波高(0.15～0.25 m)，开展波浪、流合成作用下的冲淘试验，导管架及管线处的冲淘量明显随波高加剧。试验说明冲淘机理主要表现为：波浪作用扬动海底泥沙，潮流作用带走扬动的泥沙，二者共同作用使得冲淘加剧。

在其中一段悬空海管的下部及周围投沙填埋海底管线，表层放置大量类似海草的物体，用 50 根带钩钢筋固定于地基上，形成仿生海底保护层；在另一段悬空海底管线的下部及周围投沙填埋海底管线，表层放置石子(低层放置小石子，上层放置大石子)，形成海底保护层；在导管架处地基表层直接放置自制的丛林式仿生块进行防护，期望出现泥沙的淤积。然后，进行浪、流合成作用下的冲淘防护试验。防护后导管架及管线处基本无冲淘，三种防护效果都不错，无明显差别；在浪、流合成作用下石子堆出现了自然平衡性坍塌，变得更加密实；导管架中心区域的丛林式仿生块未能造成泥沙的明显淤积。

2)桶形基础平台冲淘、防护试验。预先将桶形基础单桶模型沉贯入泥，桶顶高出泥面 10 cm。

开展浪、流合成作用下的桶形基础无防护锥模型、防护锥模型冲淘试验。

桶形基础无防护锥模型，迎流面和背流面发生轻微淤积，两侧发生比较严重淘空。该模型两侧淘空区宽度不超过 20 cm，冲刷深度为 7～8 cm；推测原型淘空范围不超过 4 m，深度不超过 1.2 m。

桶形基础防护锥模型，迎流面和背流面均发生轻微淤积，两侧发生淘空。淘空宽度不超过 15 cm，深度约为 2 cm；推测原型淘空范围不超过 3 m，深度不超过 0.4 m。但试验时防护锥根部全部入泥，现场施工时却难这样，效果不会这样好。

模仿海上抛石子袋的方式随意向模型基础的冲淘坑及周围抛下泥袋，然后，开展浪、流合成作用下的冲淘防护试验。在试验期间，基础和泥袋的周围有明显的泥沙移动。最后，将泥袋拿走，基础的周围平均下降了 0.03 m。

模型出现淘空的现象以后，按照理想的状态，在模型周围摆放泥袋，完全填补淘坑,使泥袋之间没有空隙。然后,进行浪、流合成作用下的冲淘防护试验。泥袋堆积没有明显变化,但泥袋外缘出现淘坑,其深度是泥袋厚度的 1/4 或 1/3,防护效果明显好于随意投抛式。

将泥袋取出,在淘坑内抛撒石子,石子的粒径是 1.2~2 cm,施加浪、流作用。抛撒石子基本把前泥袋压的坑填平,桶的顶部也有部分石子,成自然堆放的角度。桶顶上的石子随着波浪的冲击,慢慢向桶边移动,被冲到桶的边缘;整个石子堆顶部下降 2.5 cm,石子堆积更加密实、坡度变缓。石子堆边缘的外侧,有明显的淘空痕迹,深度是石子直径的 1/3 或 1/2。

3)沉垫式平台冲淘、防护试验。将沉垫式平台模型放置于试验区,沉垫入泥 5 cm。

进行定床、动床冲淘试验,测量模型周围地基的压力场,测试波浪对模型周围地基作用情况,分析波浪冲淘机理。

在模型迎流面至其后 70 cm 范围内,其流速值均方差比其他位置明显较大,为其他值的 2.5~5 倍。分析认为这是由于模型拐角处的涡旋和水流分离造成的,这种办法可判别模型周围涡流区。这种脉动可视为一种泥沙起动的激振力。通过改变构筑物结构(如改用圆角)减少这种脉动或在这一脉动区增加防护是减少水流引起的淘空的可行办法。

进行浪、流联合作用下的抛石防护试验,其试验过程、现象与桶形基础平台抛石防护试验过程、现象基本一致。

3.试验结论与建议

通过试验,得到如下结论:

(1)在无防护情况下,采油平台及海底管线的基础在浪、流作用下会出现冲淘现象,离导管架越近的区域冲淘越严重。

(2)冲淘主要表现为:波浪作用起动海底泥沙,潮流作用带走起动的泥沙,二者共同作用使得冲淘加剧。

(3)从技术的角度分析:在保证施工质量的情况下,投沙+仿生防二次淘空方案、投沙+抛石防二次淘空方案均能达到明显的防护效果,因此两种方案均可行。

(4)从施工、投资的角度分析:与投沙+抛石防二次淘空方案相比,投沙+仿生防二次淘空方案在胜利海上浑水区水下施工困难,施工质量难以保证,投资相对较高。

建议在胜利浑水区采用多层次抛石防护,防护施工时分多层次铺设,这样既能防止淘空,又能使得石子不被波浪冲走。但为了减少工作量,可分为三层铺设:底层抛撒鹅卵石,可以从冲淘坑的底部填至距海底面下 0.7~0.8 m;上层铺设块石(块石重量根据环境载荷计算确定);块石上面铺撒一层直径约 2.5 cm 的石子,从坑的边缘外 0.5 m 开始覆盖到桶(或桩)的周围。

4.成果的工程应用

多层次抛石防护技术研究成果成功应用于胜利海区。在胜利海区对 CB20B 桶形基础采油平台、开发一号和开发二号沉垫式采油平台进行了多层次抛石防护。底层抛直径 6~7 cm 的鹅卵石,上层为重 30 kg 左右的块石,表层为小石子,典型防护布置如图 7.8.1 和图 7.8.2 所示。

这三座采油平台在实施多层次抛石防护后,经受了多次海上风浪的考验,防护效果显著。该技术可推广应用于其他海区类似地基条件下的冲淘防护工程。

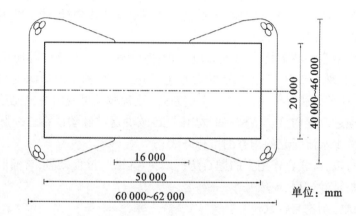

图 7.8.1　典型多层次抛石防护布置平面图(以开发一号平台为例)

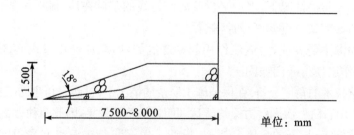

图 7.8.2　典型多层次抛石防护布置立面图(以开发一号平台为例)

第8章 试验数据的处理

各类海岸工程试验,都需要对多种物理参数进行量测,数据处理是物理模型试验的重要内容之一。

按照量测方式,测量工作可分为直接测量和间接测量两大类。如用流速仪测量流速,则叫直接测量,直接测量有可能达到较高的测量精度。凡是基于量测得到的数据,再按一定的物理、几何等函数关系,通过计算才能求得测量结果的方式,称为间接测量,如根据波群周期来计算波群长度。

测量数据可分为确定性和非确定性两类。凡是能用明确的数学关系式描述的数据称为确定性数据;反之则称为非确定性数据。

在各种测量中,模型量测所得的结果与被量测的真实值之间总是存在着误差。为了统一评定量测值的精确度,一般采用相对误差这个概念:

$$\delta = \frac{x - x_0}{x} \times 100\% \qquad (8.0.1)$$

式中,x 表示量测值,x_0 表示真实值;相对误差为无因次量,一般以百分数来表示。

量测误差按其产生的原因和性质,可分为系统误差、偶然误差和粗大误差三类。

系统误差是指在同一条件下,多次量测同一参数时,其绝对值和方向保持不变,或按某种函数规律变化的误差。系统误差主要来源于仪器构造的不完备和测量环境的影响。

偶然误差是指在同一参数时,其绝对值和符号以不可预定方式变化着的误差。偶然误差是由各种各样无法估计的偶然因素所造成。由于偶然误差产生的原因复杂,表面上又无规律性,所以不可能采取措施加以消除,只能根据统计规律估计其对测量结果的影响。

粗大误差是指明显的歪曲测量结果的误差。这是由于测量错误、计算错误以及因操作疏忽大意而引起的过失性错误,故又称过失误差。含有粗大误差的测量数据称为反常值,应剔去不用。

数据处理的目的就是尽可能地消除和减少误差,排除干扰,提炼出有用信息,以提高量测精度。

8.1 试验数据的误差分析

在量测过程中,除粗大误差外,系统误差与偶然误差通常是同时发生的。由于系统误差可以用多种方法加以消除,所以在以下讨论中,均认为试验数据中只含有偶然误差。

8.1.1 统计特征值

因偶然因素的影响,模型试验所测得的大量数据是随机的。因此,必须运用数理统计的方法,加以分类、归纳,找出其规律性。最能反映数理统计规律性的统计特征值有两类。第一类是平均值,它表示数据的集中位置;第二类为离差,它表示数据的离散程度。

1.平均值

常用的平均值有算术平均值和几何平均值两类。平均值用来描述总体的特征时,称为参量;用来作为样本的特征时,称作统计量。

设 $x_1, x_2, \cdots, x_n$ 是某观察对象的一组观测数据,根据最小二乘原理,可得最佳近似值为算术平均值,即

$$\bar{x} = \frac{1}{n} \sum_{i=1}^{n} x_i \tag{8.1.1}$$

算术平均值计算简单,是一种最常用的平均值。

将 n 个量测数据的连乘积开 n 次方,所得结果称为几何平均值,即

$$\bar{x}_g = \sqrt[n]{\prod_{i=1}^{n} x_i} \tag{8.1.2}$$

计算几何平均值时,若资料中有零或负值,则无法求得,故应用不广。

当原始数据按从小到大排序,处于中间位置的一项称为中值(或中位数)。中值是排列位置上的中间值,工程应用较少。

2.离差

可采用不同的参数来表征离差。最通常的参数为标准误差、平均误差和概率误差。

(1)标准误差。标准误差(或简称标准差)又叫均方误差(或简称均方差)。

标准误差 σ 是各个离差 $\xi_i = (x_i - \bar{x})$ 平方和的平均值的平方根,即

$$\sigma = \sqrt{\frac{1}{n}\sum_{i=1}^{n}(x_i - \bar{x})^2} \tag{8.1.3}$$

均方差 σ 大,意味着数据的离散程度大。当观察次数较多时,σ 可用下式计算:

$$\sigma = \sqrt{\frac{1}{n-1}\sum_{i=1}^{n}(x_i - \bar{x})^2} \tag{8.1.4}$$

该式称为贝塞尔公式。由于它不取决于观察中个别误差的符号,对观察值中的较大误差或较小误差的反映比较灵敏,故是表示测量误差的一个最常用的方法。

(2)平均误差。平均误差 η 是离差 $\xi_i = (x_i - \bar{x})$ 绝对值的算术平均值,即

$$\eta = \sqrt{\frac{1}{n}\sum_{i=1}^{n}|x_i - \bar{x}|} \tag{8.1.5}$$

平均误差计算较简单,但无法表示出各次观测间彼此符合的情况。如一组观察值中,偏差较接近,而另一组观察值偏差有大、中、小三种,但这两组不同观察所得的平均误差可能相同,所以,只有当 n 很大时才较可靠。

(3)概率误差。将离差 $\xi_1,\xi_2,\cdots,\xi_n$ 按绝对值的大小顺序排列,序列的中间数 ν 就是概率误差,即

$$P\{|\xi|<\nu\} = P\{|\xi|>\nu\} = \frac{1}{2} \tag{8.1.6}$$

正态分布的标准误差 σ、平均误差 η、概率误差 ν 间具有下列关系:

$$\begin{cases} \sigma = 1.253\,3\eta = 1.482\,6\nu \\ \eta = 0.797\,9\sigma = 1.182\,9\nu \\ \nu = 0.674\,5\sigma = 0.845\,3\eta \end{cases} \tag{8.1.7}$$

(4)离散系数。标准差 σ 或平均差 η 与算术平均数 $\bar{x}$ 之比称离散系数:

$$V_d = \frac{\sigma}{x} \times 100\% \tag{8.1.8}$$

$$V_{d\eta} = \frac{\eta}{x} \times 100\% \tag{8.1.9}$$

离散系数是无因次数。据此参数,可对两组标准差单位不同或同一组标准差绝对值不同的离散度进行比较。

8.1.2　偶然误差的特征及分布

对某一物理参数进行多次重复测量,会得到一系列含有偶然误差的观测

值。偶然误差,就个体而言时大时小,似乎没有什么规律,但就误差的总体而言,却具有统计规律。因此,可采用概率论来研究偶然误差的统计规律,以便估计偶然误差对测量结果总的影响程度。

对偶然误差所作的概率统计处理,是在假定系统误差不存在或已被消除或小得可以忽略不计的情况下进行的。

大量实验证明,从统计观点看,特别是当测量次数无限多时,可发现偶然误差具有以下统计规律:

(1)绝对值相等的正误差与负误差出现的机会大致相等,即偶然误差的分布具有对称性。

(2)绝对值小的误差比绝对值大的误差出现的机会多,即偶然误差的分布具有"两头小、中间大"的单峰性。

(3)在一定的测量条件下,绝对值很大的偶然误差出现的机会极少。因此,在有限次测量中误差的绝对值不会超过一定的范围,即偶然误差的分布存在有界性。

(4)随着测量次数的无限增加,偶然误差的算术平均值趋向于零,即

$$\lim_{N\to\infty}\left(\frac{1}{N}\sum_{i=1}^{N}\nu_i\right)=0 \tag{8.1.10}$$

式中,ν_i 表示偶然误差;N 表示测量次数。

实践表明,多数的偶然误差都服从正态分布规律,加之用正态误差定律比其他误差定律更便于处理,故正态分布的误差定律得到广泛应用。

设 $x_1,x_2,\cdots,x_n$ 是对被测变量 x 所进行的 n 次观察值,令算术平均值为 $\bar{x}$,标准差为 σ,则偶然误差的正态分布密度函数为

$$f(\xi)=\frac{1}{\sigma\sqrt{2\pi}}e^{-\xi^2/2\sigma^2} \tag{8.1.11}$$

式中,$f(\xi)$ 为偶然误差 ξ 的概率密度,$e=2.7182$。

正态分布的密度函数的图形如图 8.1.1 所示,称为误差曲线。

分布曲线对称于垂直轴(即 $\xi=0$),此时误差分布密度达到最大值($\frac{1}{\sqrt{2\pi}\sigma}$);当 $\xi\to\pm\infty$时,曲线以 ξ 轴为其渐近线,说明大误差出现的概率小,小误差出现的概率大。

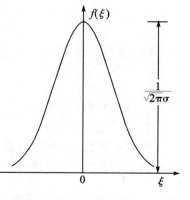

图 8.1.1　误差曲线

当标准误差 σ 减小时,误差曲线在中心部分的纵坐标增大,但由于分布曲线下面的总面积始终等于 1,故曲线中心部分升高,而两侧很快趋近 ξ 轴,呈尖塔形;反之,当 σ 增大时,曲线形状渐趋平坦,如图 8.1.2 所示。标准误差 σ 值反映误差的大小,当 σ 值较小时,曲线尖瘦,说明误差小且很集中,测量精度高;反之,当 σ 大时,曲线矮胖,说明误差大且分散,测量精度低。

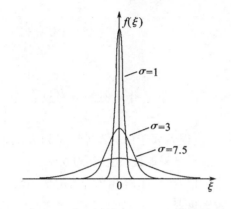

图 8.1.2　标准误差 σ 对 $f(\xi)$ 的影响　　　图 8.1.3　正态分布的分布函数

由式(8.1.11)可得正态分布的分布函数为

$$F(\xi) = \frac{1}{\sigma\sqrt{2\pi}}\int_{-\infty}^{\xi} e^{-t^2/2\sigma^2}\, dt \qquad (8.1.12)$$

其图形如图 8.1.3 所示。显然,正态分布的偶然误差 ξ 落在区间 (ξ_1,ξ_2) 内的概率为

$$P(\xi_1 < \xi < \xi_2) = \int_{\xi_1}^{\xi_2} f(\xi)\, d\xi \qquad (8.1.13)$$

由此式可求得不同 t 时的概率 $P(|\xi| \leqslant t\sigma)$,如表 8.1.1 所列。

在模型试验或其他测试中,常要根据有限组次的测试值,预测可能出现的最大测试值。

表 8.1.1　误差概率表

误差限	$\|\xi\|=0$	$\|\xi\|\leqslant\sigma$	$\|\xi\|\leqslant2\sigma$	$\|\xi\|\leqslant3\sigma$	$\|\xi\|\leqslant4\sigma$
概率	0.00	68.26%	95.44%	99.73%	99.94%

这样,就有必要给测试值的偶然误差规定一个极限值 Δ(或简称误差限),而绝对值超过 Δ 的误差出现的可能性很小,称为小概率事件,在实际工作中认为它是不可能事件。这个概率也可称为置信概率。对于不同的学科、不同的测

量对象和目的,置信概率取值应是不同的,目前尚无明确的标准。一般认为,在一些与人身事故有直接关系的场合,由于对可靠性的要求很高,几乎要万无一失,其误差限应取 4σ;对一般工程,置信概率通常取 $P>95\%$,其误差限可取 2σ;在一般的计量及精密测量中,P 可取 99.73%,亦即 $\Delta=3\sigma$。

根据所选的误差限,即可采用试验中取得的测量值 x_i 来表示精确值 x 的大小:

$$x=x_i\pm\Delta \tag{8.1.14}$$

x 的置信概率为

$$P(|\xi|\leqslant\Delta) \tag{8.1.15}$$

当采用 $\Delta=3\sigma$ 时,有 $P(|\xi|\leqslant3\sigma)=99.73\%$,即超出 x 值的概率只有约 1/370。

利用上述误差限,还可以用来判断某一给定误差属于偶然误差或是粗大误差;或者判断用不同方法测量同一物理量时,所得结果彼此符合的程度。

显然,对于随机数据来说,不但要知其平均值,还要了解其平均值的变动范围,特别是上限,因为它对海岸工程的设计特别重要。

令 $\hat{x}$ 为未知变量 x 的估计值,设误差不超过某一正数 ε 的概率为 α,则

$$P(|\hat{x}-x|<\varepsilon)=\alpha \tag{8.1.16}$$

这也就是参数 x 位于区间 $(\hat{x}-\varepsilon,\hat{x}+\varepsilon)$ 内的概率。通常把概率 α 称为置信概率,区间 $(\hat{x}-\varepsilon,\hat{x}+\varepsilon)$ 称作置信区间。我们的任务就是要决定数学期望的置信区间。

利用 n 次试验观测结果 $x_1,x_2,\cdots,x_n$,得到算术平均值 $\bar{x}$,它可作为随机变量 x 的数学期望 a 的估计值。

将随机变量 x 标准化,得标准化变量 t 如下:

$$t=\frac{\bar{x}-a}{\sigma/\sqrt{n}} \tag{8.1.17}$$

式中,σ 为形如式(8.1.4)的试验值的均方差。

当随机变量 x 服从正态分布时,t 服从自由度为 $(n-1)$ 的 t 分布。

自由度为 n 的 t 分布的概率密度函数如下:

$$f(t)=\frac{\Gamma\left(\dfrac{n+1}{2}\right)}{\sqrt{n\pi}\cdot\Gamma\left(\dfrac{n}{2}\right)}\left(1+\frac{t^2}{n}\right)^{-\frac{n+1}{2}},t\in R \tag{8.1.18}$$

当自由度 n 取不同数值时,t 分布的概率密度如图 8.1.4 所示。

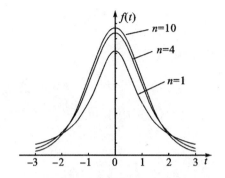

图 8.1.4　t 分布的概率密度曲线

上述密度函数 $f(t)$ 是单峰和对称的，且只与观察次数 n 有关。

利用 t 分布的对称性，若令 $P(|\bar{x}-a|<\varepsilon)=\alpha$，则

$$P(|\bar{x}-a|<\varepsilon)=P\Big(\frac{|\bar{x}-a|}{\sigma/\sqrt{n}}<\frac{\varepsilon}{\sigma/\sqrt{n}}\Big)=P(|t|<t_{\alpha/2})=2\int_0^{t_{\alpha/2}}f(t)\mathrm{d}t=\alpha$$

$$(8.1.19)$$

式中，$t_{\alpha/2}=\dfrac{\varepsilon\sqrt{n}}{\sigma}$，因此 $\varepsilon=\dfrac{\sigma}{\sqrt{n}}t_{\alpha/2}$。所以，对应于置信概率

$$\alpha=2\int_0^{t_{\alpha/2}}f(t)\mathrm{d}t \qquad\qquad (8.1.20)$$

数学期望 a 的置信区间为

$$\bar{x}-\frac{\sigma}{\sqrt{n}}t_{\alpha/2}<a<\bar{x}+\frac{\sigma}{\sqrt{n}}t_{\alpha/2} \qquad\qquad (8.1.21)$$

给定不同概率 α 和自由度 $(n-1)$ 时的 $t_{\alpha/2}$ 值(附表 1)，据此可得数学期望 a 的置信区间。

8.1.3　间接测量误差的估计

间接测量的物理量是利用直接测量的物理量通过函数关系计算出来的。如何根据直接测量的误差来估算间接测量的误差？这就是所要了解的误差传递规律，也就是通常所说的函数误差。

设间接测量值 z 与直接测量值 $x_1,x_2,\cdots,x_n$ 间具有下列函数关系：

$$z=f(x_1,x_2,\cdots,x_n) \qquad\qquad (8.1.22)$$

令直接测量值 x_i 的均方差为 σ_{x_i}，其残差为 ν_{x_i}，则由式(8.1.22)可得

$$z+\nu_x=f(x_1+\nu_{x_1},x_2+\nu_{x_2},\cdots,x_n+\nu_{x_n}) \qquad\qquad (8.1.23)$$

按泰勒级数展开，并略去高阶项后可得

$$z + \nu_x = f(x_1, x_2, \cdots, x_n) + \frac{\partial f}{\partial x_1}\nu_{x_1} + \frac{\partial f}{\partial x_2}\nu_{x_2} + \cdots + \frac{\partial f}{\partial x_n}\nu_{x_n} \quad (8.1.24)$$

将上式减去式(8.1.22)得

$$\nu_x = \frac{\partial f}{\partial x_1}\nu_{x_1} + \frac{\partial f}{\partial x_2}\nu_{x_2} + \cdots + \frac{\partial f}{\partial x_n}\nu_{x_n} = \sum_{i=1}^{n}\frac{\partial f}{\partial x_i}\nu_{x_i} \quad (8.1.25)$$

按照上述线性关系的误差传递法则,可得一般函数的误差传递的公式如下:

$$\sigma_x = \sqrt{\sum_{i=1}^{n}\left(\frac{\partial f}{\partial x_i}\sigma_i\right)^2} \quad (8.1.26)$$

式中,偏导数 $\frac{\partial f}{\partial x_i}$ 称为直接测量误差的传递函数,它表征直接测量误差对间接测量误差的影响程度。根据上述误差传递公式,可求得下列几个复合函数的标准误差:

(1)和数 $(x_1 + x_2)$ 的均值标准误差等于 $\sqrt{\sigma_{\bar{x}_1}^2 + \sigma_{\bar{x}_2}^2}$;

(2)差数 $(x_1 - x_2)$ 的均值标准误差等于 $\sqrt{\sigma_{\bar{x}_1}^2 + \sigma_{\bar{x}_2}^2}$;

(3)倍数 (kx_1) 的均值标准误差等于 $k\sigma_{\bar{x}_1}$;

(4)积 $(x_1 x_2)$ 的均值标准误差等于 $\sqrt{x_1^2\sigma_{\bar{x}_1}^2 + x_2^2\sigma_{\bar{x}_2}^2}$。

8.2 试验数据的统计检验

模型试验所获得的数据是随机变量。在进行统计分析时,首先必须对数据本身进行初步的加工和处理,才能保证统计成果的可靠和正确。统计检验的内容很广泛,本节讨论3个问题:①异常数据的发现与剔除;②系统误差的检验与消除;③统计分布形式的检验。

8.2.1 异常数据的发现与剔除

在模型测试过程中,由于人为的差错(如测错、读错、记错)或实验条件突然改变而未被发现等原因,导致一批测试数据中混入个别异常数据。一旦发现异常数据,应认真找出原因,加以解释和消除,最好多增加几次等精度的测量。只有当难以发现其原因时,才依靠数理统计的准则加以判断和剔除。为了保证数理统计的正确性,必须经异常数据检验后才能对数据进行其他处理。

数理统计中,发现异常数据的方法,主要是针对小子样情况。在正态分布情况下,发现异常数据的准则,应用较普遍的主要有戈罗伯斯(Grubbs)准则、拉伊达(Pauta)准则和肖维勒(Chauvenl)准则。下面以戈罗伯斯准则为例,说明异常数据的处理。

令 $x_1,x_2,\cdots,x_n$ 是来自正态总体 $N(\mu,\sigma^2)$ 的一批小子样测试数据。为了检验这批数据中是否存在异常数据,先将测量值按从小到大排列:$x_{(1)}\leqslant x_{(2)}\leqslant\cdots\leqslant x_{(n)}$,戈罗伯斯导出了变量

$$g_{(n)}=\frac{x_{(n)}-\bar{x}}{S} \tag{8.2.1a}$$

$$g_{(1)}=\frac{x_{(1)}-\bar{x}}{S} \tag{8.2.1b}$$

的分布,式中,$\bar{x}$ 为算术平均值;$x_{(1)}$ 为 x 之最小值,$x_{(n)}$ 为 x 之最大值;S 为调整的样本标准差,即

$$S=\sqrt{\sum_{i=1}^{n}(x_i-\bar{x})^2/(n-1)} \tag{8.2.2}$$

设 $g_{(n)}$ 或 $g_{(1)}$ 的概率密度函数为 $f(g)$,选取置信水平 α(一般取 5% 或 1%),于是可由分布密度 $f(g)$ 求出一个极限值 $g_0(n,\alpha)$,使

$$P\{g_{(n)}\geqslant g_0(n,\alpha)\}=\alpha \tag{8.2.3a}$$

$$P\{g_{(1)}\geqslant g_0(n,\alpha)\}=\alpha \tag{8.2.3b}$$

戈罗伯斯认为,当 $|\bar{x}_{(1)}|$ 或 $|\bar{x}_{(n)}|\geqslant g_0(n,\alpha)$ 时,则在置信水平 α,$x_{(1)}$ 或 $x_{(n)}$ 为异常数据,应于剔除。

戈罗伯斯准则是建立在统计理论基础上较为科学、合理的方法。表 8.2.1 为戈罗伯斯标准 $g_0(n,\alpha)$ 值表。

表 8.2.1　戈罗伯斯标准 $g_0(n,\alpha)$ 值表

n \ α	0.05	0.01	n \ α	0.05	0.01
3	1.153	1.155	10	2.176	2.410
4	1.463	1.492	11	2.234	2.485
5	1.672	1.749	12	2.285	2.550
6	1.822	1.944	13	2.331	2.607
7	1.938	2.097	14	2.371	2.659
8	2.032	2.221	15	2.409	2.705
9	2.110	2.323	16	2.443	2.747

（续表）

α n	0.05	0.01	α n	0.05	0.01
17	2.475	2.785	24	2.644	2.987
18	2.504	2.821	25	2.663	3.009
19	2.532	2.854	30	2.745	3.103
20	2.557	2.884	35	2.811	3.178
21	2.580	2.912	40	2.863	3.240
22	2.603	2.939	45	2.914	3.292
23	2.624	2.963	50	2.956	3.336

8.2.2 系统误差的检验与消除

系统误差和偶然误差总是同时存在的。一次实验结果的准确与否，不仅取决于偶然误差的大小，也取决于系统误差的大小。测量中是否存在系统误差，必须进行检验、辨别，然后才可设法消除。

由于试验序列数据的大小、符号或数据残差的变化趋势取决于系统误差的变化规律，测量结果中如果存在明显的系统误差，此时可由直接观察来发现。

当偶然误差成分很显著时，一般可采用阿贝-赫梅特准则或马利科夫准则来判断是否存在系统误差。下面主要介绍阿贝-赫梅特准则。

设有一组 n 次测量数据，按顺序为 $x_1, x_2, \cdots, x_n$，相应的残差为 $\nu_1, \nu_2, \cdots, \nu_n$，标准误差为 σ。求相邻残差乘积绝对值的代数和：

$$A_r = \sum_{i=1}^{n-1} |\nu_i \nu_{i+1}| \qquad (8.2.4)$$

当 $|A_r| > \sqrt{n-1} \sigma^2$ 时，可认为测量数组中存在周期性系统误差。

一般认为，当系统误差绝对值 $|\delta|$ 不超过总误差 Δx 有效数字最后一位数的一半：①当误差用两位有效数字时，$|\delta| < 0.005 |\Delta x|$；②当误差用一位有效数字时，$|\delta| < 0.05 |\Delta x|$，可认为系统误差可以忽略。

如发现存在系统误差，应立即找出原因，设法予以消除或减弱。海岸工程模型试验中，由于测试系统的零漂、漏电、干扰，线路中的充放电作用，传感器特性差、安装、连接不良等原因，用示波器记录的波形常发现有基线的移动与偏离，严重影响数据处理的真实性，应从根本上予以减弱或修正。

8.2.3 统计分布形式的检验

进行试验数据的统计推断时,最好先确定所研究随机变量的分布规律,从而提高统计推断的准确性。许多统计方法都是以已知分布类型为前提,因此,只有在满足特定分布类型的条件下,才能获得预定的推断精度。为了解决这个问题,需要利用数理统计方法检验分布形式。下面介绍一种常用检验的方法,即 χ^2 检验法。

χ^2 检验是关于理论分布和统计分布之间差异度的比较检验。其步骤如下:

(1)假设理论频数分布与实际频数分布没有差异。

(2)将所测资料 $x_1, x_2, \cdots, x_n$,分为 k 组,计算差异度 χ^2:

$$\chi^2 = \sum_{i=1}^{k} \frac{(O_i - E_i)^2}{E_i} \tag{8.2.5}$$

式中,O_i 为实际频数,E_i 为理论频数。

(3)计算自由度 n:

$$n = k - 1 - l \tag{8.2.6}$$

式中,k 为区间组数,l 为理论分布中未知参数的个数。

(4)根据自由度 n 与一定的置信度(根据问题的具体要求,一般取 $\alpha = 0.01 \sim 0.05$),从 χ^2 表中查出其限值 $\chi_\alpha^2(n)$,若 $\chi^2 < \chi_\alpha^2(n)$,则接受假设,认为理论分布与统计分布间没有显著差异;若 $\chi^2 > \chi_\alpha^2(n)$,则拒绝假设,认为理论分布与统计分布间有显著差异。

应该指出,利用 χ^2 检验法时,试验次数及每区间内的频数应相当大,通常取 $k \geqslant 5, O_i \geqslant 5$;如 O_i 太小,则应适当把相邻的两个或几个区间合并。

【例 8.2.1】 已知某一实测波面曲线如图 8.2.1 所示,检验它是否符合微幅波。

解:将一个波周期内的波面离散为 60 个子样,并按波面高程分成 6 个区间,每个区间的实测频数与微幅波面的理论频数列于表 8.2.2。

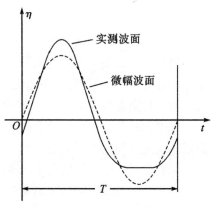

图 8.2.1 波面曲线

表 8.2.2 频数统计(例 8.2.1)

区间范围	实测频数 O_i	理论频数 E_i	$\dfrac{(O_i - E_i)^2}{E_i}$
$-\infty \sim -2.0$	0	10	10
$-2.0 \sim -1.0$	18	12	3.0
$-1.0 \sim 0$	13	8	3.125
$0 \sim 1.0$	8	8	0
$1.0 \sim 2.0$	9	12	0.75
$2.0 \sim \infty$	12	10	0.4

由表 8.2.2 可得

$$\chi^2 = \sum_{i=1}^{k} \frac{(O_i - E_i)^2}{E_i} = 20.875$$

现区间数 k 为 6,因为微幅波理论频数已知,故自由度 $n = 6-1 = 5$。由附表 2 可查得,当 $n=5$,置信度 $\alpha = 5\%$ 时,可得 $\chi_\alpha^2(n) = 11.070$。因 $\chi^2 > \chi_\alpha^2(n)$,故拒绝原假设,即认为理论频数分布与实测频数分布间有显著差异,也就是实测波面不能视为微幅波面。

检验分布形式的方法还有许多,本书不再一一叙述,读者可参阅有关书籍。

8.3 经验公式的拟合

变量关系可分为两大类,即函数关系和相关关系。在实验研究中,变量之间多表现为相关关系。研究相关关系一般采用统计的办法,即对大量的试验数据作统计分析,以寻找隐藏在随机性后面的统计规律性。回归分析是研究相关关系的一种重要数学工具,在生产和科研中有着广泛的应用。

根据试验获得一组试验数据,应用统计办法,寻求变量间的最佳函数关系,借以决定变量间的物理关系,建立简单而实用的检验公式,便于工程应用。

经验公式的建立包括两个步骤:

(1)判定公式的类型,写出变量间的数学模式,一般依据理论和因次分析以及试验数据在坐标上的分布规律来判定;在很多情况下,还需凭借试验者的经验和水平。

(2)确定公式中的常数,在统计学上属回归分析,可根据作图或计算来确

定。实际上,回归分析的内容包括很多方面,主要有:

1)从一组试验数据出发,分析变量之间存在的函数关系,确定这些变量间的定量关系式,对这些关系式的可信度进行统计检验;

2)进行因素分析,从影响某个量的诸多变量中,判断哪些变量的影响是主要的,哪些是次要的;

3)利用所求的关系式,对所需分析过程进行预报和控制;

4)根据回归分析,选择试验点,对试验进行某种设计。

回归分析分为一元回归和多元回归。前者研究两个随机变量之间的关系,后者研究多个随机变量之间的关系。

8.3.1　一元线性回归

一元回归研究两个变量间的关系。如两变量间的关系呈线性,则为一元线性回归。在海岸工程模型试验中,一元线性回归问题大量存在,最基本也最广泛,且许多非线性的一元回归问题可转化为线性回归问题来处理。

1. 散点图与回归线

对变量 x 和 y,若通过试验观察到 n 组对应的观测值:(x_1, y_1),(x_2, y_2),…,(x_n, y_n)。将上述 n 组观测值点绘在坐标纸上,如图 8.3.1 所示。从图中可以看出,这些试验点不像两个有确定性函数关系对应的点那样,在坐标平面上形成某种曲线,而是比较零散地散布在平面上,所以这种图称为随机变量 x 与 y 的散点图。但从图 8.3.1 中可以直观看出,两变量之间大致呈线性关系。当然,这种关系并非确定的函数关系,而是一种相关关系。

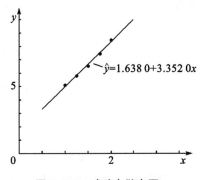

图 8.3.1　试验点散点图

这条相关直线所表示的关系,称为变量 y 对 x 的回归直线,也叫 y 对 x 的回归方程。线性回归方程可用下式表示:

$$\hat{y} = a + bx \qquad (8.3.1)$$

式中,a、b 为待定常数。

2. 一元线性回归方程的求法

可按最小二乘法原理来求回归方程。设随机变量 y 与 x 的回归方程如式 (8.3.1),此时,待定常数 a 和 b 称为回归系数。将自变量 x 的观察值 $x_i (i=1, 2, …, n)$ 代入式 (8.3.1) 可得

$$\hat{y}_i = a + bx_i \tag{8.3.2}$$

这里所求的 $\hat{y}_i$ 是一个估计值,它与相应的观察值 y_i 存在偏差。令偏差为 δ_i,则

$$y_i - \hat{y}_i = \delta_i \tag{8.3.3}$$

或

$$y_i - (a + bx_i) = \delta_i \tag{8.3.4}$$

令

$$Q = \sum_{i=1}^{n} \delta_i^2 = \sum_{i=1}^{n} (y_i - \hat{y}_i)^2 = \sum_{i=1}^{n} [y_i - (a + bx_i)]^2 \tag{8.3.5}$$

式中,n 为观测值的个数,Q 表示 n 个观测值对回归直线总的误差。显然,最佳的回归直线应该使这个误差最小。因此,求回归直线 $\hat{y}_i = a + bx_i$ 的问题,归结为求使 Q 取最小值的回归系数 a 和 b。也就是选择 a 和 b,使误差 Q 达到最小。

根据多元函数求极值的方法,只需令 $\dfrac{\partial Q}{\partial a} = 0$ 和 $\dfrac{\partial Q}{\partial b} = 0$,即可解得 a 和 b 为

$$\begin{cases} b = l_{xy}/l_{xx} \\ a = \bar{y} - b\bar{x} \end{cases} \tag{8.3.6}$$

式中,

$$\bar{x} = \frac{1}{n} \sum_{i=1}^{n} x_i; \tag{8.3.7a}$$

$$\bar{y} = \frac{1}{n} \sum_{i=1}^{n} y_i; \tag{8.3.7b}$$

$$l_{xx} = \sum_{i=1}^{n} (x_i - \bar{x})^2; \tag{8.3.7c}$$

$$l_{xy} = \sum_{i=1}^{n} (x_i - \bar{x})(y_i - \bar{y}) \tag{8.3.7d}$$

3. 回归方程的检验

当变量 y 和 x 间确有线性关系时,按上述方法得到的回归方程是有意义的;当 y 对 x 没有线性关系时,也可以用上述方法求得回归方程,但所求的回归方程显然是没有意义的。由于事先我们并不能确切知道 y 和 x 之间有何种关系,尤其是线性化的回归关系,因此须设法予以检验。检验回归方程有许多方法,下面仅介绍相关系数检验法和 F 检验法。

(1)相关系数检验法。已知回归直线 $\hat{y}_i = a + bx_i$,其中回归系数 $a = \bar{y} - b\bar{x}$,$b = l_{xy}/l_{xx}$,由此可得实测点和回归直线间的偏差平方和为

$$Q = \sum_{i=1}^{n} (y_i - \bar{y})^2 [1 - r_{xy}^2] \tag{8.3.8}$$

式中,

$$r_{xy} = l_{xy}/\sqrt{l_{xx}l_{yy}} \tag{8.3.9}$$

$$l_{yy} = \sum_{i=1}^{n} (y_i - \bar{y})^2 \tag{8.3.10}$$

式中，r_{xy} 称为相关系数。由式(8.3.8)可知，因偏差平方和 $Q > 0$，由此可得：$r_{xy}^2 \leqslant 1$ 或 $-1 \leqslant r_{xy} \leqslant 1$。

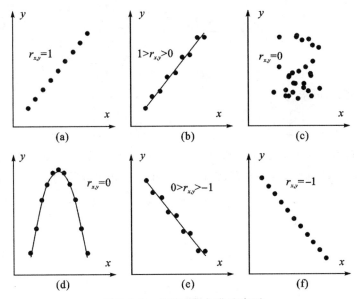

图 8.3.2　相关系数与曲线类型

如图 8.3.2(a)、(f)所示，当 $r_{xy} = \pm 1$ 时，$Q=0$，即 n 个观测值的对应点(x_i，y_i)全部落在直线 $\hat{y}_i = a + bx_i$ 上。此时，变量 x 与 y 为完全线性相关，即二者存在确定性关系。图 8.3.2 中(b)、(e)表示 y 和 x 间有相关关系；(c)表示 y 和 x 间没有相关关系；(d)表示 y 和 x 间有非线性关系而不是线性关系。相关系数 r_{xy} 的绝对值愈接近于 1，x 与 y 的线性关系愈好。

相关系数 r_{xy} 值代表变量 x 与 y 间线性相关的程度。当 r_{xy} 为正值时，称为正相关；r_{xy} 为负值时，称为负相关。附表 3 列出了相关系数的临界值 $[r_{xy}]$，它与观测次数 n 及所给置信度 α 有关(此处对应附表 3 中自变量的个数 $k=1$)。当计算出的 $|r_{xy}| > [r_{xy}]$ 时，就认为变量 x 与 y 间存在线性关系。

(2)F 检验。试验数据间的差异，即 y 的变化，是由两部分组成的。一部分是因为 x 的变化而引起的 y 的变化，这也可以看作是因试验条件不同而引起的差异，称为条件差异；另一部分是因为偶然因素而引起的偶然误差，也称试验误差。如果试验数据中的条件误差比试验误差大得多，就有理由认为条件的变化对试验数据的差异有显著的影响。因此，要检验 x 对 y 的影响程度，必须先将总误差分解为条件误差和试验误差,然后对二者进行比较,得出条件误差是否显著的结论。这种分析误差的方法就是方差分析法。

n 个观测值之间的差异,可用观测值 y_i 与其算术平均值 $\bar{y}$ 的偏差平方和来表示,称为总的偏差平方和:

$$S_{总} = \sum_{i=1}^{n}(y_i - \bar{y})^2 = l_{yy} \tag{8.3.11}$$

而

$$y_i - \bar{y} = (y_i - \hat{y}_i) + (\hat{y}_i - \bar{y}) \tag{8.3.12}$$

经过适当推导,可求得

$$S_{总} = \sum_{i=1}^{n}(y_i - \bar{y})^2 = \sum_{i=1}^{n}(\hat{y}_i - \bar{y})^2 + \sum_{i=1}^{n}(y_i - \hat{y}_i)^2 \tag{8.3.13}$$

等式右边第一项为条件误差,或称回归平方和,记作 $S_{回}$;第二项为试验误差,或叫残差(或称剩余)平方和,记作 $S_{剩}$。于是上式可改写为

$$S_{总} = S_{回} + S_{剩} \tag{8.3.14}$$

其中,

$$S_{回} = \sum_{i=1}^{n}(\hat{y}_i - \bar{y})^2 \tag{8.3.15a}$$

$$S_{剩} = \sum_{i=1}^{n}(y_i - \hat{y}_i)^2 \tag{8.3.15b}$$

回归平方和 $S_{回}$ 是由自变量 x 的变化引起的,其大小反映了自变量 x 的重要程度。而 $S_{剩}$ 是由试验误差对试验结果的影响。这样,通过式(8.3.14)和式(8.3.15),我们就把总的偏差平方和分解为条件误差和试验误差。因此,式(8.3.14)称为总偏差平方和的分解公式。

计算统计量

$$F = \frac{S_{回}/f_{回}}{S_{剩}/f_{剩}} \tag{8.3.16}$$

式中自由度:$f_{回} = 1, f_{剩} = n - 2$。

按上述自由度,在给定的置信度 α,可查附表 4 得临界值 $F_\alpha(1, n-2)$,再与上面按样本算得的 F 值进行比较。若 $F > F_\alpha(1, n-2)$,则说明条件误差是显著存在的,条件的改变对试验有显著的影响。此时,检验结果表明,y 与 x 之间存在显著的线性关系,其置信水平达 $(1-\alpha)$。这种用 F 检验对回归方程进行显著性检验的方法,称为方差分析。

在 F 检验中,为了能利用回归系数计算过程中的一些结果,常改用下述公式:

$$\begin{cases} S_{总} = l_{yy} \\ S_{回} = bl_{xy} \\ S_{剩} = l_{yy} - bl_{xy} \end{cases} \qquad (8.3.17)$$

进行 F 检验时，为清晰起见，习惯将计算结果列成方差分析表，其格式如表 8.3.3 所示。该表把由样本算出的统计量 F 与查表所得的临界值 $F_\alpha(1, n-2)$ 并排列出，以便比较，作出显著性判断。当 $\alpha = 0.05$ 时，如检验影响显著，则在显著性栏内填上"＊"号；当 $\alpha = 0.01$ 时仍显著，则称高度显著，在显著性栏内填上"＊＊"号；如检验结果不显著，则显著性栏空着。

表 8.3.3　回归分析的方差分析表

方差来源	平方和	自由度	均方	F	$F_\alpha(1, n-2)$	显著性
回归	$S_{回}$	$f_{回}=1$	$S_{回}$	$S_{回}/f_{回}$	（查表得）	
残差	$S_{剩}$	$f_{剩}=n-2$	$S_{剩}/(n-2)$	$S_{剩}/f_{剩}$		
总和	$S_{总}$	$f_{总}=n-1$				

4. 利用回归方程进行预报

建立回归方程的主要目的是探讨物理现象的机理和对新数据进行预报。回归方程只是变量 y 和 x 观察点的最佳拟合线。实际上，所有观测点并不完全落在回归线上，而是散布在回归线的两旁，所以，按回归线求出的变量间的对应关系，是有一定误差的。

对于一个给定的 x_i 值，代入回归方程所得到的估计值 $\hat{y}_i$，只表示与 x_i 对应的 y_i 值的无偏估计值。实际的 y_i 值应在 $\hat{y}_i$ 值附近。那么，y_i 值与 $\hat{y}_i$ 值的误差有多大呢？也就是说 y_i 在 $\hat{y}_i$ 附近的什么范围变动呢？这样的预报问题，从统计观点看，是一个区间的估计问题。也就是在一定的显著水平 α 下，寻找一个 δ 值，使得实际的观测值 y_i 以 $1-\alpha$ 的概率落在区间 $(\hat{y}_i - \delta, \hat{y}_i + \delta)$ 内，即

$$P(\hat{y}_i - \delta < y_i < \hat{y}_i + \delta) = 1 - \alpha \qquad (8.3.18)$$

一般地，假设 y_i 和 $\hat{y}_i$ 服从正态分布。利用正态分布的性质，可得

$$\begin{cases} P(\hat{y}_i - 2\hat{\sigma} < y_i < \hat{y}_i + 2\hat{\sigma}) = 95\% \\ P(\hat{y}_i - 3\hat{\sigma} < y_i < \hat{y}_i + 3\hat{\sigma}) = 99\% \end{cases} \qquad (8.3.19)$$

式中，$\hat{\sigma}$ 为均方差 σ 的估计值，可按下式计算：

$$\hat{\sigma} = \sqrt{S_{剩}/(n-2)} \qquad (8.3.20)$$

于是,可在回归直线的两边,作两条平行于回归直线的虚直线(图 8.3.3):

$$\begin{cases} y'=a+bx-2\hat{\sigma} \\ y''=a+bx+2\hat{\sigma} \end{cases}$$ (8.3.21)

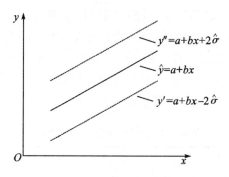

图 8.3.3　回归线及其概率区间

由此可知,大约有 95% 的点落在这两条平行线之间。

同理,如作两条平行线:

$$y=a+bx\pm3\hat{\sigma}$$ (8.3.22)

则可以预料有 99% 的点落在其间。

8.3.2　一元非线性回归

在实际情况中,两变量的回归关系大多数是非线性的,回归线是一条曲线。这种回归关系称为一元非线性回归。建立一元非线性回归曲线方程的步骤如下:

(1)确定回归曲线的类型。一般需根据理论推导,或实际经验,或样本试验数据的散点图的形状,来选择类似的曲线作为回归曲线的类型。

(2)确定回归方程中的回归系数。按所选回归曲线的类型,常用的有三种方法:①化为线性回归,②多项式回归,③分段回归。

下面介绍应用较广的线性回归。非线性回归可以通过变量代换转化为线性回归。常用的可化为线性回归的曲线类型有指数函数、幂函数、对数函数和双曲线函数等。

1.指数函数

如图 8.3.4 所示,设指数函数为

$$y=a\mathrm{e}^{bx}\,(a>0)$$ (8.3.23)

令 $X=x,Y=\lg y$,则

$$Y = \lg a + (b \lg e) X \tag{8.3.24}$$

由此可知,(x,y)在单对数坐标纸上成一直线,按式(8.3.24)作线性回归确定参数 $\lg a$ 和 $b \lg e$ 后再代回 $Y = \lg y$,即可求得 y 与 x 的指数回归方程。

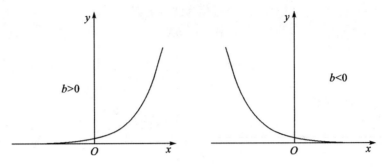

图 8.3.4　指数型曲线

2. 幂函数

如图 8.3.5 所示,设幂函数为

$$y = a x^b \ (a > 0) \tag{8.3.25}$$

令 $X = \lg x$, $Y = \lg y$,则

$$Y = \lg a + b X \tag{8.3.26}$$

经坐标变换,即可在双对数坐标纸上变为线性方程,从而可用线性回归法求出系数 $\lg a$ 及 b,并作显著性检验。再利用坐标变换关系,求得 y 与 x 的幂函数回归方程。

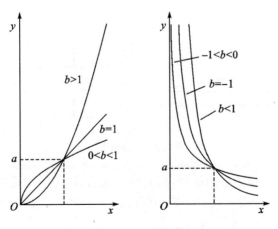

图 8.3.5　幂函数

3. 对数函数

如图 8.3.6 所示,设对数函数为

$$y=a+b\lg x \tag{8.3.27}$$

令 $X=\lg x,Y=y$,式(8.3.27)可化为线性方程

$$Y=a+bX \tag{8.3.28}$$

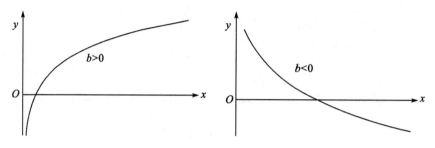

图 8.3.6　对数曲线

4. 双曲线函数

如图 8.3.7 所示,设双曲线函数为

$$\frac{1}{y}=a+\frac{b}{x} \tag{8.3.29}$$

令 $X=1/x,Y=1/y$,即得

$$Y=a+bX \tag{8.3.30}$$

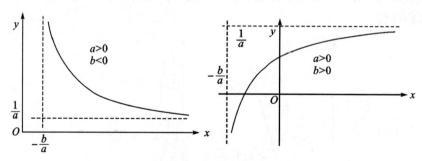

图 8.3.7　双曲线

上面讨论了几种类型的曲线,将其线性化后,即可采用线性回归法求得曲线回归方程。这类可化为线性回归问题的曲线方程还有很多,表 8.3.4 列出了 8 类常见的可线性化的曲线方程。

表 8.3.4　线性化方程类型

序号	方程类型	方程式	线性化处理后的方程式
1	双曲线	$y^{-1}=A+Bx^{-1}$	$\dfrac{1}{y}=A+B(\dfrac{1}{x})$
2	指数	$y=Ae^{Bx}$	$(\ln y)=(\ln A)+Bx$
3	对数	$y=A+B\ln x$	$y=A+B(\ln x)$
4	幂指数	$y=Ax^B+C$	$(\ln(y-c))=(\ln A)+B(\ln x)$
5	S形曲线	$y=1/(A+Be^{-x})$	$(\dfrac{1}{y})=A+B(e^{-x})$
6	二阶曲线	$y^W=Ax^2+Bx+C$ $W\neq 0$	$(\dfrac{y-y_0}{x-x_0})^W=(B+Ax_0)+Ax$
7	二阶指数	$y=We^{Ax^2+Bx+C}$	$(\ln y)=(\ln W+C)+Bx+Ax^2$ （变为二阶曲线方程）
8	幂指数	$y=Ax^Be^{Cx}$	当 x_i 为等差 Δx 级数时,则 $(\ln y_{i+1}-\ln y_i)=C\Delta x+B(\ln x_{i+1}-\ln x_i)$

8.3.3　多元线性回归

在海岸工程试验中,涉及的影响因素往往是很复杂的。变量 y 和多种自变量 $x_1,x_2,\cdots,x_n$ 间的定量关系问题,称为多元回归问题。多元回归问题中包括线性和非线性两种。这里仅介绍多元线性回归分析。

设变量 y 随着自变量 $x_1,x_2,\cdots,x_n$ 的变化而改变,现在有 m 组试验数据 $(y_i,x_{1t},x_{2t},\cdots,x_{nt})(t=1,2,\cdots,m)$。

假设变量 y 与自变量 $x_1,x_2,\cdots,x_n$ 之间的回归方程可用以下多项式的线性组合表示:

$$\hat{y}=b_0+b_1x_1+b_2x_2+\cdots+b_nx_n \tag{8.3.31}$$

式中, $b_0,b_1,\cdots,b_n$ 为待估计的回归系数。按照最小二乘原理,各回归系数的估计值应使得全部观测值 y_t 和回归值 $\hat{y}_t$ 间的偏差平方和 Q 值达到最小,即

$$Q=\sum_{i=1}^{m}(y_t-\hat{y}_t)^2=\sum_{t=1}^{m}\left[y_t-(b_0+b_1x_{1t}+\cdots+b_nx_{nt})\right]^2\Rightarrow\min$$

$$\tag{8.3.32}$$

根据极值原理, b_j 应为下列方程组的解:

$$\frac{\partial Q}{\partial b_j} = 0 (j = 0, 1, \cdots, n) \tag{8.3.33}$$

于是可得

$$b_0 = \bar{y} - \sum_{j=1}^{n} b_j \bar{x}_j \tag{8.3.34}$$

式中，$\bar{y} = \frac{1}{m} \sum_{i=1}^{m} y_i, \bar{x}_j = \frac{1}{m} \sum_{i=1}^{m} x_{jt} (j = 1, 2, \cdots, n)$。

将式(8.3.34)代入式(8.3.32)，可得

$$Q = \sum_{t=1}^{m} \left[y_t - \bar{y} - \sum_{j=1}^{n} b_j (x_{jt} - \bar{x}_j) \right]^2 \tag{8.3.35}$$

将上式取 $\frac{\partial Q}{\partial b_j} = 0$，即可得 n 个联立方程式：

$$\begin{cases} l_{11} b_1 + l_{12} b_2 + \cdots + l_{1n} b_n = l_{1y} \\ l_{21} b_1 + l_{22} b_2 + \cdots + l_{2n} b_n = l_{2y} \\ \quad\quad\quad\quad\quad \vdots \\ l_{n1} b_1 + l_{n2} b_2 + \cdots + l_{mn} b_n = l_{ny} \end{cases} \tag{8.3.36}$$

式中，

$$l_{ij} = \sum_{t=1}^{m} (x_{jt} - \bar{x}_j)(x_{it} - \bar{x}_i) = \sum_{t=1}^{m} x_{it} x_{jt} - \frac{1}{m} \left[\sum_{t=1}^{m} x_{it} \right] \left[\sum_{t=1}^{m} x_{jt} \right] \tag{8.3.37a}$$

$$l_{iy} = \sum_{t=1}^{m} (y_i - \bar{y})(x_{it} - \bar{x}_i) = \sum_{t=1}^{m} y_i x_{it} - \frac{1}{m} \left[\sum_{t=1}^{m} x_{it} \right] \left[\sum_{t=1}^{m} y_i \right] \tag{8.3.37b}$$

上述联立方程组称为正规方程式。解此线性方程组，就可求得诸回归系数 b_j。求得回归方程后，还要对它作统计检验。为此，需求以下统计量：

$$S_{总} = \sum_{t=1}^{m} (y_t - \bar{y})^2 = \sum_{t=1}^{m} - y_t^2 - \frac{1}{m} \left[\sum_{t=1}^{m} y_t \right]^2 \tag{8.3.38a}$$

$$S_{回} = \sum_{t=1}^{m} (\hat{y}_t - \bar{y})^2 = \sum_{t=1}^{m} b_i l_{iy} \tag{8.3.38b}$$

$$S_{剩} = S_{总} - S_{回} \tag{8.3.38c}$$

上述误差平方和的相应自由度为 $f_{总} = m - 1, f_{回} = n, f_{剩} = m - n - 1$。

由此可得相关系数 $R, F_{比}, \hat{\sigma}$ 分别为

$$R = \sqrt{S_{回} / S_{总}} = \sqrt{1 - S_{剩} / S_{总}} \tag{8.3.39a}$$

$$F_{比} = (S_{回} / f_{回}) / (S_{剩} / f_{剩}) \tag{8.3.39b}$$

$$\hat{\sigma} = \sqrt{S_剩 / f_剩} \qquad (8.3.39c)$$

8.3.4 多项式回归

有时,实际情况中的曲线类型比较复杂,可以采用多项式回归。由微积分学可知,任一函数都可以用分段多项式逼近。令变量 y 与 x 的关系可以假定为 p 次多项式,则多项式回归模型为

$$\hat{y}_i = b_0 + b_1 x_i + b_2 x_i^2 + \cdots + b_n x_i^p \, (i = 1, 2, \cdots, n) \qquad (8.3.40)$$

如令 $x_{i1} = x_i, x_{i2} = x_i^2, \cdots, x_{ip} = x_i^p$,则有

$$\hat{y}_i = b_0 + b_1 x_{i1} + \cdots + b_n x_{ip} \qquad (8.3.41)$$

由此可见,p 次多项式回归可基于多元线性回归方法加以解决。

8.4 随机数据的谱分析

在处理试验资料时,对于量值是时间或空间函数的海洋随机序列资料,经常会用随机过程统计学中的谱分析进行处理。如海浪,其随机过程可看成是由很多频率不同的简谐波迭加而成的。研究海浪能量相对于组成波频率的分布,有利于得到许多通过时域分析很难得到的结论。随机过程由时域向频域的变换称为随机过程的谱分析。本节主要讨论谱分析的方法及其应用。

8.4.1 傅里叶分析方法

设 $x(t)$ 是以 $2T$ 为周期的时间函数,在 $[-T, T]$ 上满足狄利克莱条件,则可在 $[-T, T]$ 上展开成傅里叶三角级数:

$$x(t) = \frac{a_0}{2} + \sum_{k=1}^{\infty} (a_k \cos k\omega_0 t + b_k \sin k\omega_0 t) \qquad (8.4.1)$$

式中,

$$\begin{cases} a_k = \dfrac{1}{T} \displaystyle\int_{-T}^{T} x(t) \cos k\omega_0 t \mathrm{d}t, k = 0, 1, 2, \cdots \\[2mm] b_k = \dfrac{1}{T} \displaystyle\int_{-T}^{T} x(t) \cos k\omega_0 t \mathrm{d}t, k = 1, 2, \cdots \\[2mm] \omega_0 = \dfrac{2\pi}{2T} = \dfrac{\pi}{T} \end{cases} \qquad (8.4.2)$$

若 $x(t)$ 是实值非周期函数,则可用傅里叶积分,即傅里叶变换的方法对它进行频域分解。如果 $x(t)$ 满足傅里叶积分定理中的条件,则可以表示成傅里叶

积分的形式如下：

$$x(t) = \frac{1}{2\pi} \int_{-\infty}^{\infty} X(\omega) e^{i\omega t} d\omega \tag{8.4.3}$$

式中，

$$X(\omega) = \int_{-\infty}^{\infty} x(t) e^{-i\omega t} dt \tag{8.4.4}$$

通常称 $X(\omega)$ 是 $x(t)$ 的傅里叶变换或像，而 $x(t)$ 是 $X(\omega)$ 的傅里叶逆变换或原像。

8.4.2 平稳随机过程的相关函数

1. 自相关函数

设 $x(t)$ 为一随机过程，则其自相关函数定义为

$$R_{xx}(t_1, t_2) = E[x(t_1) x(t_2)] \tag{8.4.5}$$

特别地，若 $x(t)$ 为广义平稳随机过程，令 $\tau = t_2 - t_1$，则其自相关函数可写为

$$R_{xx}(\tau) = E[x(t) x(t+\tau)] \tag{8.4.6a}$$

若 $x(t)$ 为复随机过程，则上式应表示为

$$R_{xx}(\tau) = E[x(t) x^*(t+\tau)] \tag{8.4.6b}$$

式中，$x^*(t+\tau)$ 为 $x(t+\tau)$ 的共轭函数。

对于满足各态历经条件的平稳随机过程，可以由过程的一次实现统计近似所有可能实现，此时其自相关函数可表示为

$$R_{xx}(\tau) = \lim_{T \to \infty} \frac{1}{2T} \int_{-T}^{T} x(t) x(t+\tau) dt \tag{8.4.7}$$

由于 $t \geqslant 0$，故式(8.4.7)还可以表示为

$$R_{xx}(\tau) = \lim_{T \to \infty} \frac{1}{T} \int_{0}^{T} x(t) x(t+\tau) dt \tag{8.4.8}$$

以下不加证明地给出平稳随机过程自相关函数的一些简单性质：

(1)自相关函数 $R_{xx}(\tau)$ 是 τ 的偶函数，即

$$R_{xx}(-\tau) = R_{xx}(\tau) \tag{8.4.9}$$

(2)当 $\tau = 0$ 时，有

$$R_{xx}(0) = E\{[x(t)]^2\} \tag{8.4.10}$$

若 $\mu(t) = E[X(t)] = 0$，则有

$$R_{xx}(0) = D[x(t)] \tag{8.4.11}$$

(3)$R_{xx}(\tau)$ 在 $\tau = 0$ 处取得最大值，即

$$-R_{xx}(0) \leqslant R_{xx}(\tau) \leqslant R_{xx}(0) \tag{8.4.12}$$

(4)若平稳随机过程存在周期 T,则其自相关函数也是以 T 为周期的函数,即

$$R_{xx}(\tau+T)=E\{x(t)x(t+\tau+T)\}=E\{x(t)x(t+\tau)\}=R_{xx}(\tau)$$

(8.4.13)

2. 互相关函数

设 $x(t)$ 和 $y(t)$ 是两个平稳随机过程,则 $x(t)$ 和 $y(t+\tau)$ 的互相关函数表示为

$$R_{xy}(\tau)=E[x(t)y(t+\tau)]$$ (8.4.14a)

式中,τ 为时间间隔,即滞后时间。需要说明的是,上式中 $x(t)$ 和 $y(t)$ 均为实过程。

若 $x(t)$ 和 $y(t)$ 为复随机过程,则上式应表示为

$$R_{xy}(\tau)=E[x(t)y^*(t+\tau)]$$ (8.4.14b)

式中,$y^*(t+\tau)$ 为 $y(t+\tau)$ 为的共轭函数。

以下对互相关函数的一些性质进行说明,以便与自相关函数进行比较。

(1)互相关函数与自相关函数不同,一般不是偶函数,且函数与下标的顺序有关:

$$\begin{cases} R_{xy}(\tau)=R_{yx}(-\tau) \\ R_{yx}(\tau)=R_{xy}(-\tau) \end{cases}$$ (8.4.15)

(2)对于两个实随机过程 $x(t)$ 和 $y(t)$,有

$$|R_{xy}(\tau)|^2 \leqslant R_{xx}(0)R_{yy}(0)$$ (8.4.16)

由式(8.4.16)还可以导出:

$$|R_{xy}(\tau)| \leqslant \frac{1}{2}[R_{xx}(0)+R_{yy}(0)]$$ (8.4.17)

(3)设某一随机过程可用另外两个随机过程的和表示,即 $Z(t)=X(t)+Y(t)$,则

$$R_{zz}(\tau)=R_{xx}(\tau)+R_{yy}(\tau)+R_{xy}(\tau)+R_{yx}(\tau)$$ (8.4.18)

8.4.3　功率谱密度

对于一平稳随机过程 $x(t)$,量值 $x^2(t)$ 相对于时间的平均称为这一随机过程的平均能量(或平均功率),即

$$P = \lim_{T \to \infty} \frac{1}{2T}\int_{-T}^{T} x^2(t)\mathrm{d}t$$ (8.4.19)

为了用过程的傅里叶变换表示功率谱,需要引进巴塞瓦(Parseval)定理:

一个函数 $x(t)$ 如果满足狄利克莱条件,且又绝对可积,则下式成立:

$$\int_{-\infty}^{\infty} x^2(t)\mathrm{d}t = \frac{1}{2\pi}\int_{-\infty}^{\infty} \mid X(\omega)\mid^2 \mathrm{d}\omega \qquad (8.4.20)$$

此公式的意义是 $x(t)$ 的全部能量可以按频率进行分解。

根据上述定理将式(8.4.19)转换成频域表示。首先构造一个截尾函数如下:

$$x_T(t) = \begin{cases} x(t), \mid t\mid \leqslant T \\ 0, \quad \mid t\mid > T \end{cases} \qquad (8.4.21)$$

将式(8.4.21)代入式(8.4.20),可得

$$\int_{-\infty}^{\infty} x_T^2(t)\mathrm{d}t = \int_{-T}^{T} x^2(t)\mathrm{d}t = \frac{1}{2\pi}\int_{-\infty}^{\infty} \mid X(\omega)\mid^2 \mathrm{d}\omega \qquad (8.4.22)$$

则由式(8.4.20)和式(8.4.22)可得

$$P = \lim_{T\to\infty} \frac{1}{4\pi T}\int_{-\infty}^{\infty} \mid X(\omega)\mid^2 \mathrm{d}\omega \qquad (8.4.23)$$

设上式右端项被积函数为 $S(\omega)$,即

$$S(\omega) = \lim_{T\to\infty} \frac{1}{4\pi T} \mid X(\omega)\mid^2 \qquad (8.4.24)$$

于是

$$P = \int_{-\infty}^{\infty} S(\omega)\mathrm{d}\omega \qquad (8.4.25)$$

由式(8.4.25)可见,$S(\omega)$ 下的面积等于平均能量 P,故称 $S(\omega)$ 为 $x(t)$ 的平均功率谱密度,简称功率谱,表示 $x(t)$ 的平均功率随频率的分布。

需要说明的是,式(8.4.25)中定义的平均功率谱密度函数 $S(\omega)$ 是定义在 $[-\infty, +\infty]$ 上的偶函数,而在工程上常采用单侧谱密度函数,即将 $S(\omega)$ 在 $[0, +\infty]$ 上的谱密度值加倍,而将 $[-\infty, 0)$ 上的谱密度值变为 0。

从数学上可以证明,当平稳随机过程 $x(t)$ 的自相关函数 $R_{xx}(\tau)$ 满足绝对可积条件时,$x(t)$ 必存在连续的功率谱 $S(\omega)$,并且 $S(\omega)$ 与 $R_{xx}(\tau)$ 之间存在如下关系:

$$\begin{cases} S(\omega) = \dfrac{1}{2\pi}\displaystyle\int_{-\infty}^{\infty} R_{xx}(\tau)\mathrm{e}^{-i\omega\tau}\mathrm{d}\tau \\ R_{xx}(\tau) = \displaystyle\int_{-\infty}^{\infty} S(\omega)\mathrm{e}^{i\omega\tau}\mathrm{d}\omega \end{cases} \qquad (8.4.26)$$

通常称以上两式为维纳-辛钦(Wiener-Khinchin)公式,即对于一个平稳随机过程,其自相关函数和谱密度函数是一傅里叶变换对。需要说明的是,式(8.4.26)定义的傅里叶变换对与式(8.4.3)和式(8.4.4)有所不同,即将 $1/2\pi$

放在了逆变换前面,但这并不影响结果的性质,只需在计算时注意两者在量值上的区别。

以下对功率谱的一些简单性质加以说明:

(1) 对于任意平稳随机过程,$S(\omega)$ 都为非负实函数。

(2) 由于 $S(\omega)$ 为偶函数(实随机过程),$R_{xx}(\tau)$ 也为偶函数,可将式(8.4.26)改写成以下形式:

$$\begin{cases} S(\omega) = \dfrac{1}{2\pi} \displaystyle\int_{-\infty}^{\infty} R_{xx}(\tau)\cos\omega\tau\,\mathrm{d}\tau = \dfrac{1}{\pi} \int_{0}^{\infty} R_{xx}(\tau)\cos\omega\tau\,\mathrm{d}\tau \\ R_{xx}(\tau) = \displaystyle\int_{-\infty}^{\infty} S(\omega)\cos\omega\tau\,\mathrm{d}\omega = 2 \int_{0}^{\infty} S(\omega)\cos\omega\tau\,\mathrm{d}\omega \end{cases} \tag{8.4.27}$$

(3) 由式(8.4.26)可得,当 $\tau = 0$ 时,有

$$R_{xx}(0) = D[x(t)] = \int_{-\infty}^{\infty} S(\omega)\,\mathrm{d}\omega \tag{8.4.28}$$

(4) 可以证明,如果平稳随机过程 $x(t)$ 满足各态历经等条件,就可以用平稳随机过程一个函数的平均来确定这个随机过程的功率谱,即随机过程的谱具有各态历经性,且有(徐德伦和王莉萍,2011)

$$S(\omega) = \lim_{T\to\infty} \frac{1}{8\pi T} \left| \int_{-T}^{T} x(t)\mathrm{e}^{-i\omega t}\,\mathrm{d}t \right|^2 \tag{8.4.29}$$

考虑到实际的物理意义,时间 t 总是大于 0 的,故上式可改写为

$$S(\omega) = \lim_{T\to\infty} \frac{1}{2\pi T} \left| \int_{0}^{T} x(t)\mathrm{e}^{-i\omega t}\,\mathrm{d}t \right|^2 \tag{8.4.30}$$

其中,式(8.4.29)和式(8.4.30)采用的傅里叶变换系数对和式(8.4.26)的一致。

与功率谱类似,两个平稳随机过程的交谱为

$$S_{xy}(\omega) = \lim_{T\to\infty} \frac{1}{4\pi T} X^*(\omega) Y(\omega) \tag{8.4.31}$$

它也可以用样本函数的傅里叶变换和互相关函数的傅里叶变换表示:

$$\begin{cases} S_{xy}(\omega) = \dfrac{1}{2\pi} \displaystyle\int_{-\infty}^{\infty} R_{xy}(\tau)\mathrm{e}^{-i\omega\tau}\,\mathrm{d}\tau \\ R_{xy}(\tau) = \displaystyle\int_{-\infty}^{\infty} S_{xy}(\omega)\mathrm{e}^{i\omega\tau}\,\mathrm{d}\omega \end{cases} \tag{8.4.32}$$

式(8.4.31)和式(8.4.32)中所用的傅里叶变换系数分别与式(8.4.24)和式(8.4.26)的一致。

下面对交谱的一些性质进行说明。

(1) 由式(8.4.32)以及互相关函数的性质,可导出

$$\begin{cases} S_{xy}^*(\omega) = S_{yx}(\omega) = S_{xy}(-\omega) \\ S_{yx}^*(\omega) = S_{xy}(\omega) = S_{yx}(-\omega) \end{cases} \qquad (8.4.33)$$

（2）$S_{xy}(\omega)$一般为复函数，故可表示为

$$S_{xy}(\omega) = C_{xy}(\omega) - iQ_{xy}(\omega) = |S_{xy}(\omega)| e^{\phi(\omega)} = A_{xy}(\omega) e^{\phi(\omega)} \quad (8.4.34)$$

式中，$C_{xy}(\omega)$和$Q_{xy}(\omega)$为两个实函数，分别称为同相谱和异相谱；$A_{xy}(\omega)$和$\varphi(\omega)$分别称为交振幅谱和交相位谱。

对于两个实随机过程$x(t)$和$y(t)$，$C_{xy}(\omega)$和$Q_{xy}(\omega)$可表示为（陈上及和马继瑞，1991）

$$C_{xy}(\omega) = C_{xy}(-\omega) = \frac{1}{2}\big[S_{xy}(\omega) + S_{yx}(\omega)\big] = \frac{1}{2\pi}\int_{-\infty}^{\infty} R_{xy}(\tau)\cos\omega\tau\,\mathrm{d}\tau$$

$$(8.4.35)$$

$$Q_{xy}(\omega) = -Q_{xy}(-\omega) = \frac{i}{2}\big[S_{xy}(\omega) - S_{yx}(\omega)\big] = \frac{1}{2\pi}\int_{-\infty}^{\infty} R_{xy}(\tau)\sin\omega\tau\,\mathrm{d}\tau$$

$$(8.4.36)$$

可看出$C_{xy}(\omega)$为偶函数，$Q_{xy}(\omega)$为奇函数。

$A_{xy}(\omega)$和$\varphi(\omega)$可表示为

$$A_{xy}(\omega) = \sqrt{C_{xy}^2(\omega) + Q_{xy}^2(\omega)} \qquad (8.4.37)$$

$$\varphi_{xy}(\omega) = \arctan\left(\frac{-Q_{xy}(\omega)}{C_{xy}(\omega)}\right) \qquad (8.4.38)$$

显然$A_{xy}(\omega)$为偶函数，$\varphi(\omega)$为奇函数。

（3）交谱满足以下不等式：

$$|S_{xy}(\omega)|^2 \leqslant S_{xx}(\omega)S_{yy}(\omega) \qquad (8.4.39)$$

（4）在平稳随机过程$x(t)$和$y(t)$各态历经假定下，可得到与式（8.4.30）类似的式子：

$$S_{xy}(\omega) = \lim_{T\to\infty} \frac{1}{2\pi T}\left[\int_0^T x(t)e^{-i\omega t}\,\mathrm{d}t\right]^* \cdot \int_0^T y(t)e^{-i\omega t}\,\mathrm{d}t \qquad (8.4.40)$$

8.4.4　海浪频谱估计

海浪频谱在海浪理论研究中具有非常重要的作用，而从理论上求得具有普遍性的海浪频谱是很困难的，因此有必要利用对波浪的观测记录，并通过谱分析获得海浪频谱。实际所获得的海浪资料仅为一个或几个固定点的有限长波面信号，在各态历经的假设下，采用式（8.4.29）时无法满足$T\to\infty$的条件，因此只能通过这些有限长的信号对海浪频谱进行估计。海浪谱估计的常用方法包括相关函数法、周期图法和最大熵法，这里只对前两种方法进行介绍，最大熵方

法可参阅相关文献。下面首先探讨在对波浪信号离散化时如何选取时间间隔
的问题。

1. 采样间隔的选取

对信号进行离散化,就是每隔一定的时间间隔 Δt 对信号进行采样,从而得
到一个时间序列。将来就是用这一时间序列估计海浪的功率谱。

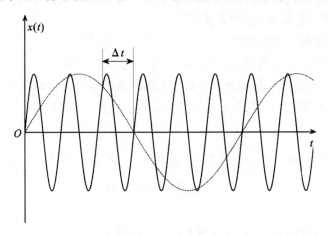

图 8.4.1 折叠现象

图 8.4.1 中实线是圆频率为 ω_1 的简谐波,如基于采样时间间隔 Δt 对此信
号进行采样,连接这些离散的采样点会得到虚线所示的圆频率为 ω_2 的波动。
也就是说,采样时间间隔选取不当,可能会造成高频率的波动表现为低频率的
波动。为了保证得到真实频率的波动,选取的 Δt 不能太大。由取样定理可知,
为了使离散序列计算的功率谱与用连续函数计算的结果相等,应满足

$$\Delta t \leqslant \frac{1}{2f_c} \tag{8.4.41}$$

式中,f_c 为原时间序列的截止频率。

当式(8.4.41)的等号成立时,有

$$f_N = \frac{1}{2\Delta t} \tag{8.4.42}$$

通常称 f_N 为 Nyquist 频率或折叠频率,由 $\omega = 2\pi f$ 可得 Nyquist 圆频率 ω_N
为

$$\omega_N = \frac{\pi}{\Delta t} \tag{8.4.43}$$

可以证明,信号的离散化可以使频率为 $\omega \pm 2\omega_N$,$\omega \pm 4\omega_N$,… 的波动表现为

频率为 ω_N 的波动,这将使得利用这些离散点进行谱估计时,$S(\omega)$ 在频率范围为 $\cdots,(-5\omega_N,-3\omega_N),(-3\omega_N,-\omega_N),(\omega_N,3\omega_N),(3\omega_N,5\omega_N),\cdots$ 内的能量都会迭加到 $(-\omega_N,\omega_N)$ 内,从而不能得到真实的功率谱。因此,选定了采样间隔 Δt 值,功率谱的频率范围也就确定了。在进行谱估计时,由于一般的海浪谱常常集中在较窄的频率段内,因此可以根据对谱估计精度的要求经验地选取一个截止频率,使 Δt 满足式(8.4.41)的要求即可。

2.相关函数法估计频谱

相关函数法是进行谱估计的一种间接法,就是通过式(8.4.32)估计 $x(t)$ 的样本自相关函数,然后再根据样本自相关函数的傅里叶变换得到功率谱。

以取样间隔 Δt 对式(8.4.32)进行离散化,并令 $\tau = \nu\Delta t, T = N\Delta t$,则自相关函数可改写为

$$R_{xx}(\nu\Delta t) = \frac{1}{N-\nu}\sum_{n=1}^{N-\nu}x(t_n)x(t_n+\nu\Delta t), \nu = 0,1,2,\cdots,m \quad (8.4.44)$$

显然,上式中 $m \leqslant N-1$。由此得到自相关函数的一组离散序列,进而估计频谱。

由上一节可知,功率谱与自相关函数存在以下关系:

$$S = \frac{1}{\pi}\int_0^\infty R_{xx}(\tau)\cos\omega\tau\,\mathrm{d}\tau = \frac{1}{\pi}\int_0^\infty R_{xx}(\tau)\cos(2\pi f\tau)\,\mathrm{d}\tau \quad (8.4.45)$$

将式(8.4.45)化为单侧谱的形式,即

$$S(f) = \frac{2}{\pi}\int_0^\infty R_{xx}(\tau)\cos(2\pi f\tau)\,\mathrm{d}\tau \quad (8.4.46)$$

可用自相关函数的离散序列表示频谱:

$$S(f_k) = \frac{2\Delta t}{\pi}\sum_{\nu=0}^m R_{xx}(\nu\Delta t)\cos(2\pi f_k\nu\Delta t) \quad (8.4.47)$$

式中,$0 \leqslant f_k \leqslant \dfrac{1}{2\Delta t}$。

在 $\left[0,\dfrac{1}{2\Delta t}\right]$ 范围内等间隔地取 $m+1$ 个频率,则频率间隔为

$$\Delta f = \frac{1}{2m\Delta t} \quad (8.4.48)$$

于是,f_k 可表示为

$$f_k = k\Delta f = \frac{k}{2m\Delta t} \quad (8.4.49)$$

将式(8.4.47)写成梯形数值积分公式,并将式(8.4.49)代入,可得

$$S_k = \frac{2\Delta t}{\pi}\Big[\frac{1}{2}R(0) + \sum_{v=1}^{m-1}R(\nu\Delta t)\cos\frac{\pi\upsilon k}{m} + \frac{1}{2}R(m\Delta t)\cos k\pi\Big], k = 0,1,2,\cdots,m$$

$$(8.4.50)$$

此即为相关函数法的谱估计公式。

由此公式得到的谱不是理论谱或真谱的精确估计。若画出谱曲线会发现其参差不齐,这样的谱称为粗谱。事实上,我们可以通过对这个粗谱进行平滑处理来减少谱估计的方差,达到提高谱估计质量的目的。常用的平滑方法就是使用窗函数,按窗函数的类型又可以分为矩形窗函数和非矩形窗函数。这里主要介绍两种常见的延时窗,即 Hamming 窗和 Hanning 窗(《试验规程》)。

(1)Hamming 延时窗的表达式为

$$w(\tau) = \begin{cases} 0.54 + 0.46\cos\dfrac{\pi\tau}{\tau_m}, & |\tau|\leqslant\tau_m \\ 0, & |\tau|>\tau_m \end{cases} \qquad (8.4.51)$$

式中,$\tau_m = m\Delta t$ 为自相关函数的最大滞后时间。

将 Hamming 窗函数与式(8.4.50)中的自相关函数 $R(\nu\Delta t)$ 相乘,可得平滑谱

$$\overline{S_k} = 0.23S_{k-1} + 0.54S_k + 0.23S_{k+1}, k = 1,2,\cdots,m-1 \quad (8.4.52)$$

两个端点频率可取

$$\begin{cases} \overline{S_0} = 0.54S_0 + 0.46S_1 \\ \overline{S_m} = 0.46S_{m-1} + 0.54S_m \end{cases} \qquad (8.4.53)$$

式中,0.23,0.54 和 0.23 称为 Hamming 平滑系数。

(2)Hanning 延时窗的表达式为

$$w(\tau) = \begin{cases} \dfrac{1}{2}(1+\cos\dfrac{\pi\tau}{\tau_m}), & |\tau|\leqslant\tau_m \\ 0, & |\tau|>\tau_m \end{cases} \qquad (8.4.54)$$

采用 Hanning 窗同样可以得到与 Hamming 窗类似的平滑系数:0.25,0.50和0.25,于是平滑谱为

$$\overline{S_k} = 0.25S_{k-1} + 0.5S_k + 0.25S_{k+1}, k = 1,2,\cdots,m-1 \quad (8.4.55)$$

两端点频率可取

$$\begin{cases} \overline{S_0} = 0.5S_0 + 0.5S_1 \\ \overline{S_m} = 0.5S_{m-1} + 0.5S_m \end{cases} \qquad (8.4.56)$$

下面介绍一个简单的例子,对相关函数计算功率谱的主要步骤加以说明。

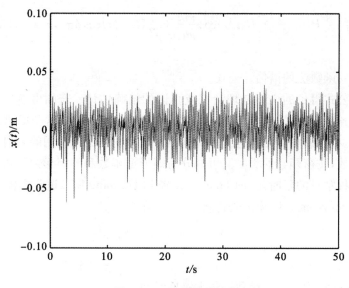

图 8.4.2　波浪位移信号

图 8.4.2 为中国海洋大学风浪水槽中测得的一段波浪位移信号 $x(t)$，总测量时间 $T=50$ s，采样时间间隔为 0.04 s，现利用相关函数法求其功率谱估计。

（1）首先对序列进行中心化处理，即

$$\hat{x}(t)=x(t)-\overline{x}(t) \tag{8.4.57}$$

（2）选取合适的最大滞后系数 m，由式(8.4.44)计算样本的自相关函数 $R_{xx}(\nu\Delta t)$。

（3）由式(8.4.50)计算此时间序列的粗谱。

（4）选用合适的窗函数对(3)所得的粗谱进行平滑，如可用前面介绍的 Hamming 窗函数或 Hanning 窗函数计算平滑谱。

通过以上步骤计算得到的 $x(t)$ 功率谱如图 8.4.3 所示。

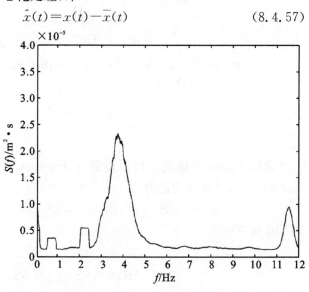

图 8.4.3　过程 $x(t)$ 的功率谱估计

3. 傅里叶变换方法直接估计频谱

可通过式(8.4.30)来估计 $x(t)$ 的功率谱。从公式上看,计算时仅需进行一次傅里叶变换,而且样本序列的有限离散傅里叶变换可以利用快速傅里叶变换算法,大大提高了计算效率。因此,这种方法在海洋时间序列的功率谱估计中得到了广泛应用。

以取样间隔 Δt 对式(8.4.30)进行离散化,并令 $t = n\Delta t$, $T = N\Delta t$,则可改写为

$$S(\omega) = \frac{\Delta t}{2\pi N} \left| \sum_{n=0}^{N-1} x_n \mathrm{e}^{-i\omega n \Delta t} \right|^2 \tag{8.4.58}$$

式中,x_n 为原时间序列以单位时间间隔读取的数值,即 $x_n = x(t_n)$,且 $|\omega| \leqslant \frac{\pi}{\Delta t}$。

由于谱可分辨的圆频率间隔与取样总时间 T 的关系为

$$\Delta\omega_{\min} \geqslant \frac{2\pi}{T} \tag{8.4.59}$$

故可取圆频率间隔为

$$\Delta\omega = \frac{2\pi}{T} \tag{8.4.60}$$

令 $\omega_k = k\Delta\omega = \frac{2\pi k}{T}$,则式(8.4.58)可改写为

$$S_k = \frac{\Delta t}{2\pi N} \left| \sum_{n=0}^{N-1} x_n \mathrm{e}^{-i\omega_k n \Delta t} \right|^2 = \frac{\Delta t}{2\pi N} \left| \sum_{n=0}^{N-1} x_n \mathrm{e}^{-i2\pi kn/N} \right|^2 \tag{8.4.61}$$

式中,$|\omega_k| \leqslant \frac{\pi}{\Delta t}$,故可得 k 取值范围为 $-\frac{N}{2} \leqslant k \leqslant \frac{N}{2}$。

将式(8.4.61)改为单侧谱形式为

$$S_k = \frac{\Delta t}{\pi N} \left| \sum_{n=0}^{N-1} x_n \mathrm{e}^{-i2\pi kn/N} \right|^2, k = 0,1,2,\cdots,N/2 \tag{8.4.62}$$

式(8.4.62)即为采用傅里叶变换方法直接计算功率谱的计算公式。现令

$$A_k = \sum_{n=0}^{N-1} x_n \mathrm{e}^{-i2\pi kn/N} \tag{8.4.63}$$

则式(8.4.62)还可表示为

$$S_k = \frac{\Delta t}{\pi N} |A_k|^2, k = 0,1,2,\cdots,N/2 \tag{8.4.64}$$

式中,A_k 可用快速傅里叶算法在计算机上进行运算。

同样,由式(8.4.64)计算得到的功率谱也是粗谱,也需要进行平滑。在采用

这种方法计算频谱时，可用频域平滑法来计算平滑谱，即取频率 ω_k 左、右各 m 个相邻频率上的粗谱值进行平均，可得平滑谱 $\overline{S}(\omega_k)$（俞聿修和柳淑学，2011）：

$$\overline{S}(\omega_k) = \frac{1}{2m+1} \sum_{i=-m}^{m} S(\omega_{k+i}) \tag{8.4.65}$$

事实上，频域平滑法也是使用矩形窗函数进行平滑。

这样，我们就通过快速傅里叶变换算法得到了 $x(t)$ 的平滑功率谱，当然，通过圆频率与频率之间的关系：$\omega = 2\pi f$，还可以将 $\overline{S}(\omega_k)$ 转化为 $\overline{S}(f_k)$。

下面对采用傅里叶变换直接计算功率谱的具体步骤进行说明。

（1）和相关函数法类似，首先要对序列进行中心化处理。

（2）为了减少泄露，可用半余弦钟窗等窗函数对时间序列进行处理。若不作此处理，则相当于使用了矩形窗函数。需要注意的是，这种窗函数可能会改变谱值，故得到粗谱之后需进行比例换算（陈上及和马继瑞，1991）。

（3）采用快速傅里叶变换算法计算式（8.4.63）。

（4）将（3）中计算得到的 A_k 代入式（8.4.64），得到粗谱 S。

（5）选取合适的 m 值，根据式（8.4.65）对粗谱进行平滑得到平滑谱 $\overline{S}$。

8.4.5 交谱估计

1. 互相关函数法估计交谱

以取样间隔 Δt 对互相关函数进行离散，并令 $\tau = v\Delta t$，$T = N\Delta t$，则互相关函数可改写为

$$R_{xy}(v\Delta t) = \frac{1}{N-v} \sum_{n=1}^{N-v} x(t_n) y(t_n + v\Delta t), v = 0, 1, 2, \cdots, m \tag{8.4.66}$$

显然，上式中 $m \leqslant N-1$。

为了得到随机过程的交谱，现将其同相谱和异相谱表示为

$$C_{xy}(\omega) = \frac{1}{2\pi} \int_{-\infty}^{\infty} A_{xy}(\tau) \cos\omega\tau \, d\tau \tag{8.4.67}$$

$$Q_{xy}(\omega) = \frac{1}{2\pi} \int_{-\infty}^{\infty} B_{xy}(\tau) \sin\omega\tau \, d\tau \tag{8.4.68}$$

式中，

$$A_{xy}(v\Delta t) = \frac{1}{2} \left[R_{xy}(v\Delta t) + R_{yx}(v\Delta t) \right] \tag{8.4.69}$$

$$B_{xy}(v\Delta t) = \frac{1}{2} \left[R_{xy}(v\Delta t) - R_{yx}(v\Delta t) \right] \tag{8.4.70}$$

将式（8.4.67）和式（8.4.68）离散化，可得粗同相谱和粗异相谱估计式：

$$C_{xy}(\omega_k) = \frac{2\Delta t}{\pi}\left[A_{xy}(0) + 2\sum_{v=1}^{m-1}A_{xy}(v\Delta t)\cos\frac{\pi vk}{m} + (-1)^k A_{xy}(m\Delta t)\right], k = 0,1,2,\cdots,m$$

$$(8.4.71)$$

$$Q_{xy}(\omega_k) = \frac{4\Delta t}{\pi}\left[\sum_{v=1}^{m-1}B_{xy}(v\Delta t)\sin\frac{\pi vk}{m}\right], k = 0,1,2,\cdots,m \quad (8.4.72)$$

由式(8.4.34)可得粗互谱的估计式:

$$S_{xy}(\omega_k) = C_{xy}(\omega_k) - iQ_{xy}(\omega_k) \quad (8.4.73)$$

若采用 Hamming 窗对粗谱进行平滑,有

$$\begin{cases}\overline{S_{xy}}(\omega_k) = 0.23S_{xy}(\omega_{k-1}) + 0.54S_{xy}(\omega_k) + 0.23S_{xy}(\omega_{k+1}), k = 1,2,\cdots,m-1 \\ \overline{S_{xy}}(\omega_0) = 0.54S_{xy}(\omega_0) + 0.46S_{xy}(\omega_1) \\ \overline{S_{xy}}(\omega_m) = 0.46S_{xy}(\omega_{m-1}) + 0.54S_{xy}(\omega_m)\end{cases}$$

$$(8.4.74)$$

若采用 Hanning 窗对粗谱进行平滑,有

$$\begin{cases}\overline{S_{xy}}(\omega_k) = 0.25S_{xy}(\omega_{k-1}) + 0.5S_{xy}(\omega_k) + 0.25S_{xy}(\omega_{k+1}), k = 1,2,\cdots,m-1 \\ \overline{S_{xy}}(\omega_0) = 0.5S_{xy}(\omega_0) + 0.5S_{xy}(\omega_1) \\ \overline{S_{xy}}(\omega_m) = 0.5S_{xy}(\omega_{m-1}) + 0.5S_{xy}(\omega_m)\end{cases}$$

$$(8.4.75)$$

通过式(8.4.71)和式(8.4.72),由式(8.4.37)和式(8.4.38)还可以估计随机过程的交振幅谱和交相位谱。实际计算时应先对粗同相谱和粗异相谱进行平滑之后再代入式(8.4.37)和式(8.4.38)进行计算。

以下对互相关函数计算交谱的具体步骤进行说明:

(1) 对时间序列进行中心化处理。

(2) 选取合适得到最大滞后系数 m,由式(8.4.66)计算样本的互相关函数 $\hat{R}_{xy}(v\Delta t)$。

(3)由式(8.4.69)~式(8.4.73)计算该时间序列的粗谱。

(4)选用合适的窗函数对(3)所得的粗谱进行平滑,如 Hamming 窗或 Hanning 窗等。

(5)根据式(8.4.37)和式(8.4.38),由平滑后的同相谱和异相谱计算交振幅谱和交相位谱。

2. 傅里叶变换方法直接估计交谱

以取样间隔 Δt 对式(8.4.30)进行离散化,并令 $t = n\Delta t, N = T\Delta t$,则可改写为

$$S_{xy}(\omega_k) = \frac{\Delta t}{2\pi N}\Big[\sum_{n=0}^{N-1}x_n\mathrm{e}^{-i2\pi kn/N}\Big]^* \cdot \sum_{n=0}^{N-1}y_n\mathrm{e}^{-i2\pi kn/N}, k = -\frac{N}{2}, \cdots, \frac{N}{2}$$

(8.4.76)

式中，x_n 和 y_n 为原时间序列以单位时间间隔读取的值，即 $x_n = x(t_n)$，$y_n = y(t_n)$。

现令

$$A_k = \sum_{n=0}^{N-1}x_n\mathrm{e}^{-i2\pi kn/N}$$

(8.4.77)

$$B_k = \sum_{n=0}^{N-1}y_n\mathrm{e}^{-i2\pi kn/N}$$

(8.4.78)

则式(8.4.76)还可表示为

$$S_{xy}(\omega_k) = \frac{\Delta t}{2\pi N}A_k^* \cdot B_k, k = -\frac{N}{2}, \cdots, \frac{N}{2}$$

(8.4.79)

式中，A_k 和 B_k 可用快速傅里叶算法在计算机上进行运算。

在对粗谱进行平滑时，可采用和自谱相同的方法，即式(8.4.65)计算平滑谱。

得到平滑谱之后可取交谱的实部和虚部计算得到同相谱和异相谱，进而计算交振幅谱和交相位谱。

以下对采用傅里叶变换直接计算交谱的具体步骤进行说明：

(1) 对序列进行中心化处理。

(2) 采用半余弦钟窗等窗函数对时间序列进行处理，并对粗谱进行比例换算。

(3) 采用快速傅里叶变换算法计算式(8.4.77)和式(8.4.78)。

(4) 将(3)中计算得到的 A_k 和 B_k 代入式(8.4.79)，得到粗谱。

(5) 选取合适的 m 值，根据式(8.4.65)对粗谱进行平滑得到平滑谱。

(6) 由式(8.4.34)计算同相谱和异相谱，再根据式(8.4.37)和式(8.4.38)，计算交振幅谱和交相位谱。

8.4.6 方向谱估计

为了更加准确地描述随机波浪，需要对海浪的方向谱进行研究。目前采集数据的方式主要包括现场直接测定的方法(如阵列法、自由浮标法、双向流速仪法等)和遥感技术。而对于方向谱的分析方法也有许多，如傅里叶变换方法、最大似然法(MLM)、贝叶斯方法(BDM)、扩展本征矢法(EEV)、最大熵法(MEM)、扩展最大熵法(EMEM)。以下仅对采用二维傅里叶变换估计方向谱的方法进行介绍。

设 $z(x,y)$ 为平稳随机过程 Z 在某一时刻 t 测量得到的一个样本信号，参照

一维过程的结论,在各态历经的假定下,有

$$S(k_x, k_y) = \lim_{\substack{X \to \infty \\ Y \to \infty}} \frac{1}{64\pi^2 XY} \left| \int_{-\infty}^{\infty} \int_{-\infty}^{\infty} z(x, y) e^{-i(k_x x + k_y y)} \, dx dy \right|^2 \quad (8.4.80)$$

式中,k_x, k_y 分别为波数 $\vec{k}$ 在 x, y 方向的分量,X, Y 为测量长度。

以取样间隔 $(\Delta x, \Delta y)$ 对式(8.4.80)进行离散化,并令 $X = N\Delta x, Y = M\Delta y, x = n\Delta x, y = m\Delta y, z_{nm}$ 表示 $z(n\Delta x, m\Delta y)$,则式(8.4.80)可改写为(徐德伦和王莉萍,2011)

$$S(k_x, k_y) = \frac{\Delta x \Delta y}{4\pi^2 NM} \left| \sum_{n=0}^{N-1} \sum_{m=0}^{M-1} z_{nm} e^{-i(nk_x \Delta x + mk_y \Delta y)} \right|^2 \quad (8.4.81)$$

令 $k_{xu} = u\Delta k_x = \dfrac{2\pi u}{N\Delta x}, k_{yv} = v\Delta k_y = \dfrac{2\pi v}{M\Delta y}$,则式(8.4.81)可改写为

$$S(u\Delta k_x, v\Delta k_y) = \frac{\Delta x \Delta y}{4\pi^2 NM} \left| \sum_{n=0}^{N-1} \sum_{m=0}^{M-1} z_{nm} e^{-i2\pi(un/N + vm/M)} \right|^2 \quad (8.4.82)$$

令

$$A_{uv} = \sum_{n=0}^{N-1} \sum_{m=0}^{M-1} z_{nm} e^{-i2\pi(un/N + vm/M)} \quad (8.4.83)$$

则式(8.4.82)可改写为

$$S(u\Delta k_x, v\Delta k_y) = \frac{\Delta x \Delta y}{4\pi^2 NM} \left| A_{uv} \right|^2 \quad (8.4.84)$$

式中,A_{uv} 可用二维快速傅里叶算法在计算机上进行运算。

在得到 $S(k_x, k_y)$ 后,可由色散方程进行转化得到 $S(\omega, \theta)$:

$$S(\omega, \theta) = S(k_x, k_y) \frac{\partial(k_x, k_y)}{\partial(\omega, \theta)} \quad (8.4.85)$$

式中,θ 为方向角。

与海浪频谱相比,方向谱更加细致地刻画了海浪的内部结构,描述了波能在不同方向上的分布,得到了广泛应用。在采用单向波合成法进行多向不规则波传播与变形模型试验时,就可以采用方向谱计算各个方向的波能。一般的做法是将 $[-\pi/2, \pi/2]$ 范围内组成波的波向按 16 或 8 个方位划分,则各波向波能比的累加值可按下式计算(《试验规程》):

$$P_E(\theta) = \frac{1}{m_0} \int_{-\frac{\pi}{2}}^{\theta} \int_0^{\infty} S(f, \theta) \, df d\theta \quad (8.4.86)$$

式中,

$$m_0 = \int_0^{\infty} \int_{-\frac{\pi}{2}}^{\frac{\pi}{2}} S(f, \theta) \, df d\theta \quad (8.4.87)$$

从式(8.4.87)可以看出,m_0 为各波向组成波的总能量。

第9章 数值模拟计算

与物理模型试验相比，数值模拟的优势在于：不存在比尺效应，实施费用少，可以模拟多种海洋环境要素相互作用的复杂过程，易于实现多种方案的快速比较，占用场地少等。本章主要介绍与波浪有关的几种数值模拟方法。

9.1 近岸浪-风暴潮耦合数值模拟

随着我国海洋经济的快速发展及沿海地区人口的快速增长，建立和完善沿海地区的海洋数值预报系统显得尤为重要，对海洋防灾减灾、保护国家和人民的生命财产安全具有重要的理论指导和现实意义。天津地处中国北方黄金海岸的中部，是山东半岛与辽东半岛的交会点，华北、西北广大地区的重要出海口，与世界上180多个国家、地区的400多个港口保持着贸易往来，发展潜力巨大。然而，天津地势低洼，台风暴潮灾害频发，是沿海遭受灾害严重的地区之一，其造成的经济损失20世纪90年代后已有明显增加的趋势（叶凤娟等，2012）。在天津海域建立完整的海洋数值预报系统是防灾减灾的需要。

台风是热带风暴潮的主要驱动力，台风的路径、强弱、影响半径等直接关系到风暴潮灾害的强度。台风产生的大风，往往在海面上掀起巨浪，进一步升高水位。如果台风登陆时，风暴潮与天文大潮高潮位相遇，则危害性更大（冯士筰，1982）。因此，波浪和风暴潮通过不同的机制相互影响和制约，只有全面考虑这两者之间的相互作用，才能准确地模拟出真实的水动力和波浪条件，为其他研究提供基础。

在实际海岸环境条件下，风暴潮与近岸波浪演化之间复杂的相互作用，主要表现在两个方面：一方面是波浪传播对水动力产生影响，如波浪传播变形所引起的增减水和波生近岸流（Xie等，2001）；另一方面则是水动力变化对波浪产生影响，如水位和流速、流向的变化引起波浪变形（白志刚等，2012）。这种相互作用在强风过程中更为明显。

关于风暴潮对波浪影响的研究,主要通过采用考虑流速和潮位变化的波浪传播变形方程来体现,但以往大部分的研究采用的是恒定流场或波浪场,没有考虑实际海洋环境中波浪、水动力随时间和空间变化而产生的耦合作用(夏波等,2006,2012),或是仅针对某一台风发生过程对天津沿海的影响进行研究,并未形成能够综合体现近岸浪和风暴潮对天津沿海水动力环境影响的模拟系统。

本节将采用第三代波浪模拟的 SWAN 模型和近岸风暴潮 ADCIRC 模型,建立精细化的近岸浪-风暴潮耦合系统,并利用该系统对天津沿海的台风浪和风暴潮进行模拟计算。

9.1.1　近岸浪-风暴潮耦合系统的建立

1. 藤田台风模型

风场作为引发台风、风暴潮的主要因子,对台风暴潮的预报和研究起到至关重要的作用。风场决定波浪场,表面风场对近岸区流场的影响更大,通常近岸区的风增水和风生流现象尤为明显。迄今,有关台风暴潮的研究中通常采用各种经验的或半经验半理论的台风模型,其方法主要有三大类:第一类是圆对称风场模型(Fujita,1952;Jelesnianski,1965;Holland,1980);第二类为改进的非对称风场模型,如非对称结构风场模型(章家彬等,1986),椭圆形对称的风压模型(陈孔沫,1994),特征等压线风场模型(李岩等,2003);第三类为气象数值预报模型,如 MM5,WRF。

本节采用便于描述计算的藤田台风模型进行风场计算。风场由气压梯度和台风移动导致的风速合成而成,其中梯度风公式为

$$v_g = -\frac{1}{2}fr + \left[\left(\frac{1}{2}fr \right)^2 + \frac{r}{\rho_\alpha}\frac{\partial P}{\partial r} \right]^{\frac{1}{2}} \tag{9.5.1}$$

式中,f 为科氏力系数,ρ_α 为空气密度,r 是离开台风中心的距离,P 是离开台风中心距离为 r 处的气压;而台风移动引起的环境风场由 Ueno 公式给出:

$$u_t = v_{tx}\exp\left(-\frac{\pi}{4}\frac{|r-R|}{R} \right)\boldsymbol{i} + v_{ty}\exp\left(-\frac{\pi}{4}\frac{|r-R|}{R} \right)\boldsymbol{j} \tag{9.5.2}$$

式中,v_{tx} 和 v_{ty} 表示台风移动速度的 x 和 y 分量,R 为台风最大风速半径,因此合成风场为

$$w_x = C_1 v_{tx}\exp\left(-\frac{\pi}{4}\frac{|r-R|}{R} \right) - C_2\Omega\left[(x-x_0)\sin\theta + (y-y_0)\cos\theta \right]$$

$$\tag{9.5.3}$$

$$w_y = C_1 v_{ty} \exp\left(-\frac{\pi}{4}\frac{|r-R|}{R}\right) - C_2 \Omega\left[(x-x_0)\cos\theta + (y-y_0)\sin\theta\right]$$

$$\tag{9.5.4}$$

$$\Omega = -\frac{f}{2} + \sqrt{\frac{f^2}{4} + \frac{(P_\infty - P_0)}{\rho_a R^2}\left[1+\left(\frac{r}{R}\right)^2\right]^{-\frac{3}{2}}} \tag{9.5.5}$$

式中，w_x 和 w_y 表示合成风速的 x 和 y 分量，C_1 和 C_2 为经验系数，θ 为考虑大气边界层影响之后梯度风的偏角（称为入流角），P_0 是台风中心气压，P_∞ 是距离台风中心无限远处的气压。

2. SWAN 波浪模型

波浪模拟采用第三代波浪模型的 SWAN(Simulating Waves Nearshore)模型，该模型通过采用波作用量平衡方程，在源项中计入能量输入和损耗项（底摩擦、破碎、白浪）、波与波之间非线性相互作用等（Booij 等，1999），从而比较全面合理地描述风浪生成及其在近岸区的演化过程。

在直角坐标系下，波作用量平衡方程(Ris 等，1999)可表示为

$$\frac{\partial}{\partial t}N + \bar{\nabla}_{x,y} \cdot (c_{x,y}N) + \frac{\partial}{\partial \sigma}(c_\sigma N) + \frac{\partial}{\partial \theta}(c_\theta N) = \frac{S}{\sigma} \tag{9.5.6}$$

式中，$N = E(\sigma,\theta,x,y,t)/\sigma$ 为波作用密度谱；x,y 为地理坐标，t 为时间，θ 为传播方向，σ 为相对频率，$c_{x,y}$、c_σ、c_θ 分别为波能量在地理空间和谱空间上的传播速度。方程左端第一项为 N 随时间的变化率；第二项为 N 在地理空间方向上的传输，第三项是由于流场和水深所引起的 N 在波浪相对频率 σ 空间的变化；第四项为 N 以传播速度 c_θ 在谱分布空间 θ（谱分量中垂直于波峰线的方向）上的传播；方程右端项的 S 为以谱密度表示的源汇项，具体描述为

$$S = S_{in} + S_{nl3} + S_{nl4} + S_{ds,w} + S_{ds,b} + S_{ds,br} \tag{9.5.7}$$

式中，S_{in} 为风能输入，S_{nl3}、S_{nl4} 分别为三波和四波相互作用的非线性波能传播，$S_{ds,w}$ 为白帽耗散，$S_{ds,b}$ 为底摩擦耗散，$S_{ds,br}$ 为水深变浅引起的波能破碎耗散。

由于近岸区的波浪场对近岸区流场的改变主要体现于波浪浅水变形产生的波浪辐射应力，SWAN 模型中波浪辐射应力张量的计算公式为

$$S_{xx} = \rho_0 g \iint \left(n\cos^2\theta + n - \frac{1}{2}\right)\sigma N \,\mathrm{d}\sigma \mathrm{d}\theta \tag{9.5.8}$$

$$S_{xy} = S_{yx} = \rho_0 g \iint n\sin\theta\cos\theta\sigma N \,\mathrm{d}\sigma \mathrm{d}\theta \tag{9.5.9}$$

$$S_{yy} = \rho_0 g \iint \left(n\sin^2\theta + n - \frac{1}{2}\right)\sigma N \,\mathrm{d}\sigma \mathrm{d}\theta \tag{9.5.10}$$

式中，ρ_0 为水密度；g 为重力加速度；n 为群速度与相速度之比。

3. ADCIRC 风暴潮模型

本节采用的风暴潮模型 ADCIRC(Advanced Circulation Model),是基于有限元方法的跨尺度(大洋、近岸、河口)水动力计算模型(Luettich 等,1990)。ADCIRC 模型采用非结构网格,可以使模型在水深变化剧烈、岸线复杂的地方有较高的分辨率,而在地形变化缓慢的地方分辨率相对低一些,这样既可以满足计算的要求,又可以节省计算时间。同时,该模型在空间上采用有限元方法进行求解,时间上采用有限差分方法,计算效率高且稳定。

在直角坐标系下,模型的控制方程为

$$\frac{\partial \zeta}{\partial t} + \frac{\partial uH}{\partial x} + \frac{\partial vH}{\partial y} = 0 \tag{9.5.11}$$

$$\frac{\partial u}{\partial t} + u\frac{\partial u}{\partial x} + v\frac{\partial u}{\partial y} - fv = -g\frac{\partial}{\partial x}\Big[\frac{P_s}{g\rho_0} + \zeta - \alpha\eta\Big] + \frac{\tau_{sx,wind} + \tau_{sx,wave} - \tau_{bx}}{\rho_0 H} + \frac{M_x - D_x}{H} \tag{9.5.12}$$

$$\frac{\partial v}{\partial t} + u\frac{\partial v}{\partial x} + v\frac{\partial v}{\partial y} + fu = -g\frac{\partial}{\partial y}\Big[\frac{P_s}{g\rho_0} + \zeta - \alpha\eta\Big] + \frac{\tau_{sy,wind} + \tau_{sy,wave} - \tau_{by}}{\rho_0 H} + \frac{M_y - D_y}{H} \tag{9.5.13}$$

式中,ζ 为从平均海平面算起的水位高度,$H = \zeta + h$ 为总水深;u 和 v 分别表示坐标轴 x 和 y 方向的垂向平均流速,f 为科氏力系数,P_s 为表面大气压力,η 表示牛顿潮势作用,α 为有效弹性系数;$\tau_{s,wind}$ 和 $\tau_{s,wave}$ 分别表示表面风应力项和波浪辐射应力项,τ_b、D、M 分别代表底部切应力项、扩散项及侧向应力项。

为了避免或减小 Galerkin 有限元离散所带来的振荡、不守恒等数值问题,ADCIRC 模型采用对短波具有阻尼作用的通用波动连续性方程 GWCE(Generalized Wave Continuity Equation)来代替原有的连续性方程(Blain 等,2004),其优越性体现于在没有对流加速度的情况下,对长波的计算更加精确;且方程对水位和速度的求解是自然解耦的,即先求得水位,后解得流速。

$$\frac{\partial^2 \zeta}{\partial t^2} + \tau_0 \frac{\partial \zeta}{\partial t} + \frac{\partial A_x}{\partial x} + \frac{\partial A_y}{\partial y} - uH\frac{\partial \tau_0}{\partial x} - vH\frac{\partial \tau_0}{\partial y} = 0 \tag{9.5.14}$$

式中,

$$A_x = -Q_x\frac{\partial u}{\partial x} - Q_y\frac{\partial u}{\partial y} + fQ_y - \frac{g}{2}\frac{\partial \zeta^2}{\partial x} - gH\frac{\partial}{\partial x}\Big[\frac{p_s}{g\rho_0} - a\eta\Big]$$

$$+ \frac{\tau_{sx,wind} + \tau_{sx,wave} - \tau_{bx}}{\rho_0 H} + (M_x - D_x) + u\frac{\partial \zeta}{\partial t} + \tau_0 Q_x - gH\frac{\partial \zeta}{\partial x} \tag{9.5.15}$$

$$A_y = -Q_x\,\frac{\partial v}{\partial x} - Q_y\,\frac{\partial v}{\partial y} ++ fQ_x - \frac{g}{2}\,\frac{\partial \zeta^2}{\partial y} - gH\,\frac{\partial}{\partial y}\left[\frac{p_s}{g\rho_0} - a\eta\right]$$

$$+\frac{\tau_{sy,wind} + \tau_{sy,wave} - \tau_{by}}{\rho_0 H} + (M_y - D_y) + v\,\frac{\partial \zeta}{\partial t} + \tau_0 Q_y - gH\,\frac{\partial \zeta}{\partial y}$$

$$(9.5.16)$$

式中，$Q_x = uH$，$Q_y = vH$ 表示流量分量，τ_0 为优化相位传播特性的数学参数。台风施加于海面的切应力用以下公式计算：

$$\tau_{sx,wind} = C_d \rho_a w_x \sqrt{w_x^2 + w_y^2} \qquad (9.5.17)$$

$$\tau_{sy,wind} = C_d \rho_a w_y \sqrt{w_x^2 + w_y^2} \qquad (9.5.18)$$

式中，拖曳系数 $C_d = 10^{-3} \times (0.75 + 0.067|w|)$，如果 $C_d > 0.003$，则取 $C_d = 0.003$。

波浪辐射应力 $\tau_{s,wave}$ 由式(9.5.19)和式(9.5.20)计算得到。通过对 SWAN 模型计算所得辐射应力张量，$\tau_{s,wave}$ 将波浪浅水变形代入风暴潮计算模型中，以体现波浪对风暴潮的影响(Hedges 等，2004；Liu 等，2009)。同时，近岸区的水深和流速随水位的涨落而不断变化，ADCIRC 计算所得各节点水深和流速的时间序列作为 SWAN 模型的输入条件，可模拟出流场对波浪场的影响，从而实现天津近岸波浪—风暴潮的耦合计算(Sebastian 等，2014)。

$$\tau_{sx,wave} = -\frac{\partial S_{xx}}{\partial x} - \frac{\partial S_{xy}}{\partial y} \qquad (9.5.19)$$

$$\tau_{sy,wave} = -\frac{\partial S_{yx}}{\partial x} - \frac{\partial S_{yy}}{\partial y} \qquad (9.5.20)$$

9.1.2　耦合系统的验证

1. 耦合系统参数设置

为了更好地模拟强风过程中风浪及流场的变化，减小边界条件误差对计算结果的影响，计算区域应该选择得足够大。但是，波浪与流场之间的非线性相互作用在近岸地区最为明显，要较为准确地描述这种相互作用，需要有足够精确的地形测量数据和采取足够小的空间与时间步长。因此，为了快速、准确地模拟风、浪之间的相互作用，本节使用由 NOAA(National Oceanic and Atmospheric Administration)提供的全球陆地海洋 GEODAS 高程数据 ETOPO1 和渤海近海海图提取的水深数据拼接而成的水深数据，水深分布如图 9.1.1 所示；计算区域在包括本节所研究区域的基础上，扩展至整个渤海和部分黄海海域；模型采用三角网格，并在天津海域进行加密处理，如图 9.1.2 所示；计算区域网格数为 133 136 个，节点数为 68 094 个。

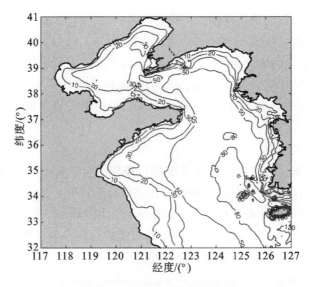

图 9.1.1　计算区域水深分布图

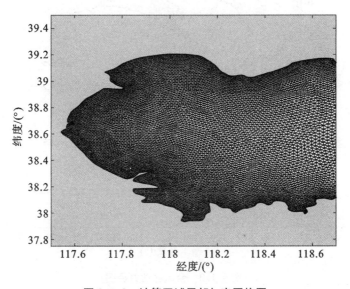

图 9.1.2　计算区域局部加密网格图

近岸波浪模式的计算时间步长为 20 min；方向步长为 10°；频率计算范围为 0.05～1.0 Hz；底摩阻公式采用认为底摩擦系数是底床粗糙度与实际波浪条件函数的 Madsen 公式进行计算，粗糙度取为 0.05；白帽采用 Komen 公式；其他参数均取默认值进行计算。

风暴潮模型的边界条件设为初始条件为 $t=0$ 时,$\zeta=u=v=0$;海岸边界条件为边界的法向速度为 0;潮汐开边界由 M_2,S_2,K_1,O_1 共 4 个分潮驱动计算。为满足 CFL 条件的要求,时间步长取为 30 s;底摩擦系数采用适用于大洋与近海的线性与二次律混合形式;海面风应力与风速的二次平方律呈现关系,风拖曳系数采用 Garratt 公式(Luettich 等,2000),模型通过设定最小水深判断网格的干湿状态。

2.典型台风过程

将上述过程建立的近岸浪-风暴潮耦合模型应用于天津海域,为了验证耦合系统的可靠性,现针对 4 次典型台风过程进行分析计算。这 4 次台风过程分别为:1972 年 7203 号台风 Rita、1985 年 8509 号台风 Mimie、2005 年 0509 号台风 Matsa 和 2012 年 1201 号台风 Damrey,其对应的台风发生过程时间及塘沽站实测信息如表 9.1.1 所示,台风移动路径如图 9.1.3 所示。

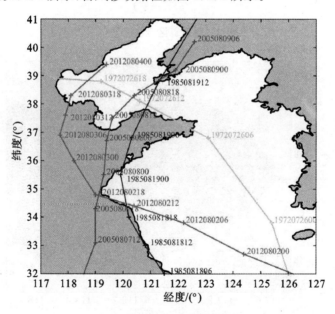

图 9.1.3 台风移动路径图

为检验计算所用风场的精度,将由藤田台风模型计算所得塘沽站的计算风速、风向与实测风速、风向对比如下。从图中可以看出,风场计算模式对各次台风暴潮过程中最大风速的计算是较为准确的,对台风风场过程的描述也是基本成功的,可以作为耦合模型的输入条件。

表 9.1.1　台风发生过程及塘沽站实测值

台风编号	发生过程	最大风速/m·s⁻¹	最大波高/m	最大增水/m
7203	1972.07.05～1972.07.30	23.0	1.34	1.77
8509	1985.08.14～1985.08.20	12.0	1.97	1.37
0509	2005.07.30～2005.08.10	11.0	1.77	1.05
1210	2012.07.27～2012.08.04	14.7	3.17	1.55

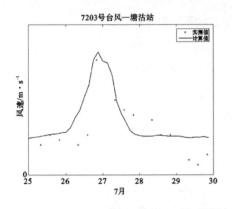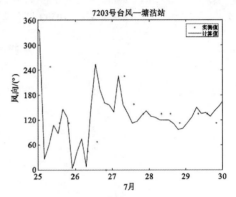

图 9.1.4(a)　7203 号台风塘沽站风速、风向对比图

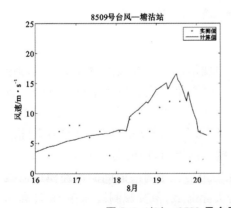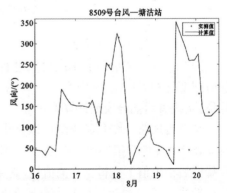

图 9.1.4(b)　8509 号台风塘沽站风速、风向对比图

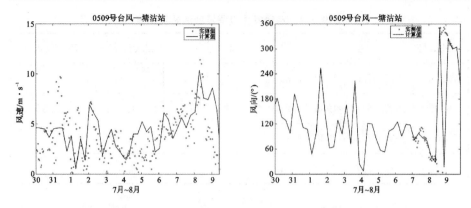

图 9.1.4(c)　0509 号台风塘沽站风速、风向对比图

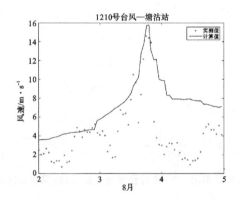

图 9.1.4(d)　1210 号台风塘沽站风速对比图

3.近岸浪计算结果验证

图 9.1.5 分别给出了 4 次台风过程中塘沽站的波高模拟值与实际观测值随时间变化的对比图,其中实心点表示实测值,虚线表示模型不进行耦合的计算值,实线表示耦合模型计算值。

结合台风路径图和风速图可以看出,7203 号台风于 7 月 27 日前后登陆渤海湾,SWAN 模型很好地模拟出了 27 日的波高峰值,峰值误差仅为 0.6 cm,但在峰值后模拟值下落得比观测值快,其原因可能在于对应时间的风速模拟值衰减得较快。8509 号台风虽然未直接袭击天津海域,但其观测波高在 19 日高达近 2 m,模型模拟出的波高峰值与观测值相差 1.5 cm,相对误差为 0.72%,峰值模拟十分准确。1210 号台风于 2012 年 8 月 2 日登陆江苏与山东省,而后于 8 月 3 日 12 时转入天津海域,其威力原本在登陆期间有所减弱,但塘沽站观测得最大波高仍高达 3.17 m,模拟的波高峰值为 3.41 m,相对误差为 7.27%,波高时变过程的相关系数为 0.95，模拟结果良好。而 0509 号台风无塘沽站的波高观测数据，故本节采用有实测数据的山东石岛站进行替代验证(图 9.1.6)，由图可以看出耦合模型对此次台风过程的波高变化趋势模拟较符合客观结果。

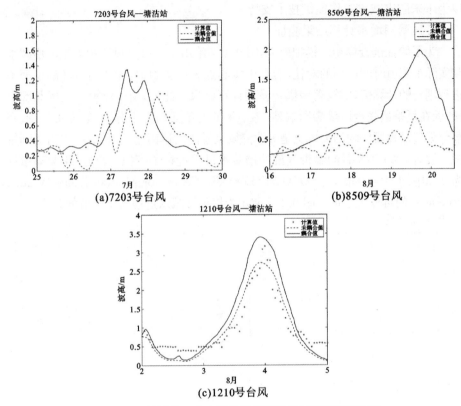

(a)7203号台风　　　　　　　(b)8509号台风

(c)1210号台风

图 9.1.5　塘沽站 3 次台风的波高模拟值与观测值对比图

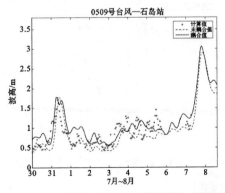

图 9.1.6　0509 号台风石岛站波高模拟值与观测值对比图

由于塘沽站只进行波高的测量,而无波向的实测数据,故无法进行波向的结果对比。由以上4次台风过程波高观测值与计算值的对比分析可以看出,本耦合模型的风浪模块能够有效模拟出天津海域近岸风浪的峰值及时变过程,可以为未来防灾减灾工作提供技术支持。

4. 风暴潮增水计算结果验证

为了验证耦合模型的模拟效果,图9.1.7给出了4次台风过程模拟的增减水与实际观测值时间序列的对比图,其中实心点表示实测值,虚线为风暴潮模型不进行耦合的计算值,实线表示耦合模型计算结果。此外,由于渤海是我国北部海域,除在夏季遭受台风暴潮影响外,冬半年的气象活动也十分剧烈,温带气旋、寒潮等天气过程所伴随的大风也是天津海域风暴潮的诱因之一,其影响也需受到重视。故对2009年4月的温带气旋的增减水过程进行了模拟,模型所用驱动条件为欧洲中期天气预报中心ECMWF(European Centre for Medium-Range Weather Forecasts)的再分析数据。图9.1.8所示为模拟增减水过程与实测值的对比。

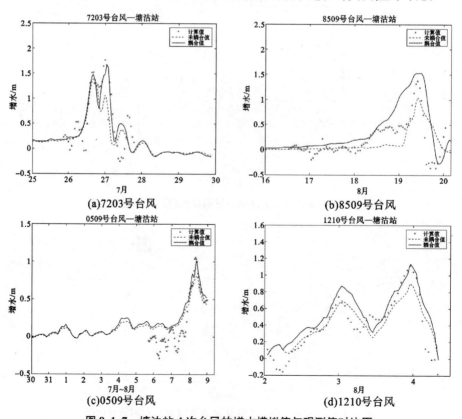

图9.1.7 塘沽站4次台风的增水模拟值与观测值对比图

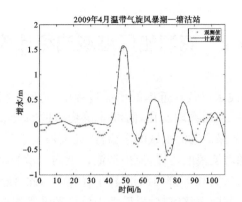

图 9.1.8 2009 年 4 月温带气旋风暴潮塘沽站增水模拟值与观测值对比图

图 9.1.7 和图 9.1.8 的对比结果表明,耦合模型对增减水过程模拟结果良好,5 次风暴潮过程的峰值相对误差均不超过 15%,相关系数均在 0.85 以上。

从波高及增水的未耦合值与耦合值的对比可以看出,耦合模型在一定程度上模拟出了这种相互作用,使得模型的计算值更为接近实测值。故耦合模型的波浪模块对风暴潮波高的模拟,以及风暴潮模块对风暴潮增水的模拟更为准确,本节建立的近岸浪-风暴潮耦合模型是科学且可靠的。

9.1.3 结语

本节构建了近岸浪-风暴潮耦合模型,并对发生在天津海域的 3 次典型台风过程进行了模拟计算。其中台风风场采用藤田台风模型,近岸浪模型采用 SWAN 模型,风暴潮模型采用 ADCIRC 模型。通过近岸浪和风暴潮的验证,可以得到以下结论:

(1)耦合模型能够较好地模拟风浪的成长演变过程以及风暴潮对风浪传播的影响,采用非结构化的三角形网格,能有效模拟出近岸风浪的变化情况。

(2)耦合模型能够较好地模拟风暴潮过程中的增减水过程以及风浪对水位的影响。

(3)通过本节构建的近岸浪-风暴潮耦合模型实现对台风暴潮灾害的模拟,计算结果可以为政府有关部门制定沿海地区发展规划提供有力的支撑,为制订防灾减灾应急预案、补偿、救济措施和政策提供参考依据。

9.2　威海船厂港域泊稳计算

　　波浪从外海到浅水以及在近岸的传播过程中,会发生折射、绕射、反射、浅水变形波浪破碎等一系列物理变化,防波建筑物需抵御波浪的直接冲击,在保证自身稳定的前提下保证港池水域的平稳,因此波浪要素直接影响着近岸建筑物的设计和规模;随着波浪的传播,掩护型港口港内水域受绕射作用影响,泊稳条件和码头结构型式、高程等都与波浪条件有关。因此,波浪是影响港口工程平面规划布置、码头与防浪建筑物设计、港内泊稳条件等的重要因素。

　　目前近岸波浪数学模型应用较广泛的有波能平衡方程模型、缓坡方程模型和 Boussinesq 方程模型。其中,Boussinesq 方程可以模拟波浪的非线性运动和由于水深变化而引起的波群演化等,但经典的 Boussinesq 方程只适用于浅水情况。Madsen 等(1991)、Nowgu(1993)、张永刚和李玉成(1997)及邹志利(1999)等对其进行了改进,使之适用于水较深处的波浪。基于改进型 Boussinesq 方程的 MIKE21-BW 模型包含了众多物理现象,包括折射及浅水变形、绕射、底摩阻损耗、部分反射或透射(多孔介质)、频率谱、方向谱、波—波相互作用、波浪破碎等,从而得到了广泛的工程应用。吉星明等(2012)采用能量平衡方程计算波浪浅水变形,由于没有考虑越浪,数值计算存在一定误差。马小舟等(2013)采用MIKE21-BW 模型模拟了孤立波在进入一侧为开敞水域的细长港(常水深和变水深)时引发的港内响应现象。

　　本节对威海船厂搬迁工程进行了港域波高物理模型试验研究[①],并应用MIKE21-BW 模型,考虑波浪折射、绕射、反射及破碎等物理过程,对港内单向不规则波浪传播变形进行数值研究,并与物理模型试验值进行比较。

9.2.1　数值模型

1.基本方程

模型控制方程采用 Beji 和 Nadaoka 改进后的 Boussinesq 方程(Beji 和Nadaoka,1996):

$$n\frac{\partial \xi}{\partial t}+\frac{\partial P}{\partial x}+\frac{\partial Q}{\partial y}=0 \tag{9.2.1}$$

　　① 海洋工程设计研究院综合试验研究中心. 山东省威海船厂整体搬迁扩建工程水工工程整体波浪物理模型试验报告. 青岛:海军工程设计研究院工程综合试验研究中心,2006.

$$n\frac{\partial P}{\partial t}+\frac{\partial}{\partial x}\left(\frac{P^2}{h}\right)+\frac{\partial}{\partial y}\left(\frac{PQ}{h}\right)+\frac{\partial R_{xx}}{\partial x}+\frac{\partial R_{xy}}{\partial x}+F_x+n^2gh\frac{\partial\xi}{\partial x}$$

$$+n^2P\left[\alpha+\beta\frac{\sqrt{P^2+Q^2}}{h^2}\right]+\frac{gP\sqrt{P^2+Q^2}}{h^2C^2}+n\Psi_1=0 \qquad (9.2.2)$$

$$n\frac{\partial Q}{\partial t}+\frac{\partial}{\partial y}\left(\frac{Q^2}{h}\right)+\frac{\partial}{\partial x}\left(\frac{PQ}{h}\right)+\frac{\partial R_{xx}}{\partial x}+\frac{\partial R_{xy}}{\partial x}+F_y+n^2gh\frac{\partial\xi}{\partial y}$$

$$+n^2Q\left[\alpha+\beta\frac{\sqrt{P^2+Q^2}}{h^2}\right]+\frac{gQ\sqrt{P^2+Q^2}}{h^2C^2}+n\Psi_2=0 \qquad (9.2.3)$$

式中,

$$\Psi_1=-\left(B+\frac{1}{3}\right)h_0{}^2\left(P_{xxt}+Q_{xyt}\right)-nBgh_0{}^3\left(\xi_{xxx}+\xi_{xyy}\right)$$

$$-h_0\mathrm{d}_x\left(\frac{1}{3}P_{xt}+\frac{1}{6}Q_{yt}+nBgh_0\left(2\xi_{xx}+\xi_{yy}\right)\right)-h_0\mathrm{d}_y\left(\frac{1}{6}Q_{xt}+nBgh_0\xi_{xy}\right)$$

$$(9.2.4)$$

$$\Psi_2=-\left(B+\frac{1}{3}\right)h_0{}^2\left(Q_{yyt}+P_{xyt}\right)-nBgh_0{}^3\left(\xi_{yyy}+\xi_{xxy}\right)$$

$$-h_0\mathrm{d}_y\left(\frac{1}{3}Q_{yt}+\frac{1}{6}P_{xt}+nBgh_0\left(2\xi_{yy}+\xi_{xx}\right)\right)-h_0\mathrm{d}_x\left(\frac{1}{6}P_{yt}+nBgh_0\xi_{xy}\right)$$

$$(9.2.5)$$

式中,ξ 为波面相对静水面的高度,m;P、Q 分别为 x、y 方向流量密度,$\mathrm{m}^3\cdot\mathrm{m}^{-1}\cdot\mathrm{s}^{-1}$;$B$ 为 Boussinesq 色散因子,取 1/15;F_x、F_y 分别为 x、y 方向的水平应力项;x、y 为笛卡尔坐标,m;t 为时间,s;h 为水深,$h=\xi+h_0$,m;h_0 为静止水位时的水深,m;g 为重力加速度,$g=9.81\ \mathrm{m}\cdot\mathrm{s}^{-2}$;$n$ 为孔隙率;C 为谢才系数;α 为多孔介质中的层流阻力系数;β 为多孔介质中的湍流阻力系数;R_{xx}、R_{xy} 为水滚引起的非均匀流动所产生的附加质量。

　　控制方程在空间上离散成矩形交错网格,如图 9.2.1 所示,求解微分方程采用交替方向隐式(Alternating Direction Implicit,ADI)算法。标量被定义在网格的节点上,矢量被定义在相邻节点连线的中点。

　　2.消波边界

　　波浪数学模型中,部分边界需要进行消波处理,以免出现边界的多次

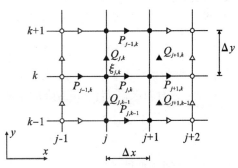

图 9.2.1　BW 模型离散格式

反射,影响数值模拟精度。根据 Larsen 和 Dancy 的研究成果(Larsen 和 Dancy,1983),对于消波边界区域,基本方程引入消波参数 γ、μ,方程表达式为

$$n\frac{\partial \xi}{\partial t}+\gamma\frac{\partial P}{\partial x}+\gamma\frac{\partial Q}{\partial y}=-\frac{1-\mu^{-2}}{\Delta t}\xi \tag{9.2.6}$$

$$n\frac{\partial P}{\partial t}+\frac{\partial}{\partial x}\left(\frac{P^2}{h}\right)+\frac{\partial}{\partial y}\left(\frac{PQ}{h}\right)+\frac{\partial R_{xx}}{\partial x}+\frac{\partial R_{xy}}{\partial x}+F_x+n^2\gamma gh\frac{\partial \xi}{\partial x}$$

$$+n^2P\left[\alpha+\beta\frac{\sqrt{P^2+Q^2}}{h^2}\right]+\frac{gP\sqrt{P^2+Q^2}}{h^2C^2}+n\Psi_1=-\frac{1-\mu^{-2}}{\Delta t}P \tag{9.2.7}$$

$$n\frac{\partial Q}{\partial t}+\frac{\partial}{\partial y}\left(\frac{Q^2}{h}\right)+\frac{\partial}{\partial x}\left(\frac{PQ}{h}\right)+\frac{\partial R_{xx}}{\partial x}+\frac{\partial R_{xy}}{\partial x}+F_y+n^2\gamma gh\frac{\partial \xi}{\partial y}$$

$$+n^2Q\left[\alpha+\beta\frac{\sqrt{P^2+Q^2}}{h^2}\right]+\frac{gQ\sqrt{P^2+Q^2}}{h^2C^2}+n\Psi_2=-\frac{1-\mu^{-2}}{\Delta t}Q \tag{9.2.8}$$

式中,

$$\mu(x)=\begin{cases}\exp\left[(2^{-x/\Delta x}-2^{-x_s/\Delta x})\ln a\right],0<x<x_s\\ 1,\qquad\qquad\qquad\qquad x_s<x,\end{cases}\gamma(x)=0.5(1+1/\mu^2)$$

式中,x_s 为消波层厚度;Δx 为计算网格空间步长,$\Delta x=2$ m;a 的取值与 x_s 和 Δx 的比有关。根据已有的经验,当 $x_s=10\cdot\Delta x$ 时,a 取 5;当 $x_s=100\cdot\Delta x$ 时,a 取 10。

3.波浪边界

在模型内采用沿某一直线进行流量变动的造波方法:通过内部生波实现,主要通过在入射波浪场中沿着指定的生长线添加流量,内生波的优点是可以在波浪生长线后设置消波层,这样超出模型区域的波浪就可以被吸收掉,它与消波层之间是独立的。

数值模型入射波浪采用与物理实验相同的单向不规则波。本节采用由英、美、荷、德等国联合进行的"联合北海波浪计划"获得的 JONSWAP 谱,它包括深、浅水充分成长风浪和成长过程的风浪,得到了广泛应用,其表达式为

$$S(\omega)=\frac{0.78}{\omega^5}\exp\left[-\frac{3.11}{H_s^2\omega^4}\right]\gamma_p^{\exp\left[-\frac{(\omega-\omega_{\max})^2}{2\sigma^2\omega_{\max}^2}\right]} \tag{9.2.9}$$

式中,γ_p 称为谱峰升高因子,γ_p 在 1.5~6 之间,一般取平均值 3.3;$\omega_{\max}$ 为谱峰频率;H_s 为有效波高 $H_{1/3}$;σ 为峰形系数,取为

$$\begin{cases}\sigma=0.07,\omega\leqslant\omega_{\max}\\ \sigma=0.09,\omega>\omega_{\max}\end{cases}$$

9.2.2 物理模型试验

为了使威海市船厂搬迁工程具有可靠的科学依据,确保工程建设更加经济

合理、安全可靠,山东新船重工有限公司委托海军工程设计研究院工程综合试验研究中心进行了本次整体物理模型试验。通过整体波浪物理模型试验测定拟建港口的港内泊稳度,测量港内有关建筑物前的波浪要素,为工程建设提供依据。物理试验模型布置情况如图 9.2.2 所示。

图 9.2.2　物理试验模型布置情况

试验采用 NNW 向、WNW 向和 W 向波浪,波浪重现期分 50 a、25 a、10 a、2 a四种情况,单向不规则波浪进行。试验结果表明,WNW 向、W 向波浪均能直接进入港池,并直射到码头上,实测波高与泊稳要求相差较大;码头面为垂直平面,对波浪的反射较大,入射波和反射波相互迭加,致使港内波况恶化,特别是东、西两侧码头,两者均为直立结构,且走向一致,两者之间的波浪经反射后相互迭加,对港内泊稳非常不利;WNW 向波浪传入港池后在港池内生成的波浪较 W 向大,其原因是 WNW 向波浪在港池内的直射区域离直立码头较近,且直射在东西、南北两个方向的岸壁上,产生的反射波较大,迭加后生成的波浪较大。

本次试验采用 2 a 一遇波浪验证了港内泊稳情况。试验证实,NNW 向波浪作用时,港内各泊位处均满足泊稳要求;WNW 向波浪作用时,泊位 D、F、G和 E 处的泊稳状况不满足要求;W 向 2 a 一遇波浪作用时,泊位 F、G 不满足泊稳要求。试验中对港池内部码头采取了简单的消浪措施,并进行了试验。消浪后的港内泊稳状况优于消浪前,因此对港内建筑物进行设计时,采取必要的消浪措施,或采用消能结构,将大大改善港内的泊稳状况。

9.2.3　泊稳计算

本节对威海船厂物理模型试验过程应用 MIKE21-BW 模块进行数值计算, 水位分别为设计高水位 2.38 m 和设计低水位 0.18 m。波向有 NNW、WNW、W 三种。分三种波况进行计算:波况 1,WNW 向,有效波高 $H_s=1.72$ m,有效周期 $T_s=6.7$ s;波况 2,W 向,$H_s=1.29$ m,$T_s=6.0$ s;波况 3,NNW 向,$H_s=1.8$ m,$T_s=7.4$ s。

计算区域网格 x 和 y 向空间步长均为 2 m,计算时间 30 min,斜坡式防波堤部分反射,数值地形如图 9.2.3 所示,图中左下角浅色区域为港池陆域。

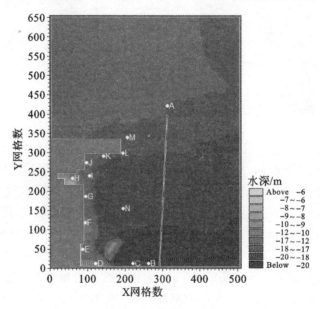

图 9.2.3　数值模型计算区域

将 BW 模型计算结果与试验结果进行比较,如图 9.2.4 和图 9.2.5 所示。从图中可以看出,波向为 W、NNW 时计算值与试验值吻合较好,最大差值不超过 0.1 m;波向为 WNW 时设计高水位下 A 点计算值比试验值大 0.2 m,E、N 两点计算值比试验值小,其他测点吻合较好,设计低水位条件下 M 点计算值比试验值小 0.29 m,其他测点吻合较好。总体来说,数值计算结果是相当理想的, 也表明了 BW 模型在计算近岸波浪传播过程中的可靠性。图 9.2.6 和图 9.2.7 给出了对港内泊稳影响较大的两个波向的波高分布,可以看出 W、WNW 向波浪均能直接进入港池,并直射在码头上,对港内泊稳影响较大,这与物理模型试验结果是一致的。结合码头的设计高程与港内波浪,外侧护岸和防波堤堤头有轻微的上水现象,但上水概率较低,这与试验结果是一致的。

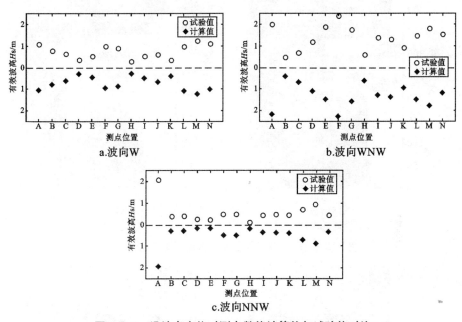

图 9.2.4　设计高水位时测点数值计算值与试验值对比

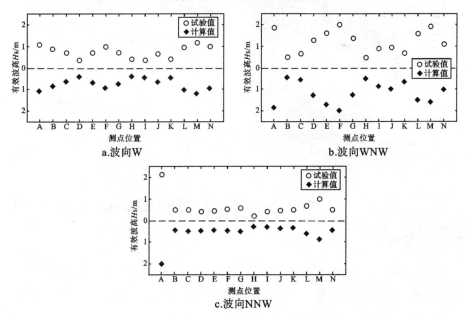

图 9.2.5　设计低水位时测点数值计算值与试验值对比

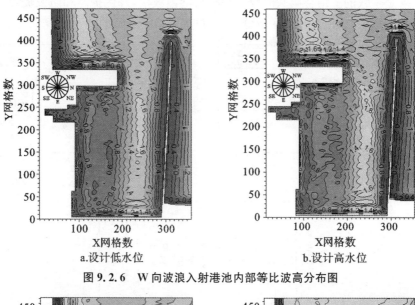

a.设计低水位   b.设计高水位

图 9.2.6　W 向波浪入射港池内部等比波高分布图

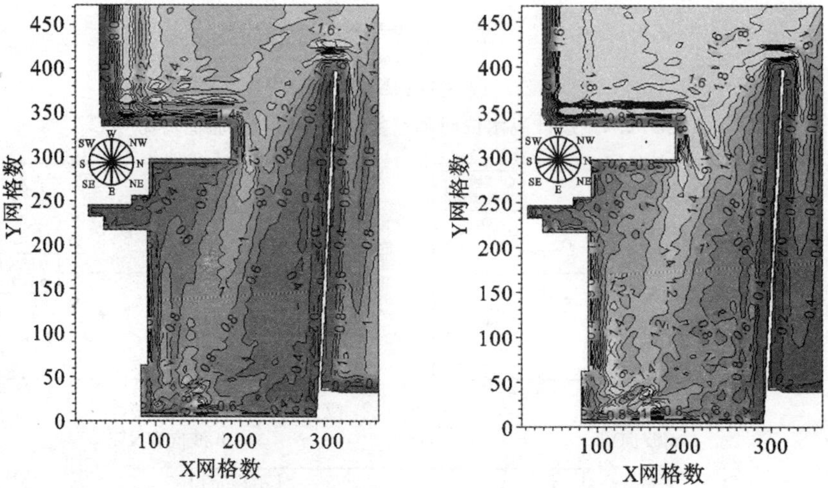

a.设计低水位   b.设计高水位

图 9.2.7　WNW 向波浪入射港池内部等比波高分布图

9.2.4　结语

采用 MIKE21-BW 模块建立近岸波浪数学模型,对威海船厂港域单向不规则波传播变形进行数值模拟,得到了与试验值吻合的结果,表明模型在计算近岸波浪传播过程中的可靠性。

（1）试验证实，NNW 向波浪作用时，港内各泊位处均满足泊稳要求；WNW 向波浪作用时，泊位 D、F、G 和 E 处的泊稳状况不满足要求；W 向 2 年一遇波浪作用时，泊位 F、G 不满足泊稳要求。

（2）经验证，数值计算的港池泊稳情况与试验情况一致，各验证点对比结果较好。

（3）试验和数值计算都证实消浪后的港内泊稳状况优于消浪前，因此对港内建筑物进行设计时，采取必要的消浪措施，或采用消能结构，将大大改善港内的泊稳状况。

9.3　基于能量平衡方程的港池泊稳计算

波浪是海中近岸建筑物遭受的主要动力因素之一，当外海深水区的风浪或涌浪传播到近岸浅水区时，受水深、地形等因素的影响，波浪的传播速度、波长、波高、波面等都会发生明显的变化，准确计算这些因素的综合影响对海岸工程设计，特别是合理地布置防波堤，确保港内的泊稳度具有重要意义。随着理论的不断完善，国内外许多学者建立了多种模拟波浪近岸传播变形的数学模型。例如，基于射线理论的波浪数学模型、基于缓坡方程的波浪数学模型（Berkhoff，1972）、基于 Boussinesq 型方程的波浪数学模型（Orszaghova 等，2012）和基于能量平衡方程的波浪数学模型（Rusul，2013）。不同的模型在实施预报时对波浪的能量输入、能量耗散、折射、绕射、浅水效应及反射等机理各有侧重，然而没有一种模型是可以应用于任意工程状况的，因此应用时需根据工程所在地的物理条件进行选择，以达到模拟所需的精度。

本节对 Mase（2001）建立的考虑绕射项的基于能量平衡方程的多向随机波传播数学模型进行了以下改进：利用 Kirby 和 Dalrymple（1986）提出的适用于各种水深的非线性弥散关系，提高模型计算浅水波浪变形的精度；将我国《水文规范》推荐的文氏谱和其他方向分布函数加入原模型中，丰富了模型的波谱和方向函数选择，能够更好地模拟我国近海的波浪变化，应用范围更广。本节利用改进的模型对双突堤和岛式防波堤的绕射系数图进行了计算，并与《水文规范》图进行了对比分析，证明了此模型的可靠性，为工程中海洋环境预报提供了有力的工具。

9.3.1 能量平衡方程

1. 控制方程

能量平衡方程是适用于大海域的波浪预报模型。在定常状态下,考虑能量耗散项的能量平衡方程为

$$\frac{\partial(v_x S)}{\partial x}+\frac{\partial(v_y S)}{\partial y}+\frac{\partial(v_\theta S)}{\partial \theta}=-\varepsilon_b S \tag{9.3.1}$$

式中,S 表示方向谱密度函数。ε_b 为能量耗散系数,包括波浪破碎能量耗散和底摩擦能量耗散。v_x、v_y 和 v_θ 分别表示波浪沿 x、y 和 θ 方向的传播速度(θ 为波向与 x 轴正方向夹角,逆时针为正),计算可采用下式:

$$(v_x,v_y)=\frac{\partial \omega}{\partial k}\vec{s}=(C_g \cos\theta, C_g \sin\theta)$$

$$v_\theta=-\frac{1}{k}\frac{\partial \omega}{\partial k}\frac{\partial k}{\partial \vec{n}}=\frac{C_g}{C}\left(\sin\theta\frac{\partial C}{\partial x}-\cos\theta\frac{\partial C}{\partial y}\right) \tag{9.3.2}$$

式中,$(\vec{s},\vec{n})$ 分别表示波浪传播方向和其法线方向,C_g 和 C 分别表示波群速度和相位速度。

2. 绕射项的导入

波浪的绕射项可由 Radder 提出的缓坡波浪模型推导出。包含耗散项的缓坡方程可以写成如下形式:

$$2ikCC_g A_{cx}+i(kCC_g)_x A_c+(CC_g A_{cy})_y=-ikC\varepsilon_b A_c \tag{9.3.3}$$

式中,k 为波数,A_c 为复数波幅。等式两侧同时乘 $A_c{}^*$(振幅 A_c 的共轭)与式(9.3.2)等式两侧同时乘 A_c 求和,并利用波能与振幅存在的关系 $E\propto|A_c|^2$,可以得到上述方程式的实部和虚部分别为

$$\begin{cases}(C_g E)_x=-\varepsilon_b E\\(CC_g E_y)_y-CC_g E_{yy}/2\cong 0\end{cases} \tag{9.3.4}$$

利用以上关系,并以波谱密度 S 代替波能 E,Mase(2005)给出了修正的考虑波浪绕射作用的能量平衡方程,其表达式为

$$\frac{\partial(v_x S)}{\partial x}+\frac{\partial(v_y S)}{\partial y}+\frac{\partial(v_\theta S)}{\partial \theta}=$$

$$-\varepsilon_b S+\frac{\kappa}{2\omega}\left\{(CC_g \cos^2\theta S_y)_y-\frac{1}{2}CC_g \cos^2\theta S_{yy}\right\} \tag{9.3.5}$$

式中,ω 表示角频率。S_y 和 S_{yy} 分别表示谱密度函数对空间坐标 y 的一阶导数和二阶导数。系数 κ 为自由参数,通过其改变绕射的影响程度,按工程试验可取 $\kappa=2.5$。

3. 非线性弥散关系

通过非线性弥散关系考虑波浪的非线性效应是一种切实可行的方法,本节采用 Kirby 和 Dalrymple(1986)提出的一个将 Stokes 弥散关系与 Hedges 经验关系相统一的适用于各种水深的弥散关系:

$$\omega^2 = gk[1 + f_1\mu^2 D]\tanh[kh + f_2\mu] \tag{9.3.6}$$

式中,k 为波数,h 为水深,参数 $\mu = kH/2$,$D = [\cosh(4kh) + 8 - 2\tanh^2(kh)]/[8\sinh^2(kh)]$,$f_1 = \tanh^5(kh)$,$f_2 = \left[\dfrac{kh}{\sinh(kh)}\right]^4$。

9.3.2　有限差分方程的建立

1. 控制方程的离散

由于数值耗散项以二阶导数形式表示,与波浪绕射项相类似,为了阻止这种不同于绕射项的数值耗散的生长,Leonard 提出了一种针对对流运动的二次逆风差分格式——QUICK。采用此格式对公式进行离散,式(9.3.5)左侧第一项离散化后为

$$\frac{\partial(v_{x_n}S)}{\partial x} = (S_n^{ijk}v_{x_n}^{(i+1)jk} - S_n^{(i-1)jk}v_{x_n}^{ijk})/\delta x \tag{9.3.7}$$

式(9.3.5)第二项采用 QUICK 差分格式进行离散:

$$\frac{\partial(v_{y_n}S)}{\partial y} = \frac{1}{16\delta y}\{v_{y_n}^{i(j+1)k}(-S_n^{i(j+2)k} + 9S_n^{i(j+1)k} + 9S_n^{ijk} - S_n^{i(j-1)k})$$
$$- v_{y_n}^{ijk}(-S_n^{i(j+1)k} + 9S_n^{ijk} + 9S_n^{i(j-1)k} - S_n^{i(j-2)k})\}$$
$$+ \frac{1}{16\delta y}\{|v_{y_n}^{i(j+1)k}|(S_n^{i(j+2)k} - 3S_n^{i(j+1)k} + 3S_n^{ijk} - S_n^{i(j-1)k})$$
$$- |v_{y_n}^{ijk}|(S_n^{i(j+1)k} - 3S_n^{ijk} + 3S_n^{i(j-1)k} - S_n^{i(j-2)k})\} \tag{9.3.8}$$

在 j 的边界处,采用一阶逆风差分格式进行离散:

$$\frac{\partial(v_{y_n}S)}{\partial y} = \frac{1}{2\delta y}\{(S_n^{i(j+1)k} + S_n^{ijk})v_{y_n}^{i(j+1)k} - (S_n^{ijk} + S_n^{i(j-1)k})v_{y_n}^{ijk}\}$$
$$- \frac{\beta}{2\delta y}\{(S_n^{i(j+1)k} + S_n^{ijk})|v_{y_n}^{i(j+1)k}| - (S_n^{ijk} + S_n^{i(j-1)k})|v_{y_n}^{ijk}|\} \tag{9.3.9}$$

式中,β 为权重系数,本节采用 $\beta = 1.0$。式(9.3.5)左侧第三项同样采用 QUICK 格式进行离散,离散方式同第二项。方程右侧的绕射项采用中心差分格式离散,最终得到式(9.3.5)的有限差分形式如下:

$$A_1 S_n^{ijk} + A_2 S_n^{i(j-2)k} + A_3 S_n^{i(j-1)k} + A_4 S_n^{i(j+1)k}$$
$$+ A_5 S_n^{i(j+2)k} + A_6 S_n^{ij(k-2)} + A_7 S_n^{ij(k-1)}$$

$$+A_8 S_n^{ij(k+1)}+A_9 S_n^{ij(k+2)}=-B S_n^{(i-1)jk}$$

$$(i=1,\cdots,I;j=1,\cdots,J;k=1,\cdots,K;n=1,\cdots,N) \qquad (9.3.10)$$

式中,i,j 分别表示 x 和 y 方向的网格数。n,k 分别表示方向谱离散后的频率数和方向数。Mase 给出了系数 $A_1 \sim A_9$ 和 B 的表达式。采用高斯赛德尔理论求解离散后的差分方程组,可以保证计算的速度和稳定性。

2. 入射边界条件

(1)波浪频谱。20 世纪 80 年代末,中国海洋大学文圣常教授提出了文氏谱(文圣常和张大错,1990)。此谱是由理论导出的,谱中包含的参数很容易求得,精确度高于 JONSWAP 谱,且适用于深、浅水,并通过检验证明与实测资料相符合。该谱已被列入我国《水文规范》,作为规范谱使用。谱函数中引入尖度因子 P 和浅水因子 H^*,其表达式分别为:

1)对于深水水域,当水深 h 满足 $P=95.3 H_s^{1.35}/T_s^{2.7}$,且满足 $1.54 \leqslant P \leqslant 6.77$,$H^*=H/h=0.626 H_s/h \leqslant 0.1$。令 $y_d=1.522-0.245P+0.002\,92P^2$,则风浪频谱的形式为

$$S(f)=\begin{cases} 0.068\,7H_s^2 T_s P \times \exp\left\{-95\left[\ln\dfrac{P}{y_d}\right]\times(1.1T_s f-1)^{\frac{12}{5}}\right\}, & \text{其他} \\ 0.082\,4H_s^2 T_s^{-3} y_d f^{-4}, & f>1.05/T_s \end{cases}$$

$$(9.3.11)$$

2)对于有限深度水域,当 $0.5 \geqslant H^* \geqslant 0.1$ 且尖度因子 P 满足 $1.27 \leqslant P \leqslant 6.77$ 时,令 $y_s=\dfrac{1.307-1.426H^*}{5.813-5.137H^*}\times(6.77-1.088P+0.013P^2)$,则频谱为

$$S(f)=\begin{cases} 0.068\,7H_s^2 T_s P \times \exp\left\{-95\left[\ln\dfrac{P}{y_s}\right]\times(1.1T_s f-1)^{\frac{12}{5}}\right\}, & \text{其他} \\ 0.068\,7H_s^2 T_s y_s\left(\dfrac{1.05}{fT_s}\right)^m, & f>1.05/T_s \end{cases}$$

$$(9.3.12)$$

式中,$m=2(2-H^*)$。

应指出的是:当 f 较小时,式中的 $(1.1T_s f-1)$ 的值是负值,此时应用 $[(1.1T_s f-1)^2]^{1.2}$ 代替,以保证谱密度不为负值。

(2)方向分布函数。《水文规范》中采用的是与频率无关的方向分布函数(Donelan,1985),即

$$G(f,\theta)=G(\theta)=C(n)\cos^{2n}(\theta-\theta_0),\ |\theta-\theta_0|<\frac{\pi}{2} \qquad (9.3.13)$$

式中,θ 为组成波的方向,θ_0 为主波向;n 表示波能方向分布的集中程度,n 值越大,

波能的方向分布越集中。当 $n=1$ 时，$C(1)=2/\pi$；当 $n=2$ 时，$C(2)=8/(3\pi)$。

3. 边界条件

为满足有限差分的数值计算，在计算区域外层设置一层虚拟的网格单元，当网格单元所在位置为开放外海时，设其波谱密度等于位于计算区域边缘的网格单元的波谱密度；当外层虚拟网格单元所在位置为沙滩等自然消波地形，则其波谱密度设置为 0；当实际需要考虑波浪反射时，则设置可能产生较大反射的区域(障碍物附近)的位置作为输入条件，并根据反射程度的不同，设定反射系数，按照 x 和 y 方向的反射情况分别进行计算(Ji 等，2012)。

开边界：

$$S(x,y+\delta y,f,\theta)=S(x,y,f,\theta) \tag{9.3.14}$$

吸波边界：

$$S(x,y+\delta y,f,\theta)=0 \tag{9.3.15}$$

反射：

$$\begin{cases} y:S(x,y+\delta y,f,-\theta+2\alpha)=K_{ry}^2 S(x,y,f,\theta) \\ x:S(x+\delta x,y,f,-\theta+2\alpha)=K_{rx}^2 S(x,y,f,\theta) \end{cases} \tag{9.3.16}$$

式中，K_{ry} 表示 y 方向的反射系数，K_{rx} 表示 x 方向的反射系数，对于 y 方向反射，α 为建筑物与 x 轴的夹角；对于 x 方向反射，α 为建筑物垂向线与 x 轴的夹角。

9.3.3 绕射系数图的绘制

为了验证此模型在波浪模拟中的有效性，本节对随机波浪经过等水深双突堤和岛式防波堤后的变化进行了数值模拟，将计算结果分别按照入射角度 $\theta_0=90°,45°$ 和 $\theta_0=90°,60°,30°$，宽度比 $B/L=2,4,6,8$ 和 $l/L=4,6,8$ 绘制成绕射系数诺模图，并与《水文规范》进行对比。B 表示双突堤口门宽度，L 表示入射波长，l 表示岛堤长。

计算采用入射波高和周期分别为 3 m 和 8 s，波长 $L\approx100$ m，水深 12 m。波浪频谱采用文氏谱，方向函数选用《水文规范》中采用的形式，对方向分布参数 $n=1$ 和 $n=2$ 的情况分别进行计算。计算网格尺度为 $\Delta x \times \Delta y=10$ m×10 m，频谱的频率总数取 10，方向函数的方向总数取 36。

图 9.3.1 和 9.3.2 给出了不同角度入射情况下，双突堤后波浪模型的计算结果和《水文规范》的波高比等值线比较图。图中实线为波浪模型计算结果，虚线为《水文规范》结果。其中(a)(c)(e)(g)为方向分布参数 $n=1$ 的情况下，B/L 分别为 2~8 时双突堤后绕射系数对比图，(b)(d)(f)(h)为方向分布参数 $n=2$ 的情况下，B/L 分别为 2~8 时双突堤后绕射系数对比图。从图 9.3.1 正向入

射绕射系数图中可以看出 $n=1$ 和 $n=2$ 的趋势大致相同:小口门($B/L=2$)情况下,0.4～0.8 等高线计算结果与《水文规范》结果吻合较好,其余等高线计算结果相对于《水文规范》结果偏小;大口门($B/L=6、8$)情况下等高线计算结果基本与《水文规范》结果吻合,中尺度($B/L=6$)吻合情况介于两者之间。

图 9.3.2 为斜向 45°入射绕射系数图,其趋势与正向入射略有差异:$n=1$ 时,小口门,0.3～0.7 等高线计算结果与《水文规范》结果十分接近,其余值偏小;中、大口门的计算结果较《水文规范》结果略小;$n=2$ 时,小、中口门多数等高线计算结果与《水文规范》结果吻合良好,大口门计算结果较《水文规范》结果略小。

图 9.3.3 和 9.3.4 给出了不同角度入射情况下,岛式防波堤后波浪模型的计算结果和《水文规范》的绕射系数等值线对比图,其中图 9.3.3(a)(b)(c)和(d)(e)(f)分别为方向 60°和 30°时各宽度的岛式防波堤后绕射系数对比图,图 9.3.4 为 90°入射时不同宽度的岛式防波堤后绕射系数对比图。图中实线为波浪模型计算结果,虚线为《水文规范》结果。总结图中等高线的规律如下:正向入射时,堤外 0.9 等高线计算值比《水文规范》值小,堤内等高线计算值比《水文规范》值略大;斜向 60°入射时,0.9 值比《水文规范》值小,0.8 等高线计算结果与《水文规范》值吻合较好,其余等高线计算值比《水文规范》值大;斜向 30°入射时,0.4～0.7 等高线计算值比较接近《水文规范》值,0.8～0.9计算值偏小。

9.3.4　结语

本节对考虑绕射项的基于能量平衡方程的多向随机波浪传播模型进行了改进,提高了模型计算浅水变形的精度,防止了数值耗散的发生,丰富了模型的波谱和方向函数选择,能够更好地模拟波浪在近岸传播的折射、绕射、反射、能量耗散等现象,使模型的应用范围更加广泛。在此基础上,利用改进的模型对双突堤和岛式防波堤的绕射系数诺谟图进行了绘制,并与《水文规范》中的绕射系数诺谟图进行了对比。得到以下结论:

(1)正向入射双突堤的计算结果与《水文规范》结果吻合良好;斜向入射时,参数 $n=2$ 的计算结果更接近《水文规范》结果。

(2)岛式防波堤的计算值,在堤外比《水文规范》值小,堤内较《水文规范》值大,大致上与《水文规范》结果很接近,可以为工程所用。

(3)计算结果在口门处吻合情况较差,所有等高线均从堤沿处开始,这可能和波浪与建筑物的复杂作用有关。

综上,本模型虽然在局部存在偏差,仍可较好地计算波浪通过不同防波堤绕射下的港池泊稳状况。其偏差有待在今后的研究中作进一步改进。

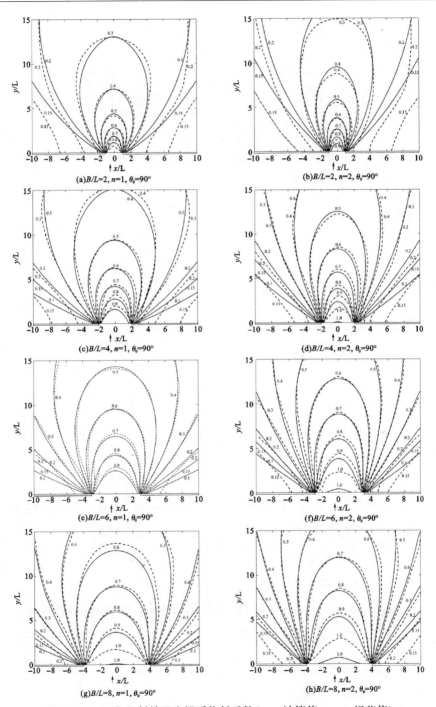

(a)$B/L=2$, $n=1$, $\theta_0=90°$

(b)$B/L=2$, $n=2$, $\theta_0=90°$

(c)$B/L=4$, $n=1$, $\theta_0=90°$

(d)$B/L=4$, $n=2$, $\theta_0=90°$

(e)$B/L=6$, $n=1$, $\theta_0=90°$

(f)$B/L=6$, $n=2$, $\theta_0=90°$

(g)$B/L=8$, $n=1$, $\theta_0=90°$

(h)$B/L=8$, $n=2$, $\theta_0=90°$

图 9.3.1　正向入射的双突堤后绕射系数（········计算值　——规范值）

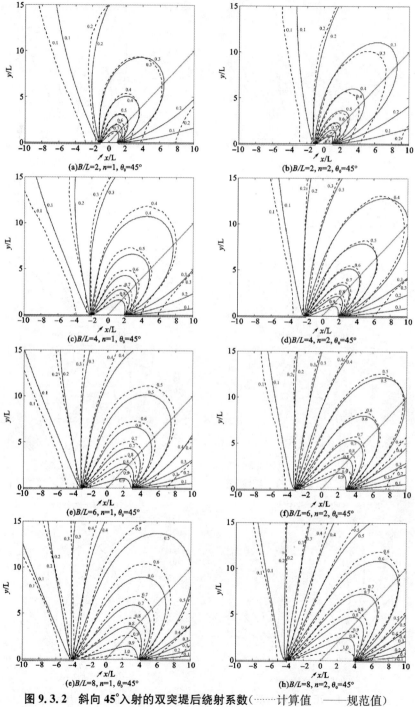

图 9.3.2 斜向 45°入射的双突堤后绕射系数(┈┈┈计算值 ━━━规范值)

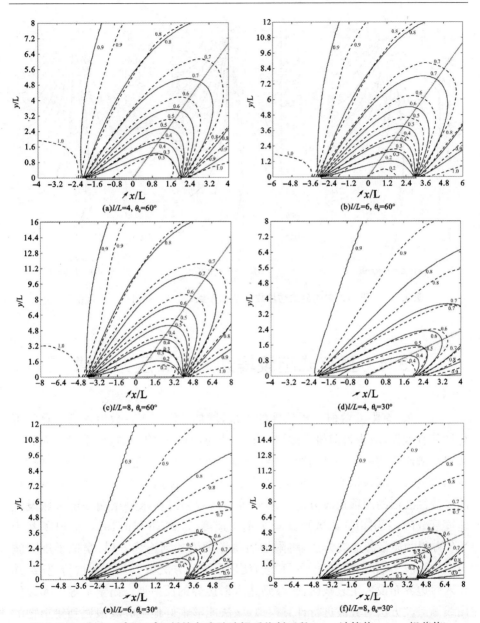

图 9.3.3　斜向 60°和 30°入射的岛式防波堤后绕射系数(┄┄┄计算值　──规范值)

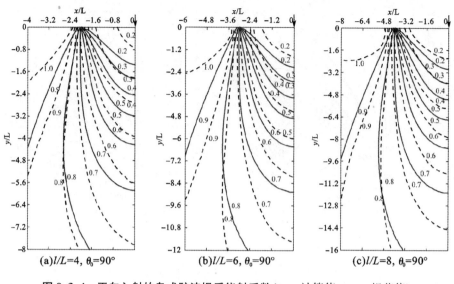

图9.3.4　正向入射的岛式防波堤后绕射系数(┈┈计算值　——规范值)

9.4　直立式防波堤迎浪面波压力计算

近年来,有限元数值分析软件的出现,增加了海岸工程数值水槽计算的可行性和有效性,成为目前研究波浪与海上结构物相互作用的重要手段。而数值波浪水槽研究的一个关键问题是要有效地消除波浪遇到建筑物产生的反射波。有学者进行了深入探索。Brorsen和Larsen(1987)提出了适合于边界积分方程的非线性波浪的源项造波方法。Arai等(1993)通过在水槽尾端一定区域设置速度衰减区,采用指数函数形式减小垂向速度。Lin和Liu(1999)提出了基于N-S方程的质量源造波方法,将附加质量源项添加到连续方程,模拟了规则波与不规则波。刘海青和赵子丹(1999)使用有限元方法对N-S方程进行离散,并在入射边界布设人工衰减区,吸收到达入射边界的反射波。高学平等(2002)使用线源造波方法对驻波进行计算模拟,该法能够很好地吸收波浪遇到建筑物的反射波。周勤俊等(2005)利用FLUENT商业软件,将入射波场作为人工的分布源项加入到动量方程中,提出了一种适用于VOF方法的造波和消波方法。Lin和Xu(2006)通过基于VOF方法追踪自由面的二维数值波浪水槽对直立防浪堤进行数值模拟研究。董志和詹杰民(2009)基于不可压缩流体方程并采用

VOF 方法,提出了动边界造波的数值方法,建立了能够模拟弱非线性波的数值波浪水槽。张博杰和张庆河(2012)基于开源程序 OpenFOAM,通过在质量守恒方程中添加质量源来实现域内源造波,采用阻尼消波,可以较好地模拟行进波和立波,并且能够较好地避免边界反射及二次反射。

　　基于源项造波理论,本节采用 FLUENT 软件,通过二次开发实现了数值水槽的造波和消波功能,建立了可以有效模拟线性波浪和多种非线性规则波(如Stokes 波、孤立波等)的数值波浪水槽,分析了造波和消波的有效性,对直立式防波堤波浪力进行了数值研究。将数值计算结果与试验结果,以及按照我国规范方法计算的结果进行了比较,所得结论对海岸结构设计有指导意义。

9.4.1 数学模型

1. 控制方程

假设流体是不可压缩的,则描述流体运动的控制方程包括以速度和压力为变量的连续性方程和动量方程。连续性方程为

$$\frac{\partial \rho}{\partial t} + \frac{\partial (\rho u)}{\partial x} + \frac{\partial (\rho v)}{\partial y} = 0 \qquad (9.4.1)$$

动量方程为

$$\begin{cases} \dfrac{\partial (\rho u)}{\partial t} + u\dfrac{\partial (\rho u)}{\partial x} + v\dfrac{\partial (\rho u)}{\partial y} = \mu\left(\dfrac{\partial^2 u}{\partial x^2} + \dfrac{\partial^2 u}{\partial y^2}\right) - \dfrac{\partial p}{\partial x} + F_x \\ \dfrac{\partial (\rho v)}{\partial t} + u\dfrac{\partial (\rho v)}{\partial x} + v\dfrac{\partial (\rho v)}{\partial y} = \mu\left(\dfrac{\partial^2 v}{\partial x^2} + \dfrac{\partial^2 v}{\partial y^2}\right) - \dfrac{\partial p}{\partial y} + F_y - \rho g \end{cases} \qquad (9.4.2)$$

式中,u 和 v 分别是 x 和 y 方向上的速度分量,p 是压强,μ 是动力学黏性系数,g 为重力加速度。F_x 和 F_y 分别是在 x 和 y 方向上的附加动量源项。

2. 数值造波和消波方法

数值水槽不仅需要造波,也需要消波,尤其是在研究波浪与结构物的相互作用时,有效地消除入射波与结构物相互作用后的反射波至关重要。根据源造波理论,可以在连续方程中,或在动量方程中,或同时在两个方程中添加源项达到造波和消波的目的。本节采用在动量方程中添加源项,基本思想是通过控制方程推导出源项,源项的作用是对造波区和消波区的流体增加和减少随时间进行周期性变化的动量,进行数值模拟。

　　选择不考虑黏性作用的欧拉方程推求各区域源项的表达式。先将 x 方向上添加源项和未添加源项的动量方程分别离散为

$$\begin{cases} \rho\,\dfrac{u_M^{N+1}-u_C^N}{\Delta t}+\rho u_C^N\,\dfrac{\partial u_C^N}{\partial x}+\rho v_C^N\,\dfrac{\partial u_C^N}{\partial y}=-\dfrac{\partial p_C^N}{\partial x}+F_x \\[2mm] \rho\,\dfrac{u_M^{N+1}-u_M^N}{\Delta t}+\rho u_M^N\,\dfrac{\partial u_M^N}{\partial x}+\rho v_M^N\,\dfrac{\partial u_M^N}{\partial y}=-\dfrac{\partial p_M^N}{\partial x} \end{cases} \tag{9.4.3}$$

假设,造波区波动场为

$$\begin{cases} u_M=cu_l \\ v_M=cv_l \\ p_M=cp_l,\text{其中}[c]_{x\min}=0;[c]_{x\max}=1。 \end{cases} \tag{9.4.4}$$

前端消波区波动场为

$$\begin{cases} u_M=cu_j+(1-c)u_l \\ v_M=cv_j+(1-c)v_l \\ p_M=cp_j+(1-c)p_l,\text{其中}[c]_{x\min}=0;[c]_{x\max}=1。 \end{cases} \tag{9.4.5}$$

尾端消波区波动场为

$$\begin{cases} u_M=cu_j \\ v_M=cv_j \\ p_M=cp_j,\text{其中}[c]_{x\min}=1;[c]_{x\max}=0。 \end{cases} \tag{9.4.6}$$

式中,N 和$(N+1)$分别代表 N 和$(N+1)$时刻的值,M,l,j 分别代表离散值、来波值和计算值。$c=c(x)$是与空间位置有关的光滑过渡加权函数。

将以上各区的速度和压力表达式(9.4.4)~式(9.4.6)代入式(9.4.3),联立方程求解,得到水槽中各功能设置区内的动量源项。本节以造波区为例,源项表达式如下:

$$\begin{cases} F_x-(1-c)\left(\dfrac{\partial p_j}{\partial x}-\rho\,\dfrac{u_j}{\Delta t}\right)+\rho(1\quad c^2)\left(u_j\,\dfrac{\partial u_j}{\partial x}+v_j\,\dfrac{\partial u_j}{\partial y}\right) \\[2mm] F_y=(1-c)\left(\dfrac{\partial p_j}{\partial y}-\rho\,\dfrac{v_j}{\Delta t}\right)+\rho(1-c^2)\left(u_j\,\dfrac{\partial v_j}{\partial x}+v_j\,\dfrac{\partial v_j}{\partial y}\right)+\rho g \end{cases} \tag{9.4.7}$$

将各区的源项表达式采用 C 语言编程,通过 FLUENT 软件的 UDF 接口分别代入动量方程式(9.4.2),进而实现水槽中各功能区的造波和消波。

9.4.2　模型建立与网格划分

模拟二维数值水槽时,在 Gambit 中进行网格的建立。为了更好地捕捉自由液面,在水面处一个波高范围内进行适当加密,采用结构化网格进行划分。网格划分时,沿着水槽的长度方向一个波长内 80～100 个网格,高度方向一个波高内 20 个网格。水槽部分网格如图 9.4.1 所示。二维数值水槽模型如图 9.4.2所示。

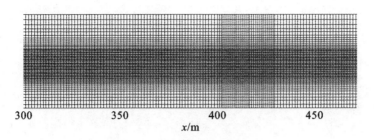

图 9.4.1　水槽网格划分示意图

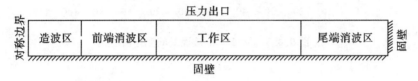

图 9.4.2　二维数值水槽分区及边界条件示意图

边界条件：数值水槽从左到右依次为造波区、前端消波区、工作区和尾端消波区。左边界为对称边界，上边界为压力出口边界，下边界和右边界设置为固壁边界。

初始条件：流场的初始速度为零，迭代精度为 0.001，每步最多迭代 20 次。在 FLUENT 中进行模型设置，湍流模型采用 RNG 的 k-ε 模型，压力速度耦合 PISO 算法求解非定常状态下的紊流问题。

9.4.3　数值波浪水槽模型的验证

1. 数值水槽造波的准确性

本节算例中，水槽的总长 750 m，高度 42.62 m，水深 22.62 m，空气高度范围取 20 m。造波区长度为 120 m，前端消波区长度为 120 m，工作区为 310 m，尾端消波区为 200 m。波高取为 7.3 m，周期为 8.9 s，由于波陡大于 0.1，这时候需要考虑波浪的非线性作用，因此使用 Stokes 波浪理论来进行研究。与高阶的理论解相比，二阶 Stokes 波的计算结果和基于瞬态不可压缩流的 N-S 方程求解结果相差甚微，考虑计算成本和计算精度，二阶 Stokes 波足以满足工程需求。本节通过 FLUENT 中的 UDF 宏编写程序，实现造波和消波，运行一段时间后，水槽中会出现稳定的波形。图 9.4.3 和图 9.4.4 分别给出了 $x=250$ m、$x=350$ m 两个位置处的波高历时曲线图。由图可见，与理论波面曲线比较，建立的数值水槽能产生历时较长稳定的波浪，计算值与理论值吻合较好。

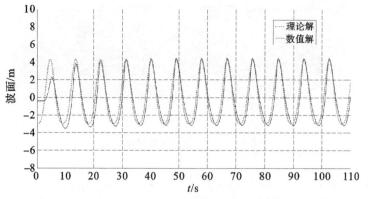

图 9.4.3 $x=250$ m 波面时间变化曲线

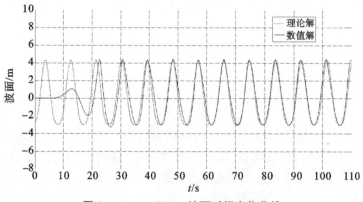

图 9.4.4 $x=350$ m 波面时间变化曲线

2. 网格依赖性检验

数值水槽沿长度方向的网格长度分别取值 $dx=1.2$ m,1.5 m,2 m,计算时间步长 dt 取值为 0.005 s,0.01 s,在水槽 $x=250$ m 位置处设置波面变化监测点,图 9.4.5 为三种网格划分方案在时间步长为 0.005 s 时波面历时变化计算结果,图 9.4.6 为三种网格划分方案在时间步长为 0.01 s 时波面历时变化计算结果。由图可见,不同方案计算结果基本吻合。本节在计算中取 $dx=1.5$ m,$dt=0.01$ s 作为网格划分标准。

3. 前端消波区的消波效率

将水槽右边界设为固壁,去掉末端消波区,这样入射波遇到直墙后会发生全反射。当入射波与反射波迭加,水槽中会出现驻波的现象,而且驻波的波幅为入射波的两倍。图 9.4.7 所示是直墙前波高最大时一个波长左右的波面曲线,图 9.4.8 所示为 $x=460$ m 处的波面历时曲线,波浪稳定后可以看到波高大约是入射波高的两倍,这说明前端消波区能较好地吸收直墙反射的波浪。

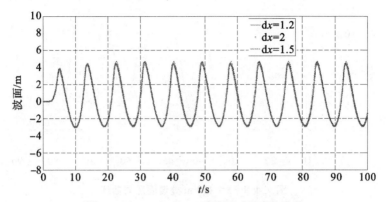

图 9.4.5　dt＝0.005 s 时波面时间变化曲线

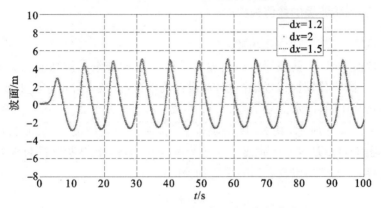

图 9.4.6　dt＝0.01 s 时波面时间变化曲线

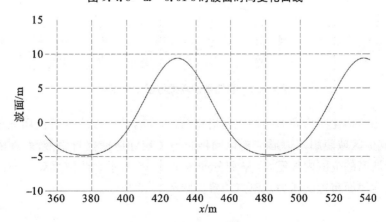

图 9.4.7　墙前驻波波面曲线

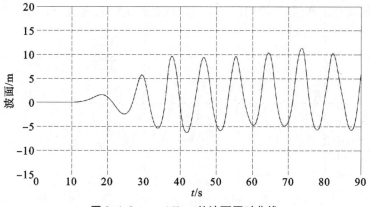

图 9.4.8　*x* = 460 m 处波面历时曲线

9.4.4　直墙防波堤的数值模拟

1. 直墙防波堤数值模型的建立

在数值水槽中,防波堤距离左边界 400 m,模拟波浪的波高取 7.3 m,周期为 8.9 s。试验分别模拟极端高水位、设计高水位,以及设计低水位下波浪与建筑物的相互作用,即水深分别是 22.62 m,21.88 m,以及 19.68 m。波浪水槽示意图如图 9.4.9 所示,其中,H 为堤前波高,m 为外侧坡度,L 为波长,h 为水深,h_1 堤前水深,B 为平台宽度。左边界为对称边界,上边界设置为压力出口,底部边界、堤坝结构以及右边界设置均为固壁边界。

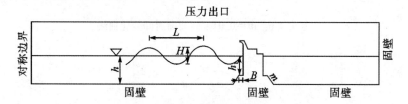

图 9.4.9　直墙防波堤数值模型示意图

采用结构化网格和非结构化网格相结合,在直墙防波堤附近使用三角形网格,在其他区域使用四边形结构化网格。为了较好地捕捉自由液面,在液面上下一个波高的范围内加密,网格划分如图 9.4.10 所示。防波堤模型断面尺寸与堤身迎浪面布置的压力监测点位置如图 9.4.11 所示。

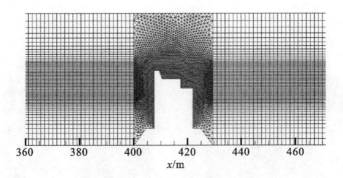

图 9.4.10　数值水槽网格划分示意图

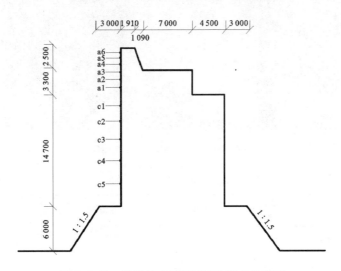

图 9.4.11　模型尺寸与堤面压力测点分布图

2.直墙防波堤波浪力的物理模型试验

物理模型试验采用的是某扩建工程东护岸断面物理模型试验。模型试验是在海军工程设计研究院工程综合试验研究中心进行的。试验在长 50.0 m、宽 1.2 m、深 1.2 m 的不规则波水槽中进行的。水槽一端为低惯量直流式电机不规则造波机。造波机产生的最大波高为 0.23 m。波浪水槽的另一端为钢质多孔的消能设施,其反射率小于 5%。水槽在宽度方向上分两格,分别为 0.8 m 和 0.4 m,宽度 0.8 m 的一格放置模型,0.4 m 的一格用于消能。

按照《试验规程》的要求,本试验重力是主要作用力,因此,按照重力相似准则进行设计,即模型与原型之间须满足 Froude 数相等,按模型比尺 $\lambda = 40$ 进行波要素设计和模型制作,时间比尺 $\lambda_T = \lambda^{1/2} = \sqrt{40}$,单宽流量比尺 $\lambda_q = \lambda^{3/2} =$

$403/2$,力的比尺 $\lambda_F=\lambda^3=40^3$,压强比尺 $\lambda_p=\lambda=40$。图 9.4.12 所示为物理模型试验断面图。表 9.4.1 所示为该试验的波浪要素参数。

图 9.4.12　物理模型试验断面图

表 9.4.1　物理模型试验的波浪要素

序号	水位	水深 h/mm	波高 H/mm	周期 T/s
1	极端高水位	565.5	182.5	1.407
2	设计高水位	547.0	182.5	1.407
3	设计低水位	492.0	182.5	1.407

注:波高模型比尺为 $\lambda_H=\lambda=40$,周期模型比尺为 $\lambda_T=\lambda^{0.5}=\sqrt{40}$。

3.波压力沿堤面分布的对比

由于波浪的作用,在海堤上会形成垂直于堤面的波浪正压力和波浪负压力,本节分别测定了极端高水位、设计高水位、设计低水位时候的各个测点的最大正向波压力和最大负向波压力。将三种水位下数模和物模波压力值与我国《海堤工程设计规范》(SL435—2008)计算的波压力值进行对比,并绘制压力曲线包络图(图 9.4.13～图 9.4.15)。

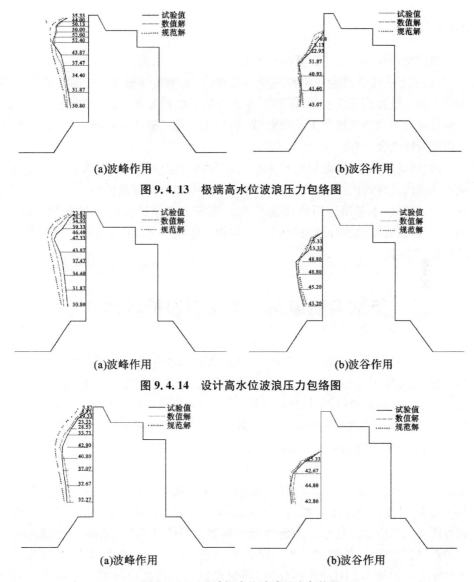

图 9.4.13　极端高水位波浪压力包络图

图 9.4.14　设计高水位波浪压力包络图

图 9.4.15　设计低水位波浪压力包络图

　　由图可见,数模波压力包络图和物模波压力包络图吻合较好,说明本节构建的数值水槽可以有效模拟波浪与结构物相互作用。同时本节中,数模计算和物模试验得到的波峰作用时最大波浪压力值均比规范值要小,主要原因是规范设计中,为了保证结构的安全性,会增加安全性系数,从而会使规范值变大。最后,物模试验和数模计算中,均出现越浪现象,建议对胸墙适当加固。

9.4.5 结语

通过物理模型试验与计算的对比分析,得到如下结论:

(1)基于非线性波浪理论和源项造波理论,本节在动量方程中添加附加源项建立的二维数值波浪水槽,能够产生历时较长的稳定的非线性规则波浪,能够吸收波浪遇到建筑物产生的反射波,消除建筑物反射波的影响,计算结果与理论解析解吻合较好。

(2)计算结果表明,数模波压力包络图和物模波压力包络图吻合较好。与规范计算值进行对比:在波峰作用时,数模和物模值均比规范值小。

综上所述,本节所采用的动量源造波、消波方法原理清晰,形式简单,计算稳定,可以高效率地进行波浪与海上结构物的作用研究,并为实际工程方案的设计提供参考。

9.5　芝罘湾航道疏浚工程悬沙扩散预测分析

当平面尺度远大于垂向尺度时,三维的潮流运动即满足基于深度平均的浅水方程(王立辉等,2006),由此将模型简化为二维平面模型。水动力模块基于二维浅水方程的数值解,包括连续方程、运动方程以及温盐方程等,而泥沙输移模块则是基于水动力模块的对流—扩散项进行计算。MIKE21 是一款针对湖泊、河流、河口、海湾以及海洋等进行数值模拟的专业软件(张华杰等,2012),其 MIKE21FM 模块基于灵活的无结构网格有限体积法(Warren 和Bach,1992)在处理岛屿较多、岸线复杂的海域具有无可比拟的优势。基于MIKE21FM 模块可以建立水动力—泥沙耦合模型。在耦合模型中,计算的流程如图 9.5.1 所示。在水动力泥沙耦合模型中,MIKE21FM 在时间上采用显式的迎风差分格式,按照增量步顺序逐步完成计算。在一个增量步内,首先基于浅水方程对潮流(HD)进行计算,同时得到对流—扩散结果。然后基于对流—扩散结果进行泥沙输移(MT)的计算。随后进入下一个增量步的计算(DHI,2011)。

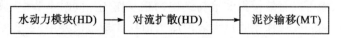

图 9.5.1　水动力泥沙耦合模型计算流程

9.5.1　模型基本方程

1. 水动力模块基本控制方程

(1)连续方程:

$$\frac{\partial h}{\partial t}+\frac{\partial M}{\partial x}+\frac{\partial N}{\partial y}=hS \tag{9.5.1}$$

(2)运动方程:

$$\frac{\partial u}{\partial t}+u\frac{\partial u}{\partial x}+v\frac{\partial u}{\partial y}+g\frac{\partial z}{\partial x}+g\frac{u\sqrt{u^2+v^2}}{C^2h}=v_t\left(\frac{\partial^2 u}{\partial x^2}+\frac{\partial^2 u}{\partial y^2}\right) \tag{9.5.2}$$

$$\frac{\partial v}{\partial t}+u\frac{\partial v}{\partial x}+v\frac{\partial v}{\partial y}+g\frac{\partial z}{\partial x}+g\frac{v\sqrt{u^2+v^2}}{C^2h}=v_t\left(\frac{\partial^2 v}{\partial x^2}+\frac{\partial^2 v}{\partial y^2}\right) \tag{9.5.3}$$

式中,x,y,t 分别为空间坐标、时间;z 为水位(m);h 为水深(m);u,v 分别为垂线平均流速在 x,y 方向的分量($\mathrm{m \cdot s^{-1}}$);M,N 分别为单宽流量在 x,y 方向的分量($\mathrm{m^2 \cdot s^{-1}}$),$M=hu,N=hv$;$v_t$ 为紊动黏性系数;g 为重力加速度;n 为曼宁糙率系数;C 为曼宁系数,可按下式计算:

$$C=\frac{1}{n}\cdot h^{\frac{1}{6}} \tag{9.5.4}$$

(3)浅水方程。整合运动方程和连续方程,可得二维浅水方程如下:

$$\frac{\partial h}{\partial t}+\frac{\partial h\bar{u}}{\partial x}+\frac{\partial h\bar{v}}{\partial y}=hS \tag{9.5.5}$$

$$\frac{\partial h\bar{u}}{\partial t}+\frac{\partial h\bar{u}^2}{\partial x}+\frac{\partial h\overline{uv}}{\partial y}=f\bar{v}h-gh\frac{\partial \eta}{\partial x}-\frac{h}{\rho_0}\frac{\partial \rho_a}{\partial x}-\frac{gh^2}{2\rho_0}\frac{\partial \rho}{\partial x}$$

$$+\frac{\tau_{sx}}{\rho_0}-\frac{\tau_{bx}}{\rho_0}-\frac{1}{\rho_0}\left(\frac{\partial S_{xx}}{\partial x}+\frac{\partial S_{xy}}{\partial y}\right)+\frac{\partial}{\partial x}(hT_{xx})+\frac{\partial}{\partial y}(hT_{xy})+hu_sS \tag{9.5.6}$$

$$\frac{\partial h\bar{v}}{\partial t}+\frac{\partial h\overline{vu}}{\partial x}+\frac{\partial h\bar{v}^2}{\partial y}=-f\bar{u}h-gh\frac{\partial \eta}{\partial y}-\frac{h}{\rho_0}\frac{\partial \rho_a}{\partial y}-\frac{gh^2}{2\rho_0}\frac{\partial \rho}{\partial y}$$

$$+\frac{\tau_{sy}}{\rho_0}-\frac{\tau_{by}}{\rho_0}-\frac{1}{\rho_0}\left(\frac{\partial S_{yx}}{\partial x}+\frac{\partial S_{yy}}{\partial y}\right)+\frac{\partial}{\partial x}(hT_{xy})+\frac{\partial}{\partial y}(hT_{yy})+hv_sS \tag{9.5.7}$$

式中,t 是时间;x,y,z 为右手 Cartesian 坐标系;h_0 为静止水深;$h=\eta+h_0$ 为总水深;η 为水位;u,v 分别为流速在 x,y 方向上的分量;ρ 为水的密度,ρ_0 则是参考水密度;p_a 为当地的大气压;$f=2\Omega\sin\varphi$ 为 Coriolis 参数(Ω 是地球自转角频率,φ 为地理纬度);$f\cdot\bar{u}$ 和 $f\cdot\bar{v}$ 为地球自转引起的加速度;S_{xx},S_{xy},S_{yy} 为辐射应力分量;$T_{xx},T_{xy},T_{yx},T_{yy}$ 为水平黏滞应力项,S 为源汇项,(u_s,v_s) 为源汇项水流流速。

$\bar{u}$ 和 $\bar{v}$ 分别表示 x, y 方向沿深度方向的平均速度,定义为

$$h\bar{u} = \int_{-d}^{\eta} u\,dz; \quad h\bar{v} = \int_{-d}^{\eta} v\,dz \tag{9.5.8}$$

水平方向上 T_{ij} 包括水流的黏滞摩擦、紊动摩擦以及差异平流。基于平均深度流速梯度的涡黏公式如下:

$$T_{xx} = 2A\frac{\partial \bar{u}}{\partial x}, \quad T_{xy} = A(\frac{\partial \bar{u}}{\partial y} + \frac{\partial \bar{v}}{\partial x}), \quad T_{yy} = 2A\frac{\partial \bar{v}}{\partial y} \tag{9.5.9}$$

2. 泥沙输移模块基本控制方程

黄建维等(2011)将黏性泥沙数学模型的床面冲淤源项表达为冲刷通量和沉降通量两部分。根据具体工程应用,稍作修改,转化为泥沙排放源项和沉积/侵蚀源项两部分,具体的控制方程为

$$\frac{\partial \bar{c}}{\partial t} + u\frac{\partial \bar{c}}{\partial x} + v\frac{\partial \bar{c}}{\partial y} = \frac{\partial}{\partial x}(\varepsilon_x \frac{\partial \bar{c}}{\partial x}) + \frac{\partial}{\partial y}(\varepsilon_y \frac{\partial \bar{c}}{\partial y}) + S_1 - S_2 \tag{9.5.10}$$

式中,$\bar{c}$ 为深度平均的悬沙浓度,$g \cdot m^{-3}$;u, v 为平面上两个方向沿深度平均的流速,$m \cdot s^{-1}$;ε_x, ε_y 为平面上两个方向的悬沙扩散系数,$m^2 \cdot s^{-1}$;S_1 为泥沙排放源项,$g \cdot m^{-3} \cdot s^{-1}$;$S_2$ 为泥沙沉积或侵蚀源项,$g \cdot m^{-3} \cdot s^{-1}$。

9.5.2 疏浚工程悬沙扩散分析

1. 模型建立

为了评价芝罘湾航道疏浚工程对周围海域环境的影响,借助丹麦 DHI 公司研发的 MIKE21 专业工程软件包中的 M21FM 模块,耦合 HD 水动力以及 MT 泥沙输移模块,建立了芝罘湾的水动力泥沙耦合模型。包括渤海湾以及芝罘湾两个尺度的模型嵌套。

大模型的范围为渤海湾 122.5°E 以西渤海湾为主的海域(图 9.5.2),网格尺度大约为 1.5 km。按照计算精度要求对芝罘湾海域进行加密处理,网格尺度约为 50 m,该区域的水深地形、网格划分分别如图 9.5.3(a)、(b)所示。根据经验,在考虑 K_1, O_1, M_2, S_2 四个主要分潮的情况下便可以较精确地模拟渤海海域的潮流,故本模型采用以上四个主要分潮,制作渤海湾大模型的边界条件。使用 MIKE21 自带的干湿动边界功能模拟潮流运动引起的岸线变化,曼宁系数确定为 0.14 左右(殷齐麟,等,2016)。

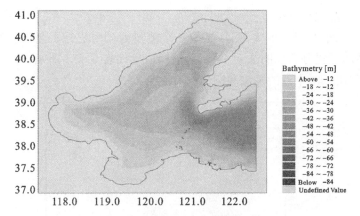

图 9.5.2　大模型范围水深地形图

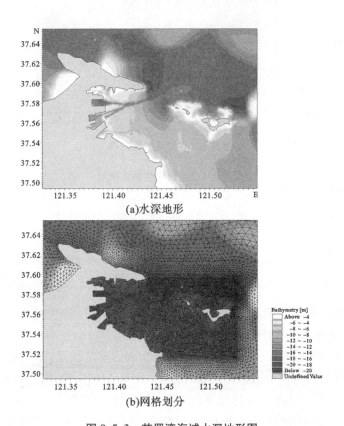

(a)水深地形

(b)网格划分

图 9.5.3　芝罘湾海域水深地形图

2.数据对比与分析

在 2013 年 9 月份的大潮日,选取三个测量点同时进行了潮位和潮流的测量。各站的位置分布如图 9.5.4 所示,坐标信息如表 9.5.1 所示。由于篇幅的限制,仅列出了两个点的潮位和潮流的对比结果。

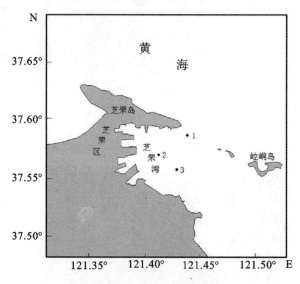

图 9.5.4 测站位置分布

表 9.5.1 各观测站站点信息

时间	站点	纬度/N	经度/E
	1	37.586 83°	121.442 95°
2013 年 9 月	2	37.572 37°	121.410 61°
	3	37.552 71°	121.426 28°

潮位的对比结果绘于图 9.5.5 中。可以看出,对于潮位的模拟,结果比较精确,高低潮相位相差不大,高低潮位值最大偏差 10 cm 左右。流速、流向的验证结果表明,模拟得到的流速、流向结果与实测值非常接近,除了 1 号站 16:00时的流速测量值与模拟值相差比较大。导致该差值的可能原因有两个:①仪器的测量原因,②对实测流速进行垂向加权平均过程产生的误差。从图 9.5.6 可以看出,流速过程线的形态走势基本一致,涨、落潮段的流速偏差多在 5 cm · s^{-1}以下,不超过 10%。流向的结果也比较相符,该 1、3 号站的潮流主流向为 N—S向;流向值偏差在 10°以内,转流的时间也比较一致(图 9.5.7)。

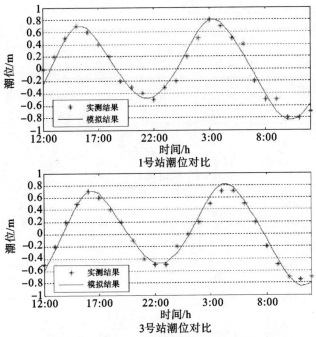

图 9.5.5　1、3 号潮位站潮位验证曲线

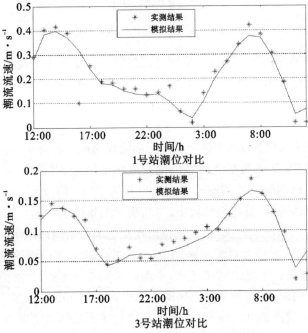

图 9.5.6　1、3 号测站流速验证曲线图

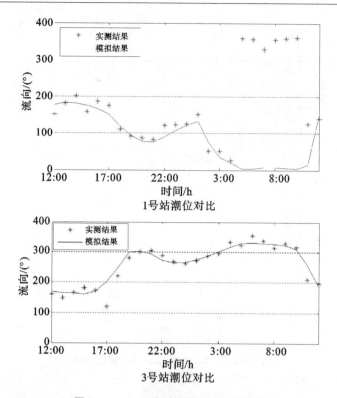

图 9.5.7　1、3 号测站流向验证曲线图

从对比结果看,MIKE21FM 模型对该芝罘湾海域流场的模拟结果满足《海岸与河口潮流泥沙模拟技术规范》(JTS/T 231-2—2010)的要求,能真实反映该海域的流场条件,再现其流场分布及变化。

3. 流场分析

以芝罘湾涨急和落急两个典型时刻的潮流场为例进行流场分析,如图 9.5.8 所示。落急时刻,芝罘湾东北海域的潮流流向主要为 SE-NW 向,平均流速为 0.35 m·s^{-1},西北海域的潮流流向主要为 E-W 向,平均流速为 0.36 m·s^{-1};在芝罘湾的南部海域,流速仍然较小,与高潮时刻相差不大,而在芝罘湾的湾口处,水流为 S-N 向,流速较大,最大流速出现在芝罘岛东侧,最大流速值超过 0.5 m·s^{-1};崆峒岛的北侧背对潮流来向,流速较缓。芝罘湾内潮流表现为顺时针流向,最大流速值位于芝罘湾口北部,平均超过 0.6 m·s^{-1}。涨急时刻潮流自西北向东南方向流动,在芝罘湾北侧流速平均为 0.25 m·s^{-1},最大流速出现在芝罘岛附近,流速达到 0.7 m·s^{-1};涨潮流绕过芝罘岛涌进芝罘湾,湾内水流呈逆时针流向;由于崆峒岛等岛屿的阻挡作用与束流作用,岛屿的北侧以及岛屿之间的海域潮流流速较大,一般超过 $0.5\ \mathrm{m\cdot s^{-1}}$。在芝罘湾的南侧,水流较缓,多数水域流速不超过 $0.1\ \mathrm{m\cdot s^{-1}}$。

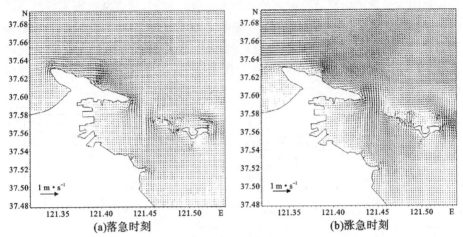

(a)落急时刻　　　　　　　　　(b)涨急时刻

图 9.5.8　涨急、落急时刻流速分布

4. 航道疏浚工程悬沙扩散预测

本工程中所要疏浚的航道位置如图 9.5.9 所示,长、宽分别为 2 500 m 和 150 m。由于采用耙吸的疏浚方式,故而泥沙排放源汇项数值较大。由于航道长度较大,因此,在西、中、东三段分别选取一个泥沙排放源代表点,模拟悬沙分布范围(9.5.10(a)~(c)),最终得到整个航道疏浚工程导致的悬沙浓度包络图(9.5.9(d))。根据海水水质标准,悬浮物浓度值为增量值,因此在预测时不考虑海洋泥沙的本底值与开边界泥沙的入流量。

图 9.5.9　航道位置

从图 9.5.10 中可以看出,航道西段的疏浚过程引起的悬沙范围比较小。主要是因为芝罘湾内涨落急时刻的水动力条件均较弱,这点从前面流场部分的分析可知。航道中段疏浚引起的悬沙影响范围明显增大,因为此处的落潮流较急,悬沙主要向东北方向扩散。在航道的东段,悬沙的影响范围最大,因为此处距离芝罘湾的湾口较近,在湾口的潮流作用下,悬沙最远扩散到芝罘岛北部海域。

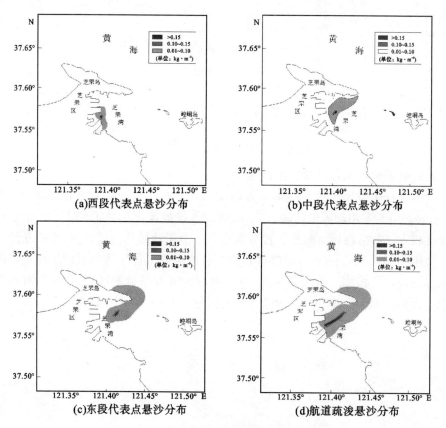

图 9.5.10　航道的疏浚导致的悬沙扩散范围

由于淤泥在浓度较高的情况下会发生絮凝,导致沉降速度大大增加,因此,即便航道疏浚过程的泥沙源强度达到 20 kg·s^{-1},悬沙浓度大于 1.5 kg·m^{-3} 的水域面积并不大,主要沿着疏浚的区域呈狭长分布,宽度稍大于 150 m。悬沙浓度为 0.10~0.15 kg·m^{-3} 的水域范围也不大,与航道边线的平均距离为 150 m。随着悬沙扩散距离变大,水体内的悬沙浓度降低,沉降速度很慢,因而 0.01~

0.10 kg·m^{-3}的悬沙影响范围较大。向北最远达到芝罘岛以北 1 km 处。向东最远达到芝罘岛以东约 800 m 的水域。而在芝罘湾内,0.01~0.10 kg·m^{-3}浓度悬沙的范围形状与高悬沙浓度等值线的形状一致,即湾内悬沙影响范围大致为一矩形,长、宽分别为 3.4 km 和 3.0 km。

9.5.3　结语

　　基于二维浅水方程,将三维水动力泥沙模型基于深度平均,简化为二维水动力泥沙耦合模型。而泥沙输移模块则是基于水动力模块进行对流—扩散的计算。建立了包括芝罘湾在内的二维水动力泥沙耦合模型。通过与实测的潮流数据进行对比,验证了数值模型的准确性。继而以芝罘湾航道疏浚工程为例,模拟得到疏浚工程导致的悬沙扩散范围。结果表明,其罘港航道疏浚工程将使其罘湾大部分水域的水质条件变差,对湾内水产养殖业带来负面影响,对工程实施具有指导作用。

习 题

第 1 章

1.何为相似原理？何为动力相似的准则？

2.设一长为 l 的单摆，摆端有质量为 m 的摆球，运用量纲分析求单摆的周期 t 的表达式。

3.水流作用于桥墩，力主要为重力。模型设计依据佛汝德准则，已知矩形桥墩宽 0.8 m，建筑浸入水深 3.5 m，据实验条件，取模型与原型比尺 1∶10。实验结果，当流速为 0.6 m·s^{-1} 时，桥墩受冲击力为 0.669 N，水流流经桥孔时间为 0.5 s，计算求原型的桥墩受力、水流流经时间、实际流速以及桥墩单位面积所受压强。

4.简述 π 定理。

第 2 章

1.河流工程多采用变态比尺，原因是什么？

2.一混凝土溢流坝，下泄设计流量为 $Q=4\ 000\ \text{m}^3\cdot\text{s}^{-1}$，拟通过模型试验来研究其水力特性。已知实验室中仅有一台能提供能量为 0.15 m^3·s^{-1} 的水泵，又根据经验，溢流坝的模型长度比尺 λ_1 以 30~60 为宜，试确定合适的模型几何比尺与应采取的措施。

3.思考物理模型试验的整体流程及关键步骤。

第 3 章

1.消除水槽造波二次反射的影响有哪些方法？

2.为何要研制大比尺波浪水槽？

3.压力传感器的率定步骤与波高仪相似，试简述压力传感器的率定步骤。

4.下表是三只波高仪率定数据，拟合公式并计算与标准值的误差，判断哪只波高仪可以用于试验。

1 号波高仪		2 号波高仪		3 号波高仪	
电压值/V_e	标准值/cm	电压值/V_e	标准值/cm	电压值/V_e	标准值/cm
4.368	30.000	−0.367	48.000	−0.424	48.000
3.507	27.000	−0.833	43.000	−0.840	43.000
2.665	24.000	−1.289	38.000	−1.402	38.000
1.816	21.000	−1.740	33.000	−1.589	33.000
0.962	18.000	−2.218	28.000	−2.390	28.000
0.114	15.000	−2.775	23.000	−2.856	23.000
−0.711	12.000	−3.185	18.000	−3.273	18.000
−1.543	9.000	−3.567	13.000	−3.666	13.000
−2.376	6.000	−3.935	8.000	−4.047	8.000

第 4 章

1. 确定模型比尺要考虑哪些方面？

2. 断面模型试验和整体模型试验确定比尺有哪些异同点？

3. 用基本量纲推导出至少六种常用物理量的模型比尺与长度比尺的关系。

第 5 章

1. 简述斜坡堤与直立堤模型制作的异同点。

2. 如何控制水池中地形各点高程？

3. 若使用的钢筋混凝土密度为 2 350 kg·m^{-3}，求 10 t 扭王字块（A 型）、5 t 四角空心块体、8 t 四角锥、12 t 扭工字块（B 型）的几何尺寸。若此重量为稳定重量且模型比尺为 1∶30，查表求对应的模型设计波高及块体个数。

4. 某高桩码头桩基由 18 根预应力混凝土大管桩组成，桩长 45 m、外径 100 cm、壁厚 13 cm、桩极限承载力 9 000 kN。根据试验场地条件及仪器量测精度，选用模型几何比尺 $\lambda_1 = 15$。本例以结构应力及变形为模拟重点，忽略重度相似要求，因此采用硬铝合金管，试根据桩的惯性矩 I 及抗压面积 A 符合相似比例而确定模型桩的截面尺寸。

第 6 章

1. 写出常用的五种海浪谱表达式并编程绘制谱型。

2.某斜坡式防波堤工程原型水位:极端高水位 5.88 m,设计高水位 4.30 m,设计低水位 0.50 m。波浪要素:

水位	$H_{1\%}$/m	$H_{4\%}$/m	$H_{5\%}$/m	$H_{13\%}$/m	$\overline{H}$/m	$\overline{T}$/s
极端高	2.35	2.07	2.01	1.75	1.19	4.94
设计高	2.14	1.94	1.90	1.71	1.26	4.94
设计低	1.75	1.61	1.58	1.45	1.12	4.94

实验水槽宽度 1 m,最大工作水深 1 m,长 30 m,规则波波高 0.05~0.25 m,周期范围 0.5~2.5 s,依据以上条件确定规则波试验合理的长度比尺 λ_1。

3.试验中选择何处作为依据波观测点?

第 7 章

1.整体物理模型试验中,地形及模型的制作与安放需要考虑注意哪些要点?

2.模型断面宽 1 m,实验中测得不规则波越浪总水量 340 L,时间 30 s,接水器宽 0.5 m,求原型单宽平均越浪量。

3.波浪输沙运动需要满足哪些相似条件?

4.某人工岛岛体建设工程护岸断面稳定性试验。斜坡堤护面安放两种块体,四角锥体和块石。波浪力是作用在防波堤上的主要荷载。试验要求在极端高水位、设计高水位时,在给定的波浪荷载作用下研究防波堤的稳定性。该工程海域浪型以风浪为主,涌浪很少,浪向以 SSW 向频率最大,因此采用 SSW 向设计波浪要素,波浪要素重现期为 50 a 一遇,试验参数原型值见下表。请选表 3.1.2 中任一水槽为试验设备,依据水槽尺寸及下表参数确定试验比尺并计算模型值。

试验参数值	极端高水位水深/m	设计高水位水深/m	波高$H_{1\%}$/m	波高$H_{5\%}$/m	波高$H_{13\%}$/m	波浪周期T/s	四角锥体/kg	块石/kg				胸墙/t·m^{-1}
原型值	5.43	4.17	1.99	1.5	1.2	6.2	270	300	100	60	50	10~100	5.175

第 8 章

1.一组观测数据见下表。若给定的置信度为 0.01,求相关关系。

x_i	4.8	4.1	5.3	5.0	6.3	6.0	6.3	3.3	6.2	4.8	7.1	5.5
y_i	6.2	5.3	6.8	8.0	8.7	7.8	8.5	5.6	8.9	6.5	9.5	7.0

2.试验异常数据如何发现与剔除?

3.如何根据试验结果建立经验公式? 有哪些方法?

4.一文丘里流量计,通过率定得到压差与流量的值见下表。确定压差与流量的函数关系。

压差/cm	29.3	28.5	26.7	24.6	21.8	18.8
流量/cm^3·s^{-1}	3 687.7	3 640.9	3 519.4	3 394.8	3 185.9	2 938.5
压差/cm	15.9	11.7	7.5	3.9	1.6	0.5
流量/cm^3·s^{-1}	2 693.2	2 280.0	1 798.4	1 250.3	788.7	415.7

第 9 章

1.与物理模型试验相比,数值计算有哪些优点?

2.研究近岸浪—风暴潮系统有哪些模型?

3.如何对 FLUENT 数值波浪水槽模型进行验证?

附　录

附表1　t 分布表

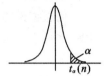

$P\{t(n) > t_\alpha(n)\} = \alpha$

n $\backslash$ α	0.20	0.15	0.10	0.05	0.025	0.01	0.005
1	1.376 4	1.962 6	3.077 7	6.313 8	12.706 2	31.820 5	63.656 7
2	1.060 7	1.386 2	1.885 6	2.920 0	4.302 7	6.964 6	9.924 8
3	0.978 5	1.249 8	1.637 7	2.353 4	3.182 4	4.540 7	5.840 9
4	0.941 0	1.189 6	1.533 2	2.131 8	2.776 4	3.746 9	4.604 1
5	0.919 5	1.155 8	1.475 9	2.015 0	2.570 6	3.364 9	4.032 1
6	0.905 7	1.134 2	1.439 8	1.943 2	2.446 9	3.142 7	3.707 4
7	0.896 0	1.119 2	1.414 9	1.894 6	2.364 6	2.998 0	3.499 5
8	0.888 9	1.108 1	1.396 8	1.859 5	2.306 0	2.896 5	3.355 4
9	0.883 4	1.099 7	1.383 0	1.833 1	2.262 2	2.821 4	3.249 8
10	0.879 1	1.093 1	1.372 2	1.812 5	2.228 1	2.763 8	3.169 3
11	0.875 5	1.087 7	1.363 4	1.795 9	2.201 0	2.718 1	3.105 8
12	0.872 6	1.083 2	1.356 2	1.782 3	2.178 8	2.681 0	3.054 5
13	0.870 2	1.079 5	1.350 2	1.770 9	2.160 4	2.650 3	3.012 3
14	0.868 1	1.076 3	1.345 0	1.761 3	2.144 8	2.624 5	2.976 8
15	0.866 2	1.073 5	1.340 6	1.753 1	2.131 4	2.602 5	2.946 7
16	0.864 7	1.071 1	1.336 8	1.745 9	2.119 9	2.583 5	2.920 8
17	0.863 3	1.069 0	1.333 4	1.739 6	2.109 8	2.566 9	2.898 2
18	0.862 0	1.067 2	1.330 4	1.734 1	2.100 9	2.552 4	2.878 4

（续表）

n＼α	0.20	0.15	0.10	0.05	0.025	0.01	0.005
19	0.861 0	1.065 5	1.327 7	1.729 1	2.093 0	2.539 5	2.860 9
20	0.860 0	1.064 0	1.325 3	1.724 7	2.086 0	2.528 0	2.845 3
21	0.859 1	1.062 7	1.323 2	1.720 7	2.079 6	2.517 6	2.831 4
22	0.858 3	1.061 4	1.321 2	1.717 1	2.073 9	2.508 3	2.818 8
23	0.857 5	1.060 3	1.319 5	1.713 9	2.068 7	2.499 9	2.807 3
24	0.856 9	1.059 3	1.317 8	1.710 9	2.063 9	2.492 2	2.796 9
25	0.856 2	1.058 4	1.316 3	1.708 1	2.059 5	2.485 1	2.787 4
26	0.855 7	1.057 5	1.315 0	1.705 6	2.055 5	2.478 6	2.778 7
27	0.855 1	1.056 7	1.313 7	1.703 3	2.051 8	2.472 7	2.770 7
28	0.854 6	1.056 0	1.312 5	1.701 1	2.048 4	2.467 1	2.763 3
29	0.854 2	1.055 3	1.311 4	1.699 1	2.045 2	2.462 0	2.756 4
30	0.853 8	1.054 7	1.310 4	1.697 3	2.042 3	2.457 3	2.750 0
31	0.853 4	1.054 1	1.309 5	1.695 5	2.039 5	2.452 8	2.744 0
32	0.853 0	1.053 5	1.308 6	1.693 9	2.036 9	2.448 7	2.738 5
33	0.852 6	1.053 0	1.307 7	1.692 4	2.034 5	2.444 8	2.733 3
34	0.852 3	1.052 5	1.307 0	1.690 9	2.032 2	2.441 1	2.728 4
35	0.852 0	1.052 0	1.306 2	1.689 6	2.030 1	2.437 7	2.723 8
36	0.851 7	1.051 6	1.305 5	1.688 3	2.028 1	2.434 5	2.719 5
37	0.851 4	1.051 2	1.304 9	1.687 1	2.026 2	2.431 4	2.715 4
38	0.851 2	1.050 8	1.304 2	1.686 0	2.024 4	2.428 6	2.711 6
39	0.850 9	1.050 4	1.303 6	1.684 9	2.022 7	2.425 8	2.707 9
40	0.850 7	1.050 0	1.303 1	1.683 9	2.021 1	2.423 3	2.704 5
41	0.850 5	1.049 7	1.302 5	1.682 9	2.019 5	2.420 8	2.701 2
42	0.850 3	1.049 4	1.302 0	1.682 0	2.018 1	2.418 5	2.698 1
43	0.850 1	1.049 1	1.301 6	1.681 1	2.016 7	2.416 3	2.695 1
44	0.849 9	1.048 8	1.301 1	1.680 2	2.015 4	2.414 1	2.692 3
45	0.849 7	1.048 5	1.300 6	1.679 4	2.014 1	2.412 1	2.689 6

附表 2 χ² 分布表

$P\{\chi^2(n) > \chi_\alpha^2(n)\} = \alpha$

n＼α	0.995	0.99	0.975	0.95	0.90	0.10	0.05	0.025	0.01	0.005
1	0.000	0.000	0.001	0.004	0.016	2.706	3.841	5.024	6.635	7.879
2	0.010	0.020	0.051	0.103	0.211	4.605	5.991	7.378	9.210	10.597
3	0.072	0.115	0.216	0.352	0.584	6.251	7.815	9.348	11.345	12.838
4	0.207	0.297	0.484	0.711	1.064	7.779	9.488	11.143	13.277	14.860
5	0.412	0.554	0.831	1.145	1.610	9.236	11.070	12.833	15.086	16.750
6	0.676	0.872	1.237	1.635	2.204	10.645	12.592	14.449	16.812	18.548
7	0.989	1.239	1.690	2.167	2.833	12.017	14.067	16.013	18.475	20.278
8	1.344	1.646	2.180	2.733	3.490	13.362	15.507	17.535	20.090	21.955
9	1.735	2.088	2.700	3.325	4.168	14.684	16.919	19.023	21.666	23.589
10	2.156	2.558	3.247	3.940	4.865	15.987	18.307	20.483	23.209	25.188
11	2.603	3.053	3.816	4.575	5.578	17.275	19.675	21.920	24.725	26.757
12	3.074	3.571	4.404	5.226	6.304	18.549	21.026	23.337	26.217	28.300
13	3.565	4.107	5.009	5.892	7.042	19.812	22.362	24.736	27.688	29.819
14	4.075	4.660	5.629	6.571	7.790	21.064	23.685	26.119	29.141	31.319
15	4.601	5.229	6.262	7.261	8.547	22.307	24.996	27.488	30.578	32.801
16	5.142	5.812	6.908	7.962	9.312	23.542	26.296	28.845	32.000	34.267
17	5.697	6.408	7.564	8.672	10.085	24.769	27.587	30.191	33.409	35.718
18	6.265	7.015	8.231	9.390	10.865	25.989	28.869	31.526	34.805	37.156
19	6.844	7.633	8.907	10.117	11.651	27.204	30.144	32.852	36.191	38.582
20	7.434	8.260	9.591	10.851	12.443	28.412	31.410	34.170	37.566	39.997

（续表）

n＼α	0.995	0.99	0.975	0.95	0.90	0.10	0.05	0.025	0.01	0.005
21	8.034	8.897	10.283	11.591	13.240	29.615	32.671	35.479	38.932	41.401
22	8.643	9.542	10.982	12.338	14.041	30.813	33.924	36.781	40.289	42.796
23	9.260	10.196	11.689	13.091	14.848	32.007	35.172	38.076	41.638	44.181
24	9.886	10.856	12.401	13.848	15.659	33.196	36.415	39.364	42.980	45.559
25	10.520	11.524	13.120	14.611	16.473	34.382	37.652	40.646	44.314	46.928
26	11.160	12.198	13.844	15.379	17.292	35.563	38.885	41.923	45.642	48.290
27	11.808	12.879	14.573	16.151	18.114	36.741	40.113	43.195	46.963	49.645
28	12.461	13.565	15.308	16.928	18.939	37.916	41.337	44.461	48.278	50.993
29	13.121	14.256	16.047	17.708	19.768	39.087	42.557	45.722	49.588	52.336
30	13.787	14.953	16.791	18.493	20.599	40.256	43.773	46.979	50.892	53.672
31	14.458	15.655	17.539	19.281	21.434	41.422	44.985	48.232	52.191	55.003
32	15.134	16.362	18.291	20.072	22.271	42.585	46.194	49.480	53.486	56.328
33	15.815	17.074	19.047	20.867	23.110	43.745	47.400	50.725	54.776	57.648
34	16.501	17.789	19.806	21.664	23.952	44.903	48.602	51.966	56.061	58.964
35	17.192	18.509	20.569	22.465	24.797	46.059	49.802	53.203	57.342	60.275
36	17.887	19.233	21.336	23.269	25.643	47.212	50.998	54.437	58.619	61.581
37	18.586	19.960	22.106	24.075	26.492	48.363	52.192	55.668	59.893	62.883
38	19.289	20.691	22.878	24.884	27.343	49.513	53.384	56.896	61.162	64.181
39	19.996	21.426	23.654	25.695	28.196	50.660	54.572	58.120	62.428	65.476
40	20.707	22.164	24.433	26.509	29.051	51.805	55.758	59.342	63.691	66.766

当 $n>40$ 时，$\chi_\alpha^2(n)\approx\dfrac{1}{2}\left(z_\alpha+\sqrt{2n-1}\right)^2$。

附表 3 相关系数检验表

自由度 $(k, n-k-1)$	$\alpha=0.05$				$\alpha=0.01$			
样本个数	自变量个数 k				自变量个数 k			
n	1	2	3	4	1	2	3	4
1	0.997	—	—	—	0.997	—	—	—
2	0.950	0.999	—	—	0.950	0.999	—	—
3	0.878	0.975	0.999	—	0.878	0.975	0.999	—
4	0.811	0.930	0.983	0.999	0.811	0.930	0.983	0.999
5	0.754	0.881	0.950	0.987	0.754	0.881	0.950	0.987
6	0.707	0.836	0.912	0.961	0.707	0.836	0.912	0.961
7	0.666	0.795	0.874	0.930	0.666	0.795	0.874	0.930
8	0.632	0.758	0.839	0.898	0.632	0.758	0.839	0.898
9	0.602	0.726	0.807	0.867	0.602	0.726	0.807	0.867
10	0.576	0.697	0.777	0.838	0.576	0.697	0.777	0.838
11	0.553	0.671	0.750	0.811	0.553	0.671	0.750	0.811
12	0.532	0.648	0.726	0.786	0.532	0.648	0.726	0.786
13	0.514	0.627	0.703	0.763	0.514	0.627	0.703	0.763
14	0.497	0.608	0.683	0.741	0.497	0.608	0.683	0.741
15	0.482	0.590	0.664	0.722	0.482	0.590	0.664	0.722
16	0.468	0.574	0.646	0.703	0.468	0.574	0.646	0.703
17	0.456	0.559	0.630	0.686	0.456	0.559	0.630	0.686
18	0.444	0.545	0.615	0.670	0.444	0.545	0.615	0.670
19	0.433	0.532	0.601	0.655	0.433	0.532	0.601	0.655
20	0.423	0.520	0.587	0.641	0.423	0.520	0.587	0.641
21	0.413	0.509	0.575	0.628	0.413	0.509	0.575	0.628
22	0.404	0.498	0.563	0.615	0.404	0.498	0.563	0.615
23	0.396	0.488	0.552	0.604	0.396	0.488	0.552	0.604
24	0.388	0.479	0.542	0.593	0.388	0.479	0.542	0.593

（续表）

自由度 $(k, n-k-1)$	$\alpha=0.05$				$\alpha=0.01$			
样本个数	自变量个数 k				自变量个数 k			
n	1	2	3	4	1	2	3	4
25	0.381	0.470	0.532	0.582	0.381	0.470	0.532	0.582
26	0.374	0.462	0.523	0.572	0.374	0.462	0.523	0.572
27	0.367	0.454	0.514	0.562	0.367	0.454	0.514	0.562
28	0.361	0.446	0.506	0.553	0.361	0.446	0.506	0.553
29	0.355	0.439	0.498	0.545	0.355	0.439	0.498	0.545
30	0.349	0.432	0.490	0.536	0.349	0.432	0.490	0.536
35	0.325	0.402	0.456	0.500	0.325	0.402	0.456	0.500
40	0.304	0.377	0.429	0.470	0.304	0.377	0.429	0.470
45	0.288	0.357	0.406	0.445	0.288	0.357	0.406	0.445
50	0.273	0.339	0.386	0.424	0.273	0.339	0.386	0.424
60	0.250	0.311	0.354	0.389	0.250	0.311	0.354	0.389
70	0.232	0.288	0.328	0.361	0.232	0.288	0.328	0.361
80	0.217	0.270	0.308	0.338	0.217	0.270	0.308	0.338
90	0.205	0.255	0.291	0.320	0.205	0.255	0.291	0.320
100	0.195	0.242	0.276	0.304	0.195	0.242	0.276	0.304
125	0.174	0.217	0.248	0.272	0.174	0.217	0.248	0.272
150	0.159	0.199	0.226	0.249	0.159	0.199	0.226	0.249
200	0.138	0.172	0.196	0.216	0.138	0.172	0.196	0.216
300	0.113	0.141	0.161	0.177	0.113	0.141	0.161	0.177
400	0.098	0.122	0.139	0.153	0.098	0.122	0.139	0.153
500	0.088	0.109	0.125	0.137	0.088	0.109	0.125	0.137
1 000	0.062	0.077	0.088	0.097	0.062	0.077	0.088	0.097

附表 4　F 分布表

$$P\{F(n_1, n_2) > F_\alpha(n_1, n_2)\} = \alpha \quad (\alpha = 0.10)$$

n_2 \ n_1	1	2	3	4	5	6	7	8	9	10	12	15	20	24	30	40	60	120	∞
1	39.86	49.50	53.59	55.83	57.24	58.20	58.91	59.44	59.86	60.19	60.71	61.22	61.74	62.00	62.26	62.53	62.79	63.06	63.33
2	8.53	9.00	9.16	9.24	9.29	9.33	9.35	9.37	9.38	9.39	9.41	9.42	9.44	9.45	9.46	9.47	9.47	9.48	9.49
3	5.54	5.46	5.39	5.34	5.31	5.28	5.27	5.25	5.24	5.23	5.22	5.20	5.18	5.18	5.17	5.16	5.15	5.14	5.13
4	4.54	4.32	4.19	4.11	4.05	4.01	3.98	3.95	3.94	3.92	3.90	3.87	3.84	3.83	3.82	3.80	3.79	3.78	3.76
5	4.06	3.78	3.62	3.52	3.45	3.40	3.37	3.34	3.32	3.30	3.27	3.24	3.21	3.19	3.17	3.16	3.14	3.12	3.10
6	3.78	3.46	3.29	3.18	3.11	3.05	3.01	2.98	2.96	2.94	2.90	2.87	2.84	2.82	2.80	2.78	2.76	2.74	2.72
7	3.59	3.26	3.07	2.96	2.88	2.83	2.78	2.75	2.72	2.70	2.67	2.63	2.59	2.58	2.56	2.54	2.51	2.49	2.47
8	3.46	3.11	2.92	2.81	2.73	2.67	2.62	2.59	2.56	2.54	2.50	2.46	2.42	2.40	2.38	2.36	2.34	2.32	2.29
9	3.36	3.01	2.81	2.69	2.61	2.55	2.51	2.47	2.44	2.42	2.38	2.34	2.30	2.28	2.25	2.23	2.21	2.18	2.16
10	3.29	2.92	2.73	2.61	2.52	2.46	2.41	2.38	2.35	2.32	2.28	2.24	2.20	2.18	2.16	2.13	2.11	2.08	2.06
11	3.23	2.86	2.66	2.54	2.45	2.39	2.34	2.30	2.27	2.25	2.21	2.17	2.12	2.10	2.08	2.05	2.03	2.00	1.97
12	3.18	2.81	2.61	2.48	2.39	2.33	2.28	2.24	2.21	2.19	2.15	2.10	2.06	2.04	2.01	1.99	1.96	1.93	1.90
13	3.14	2.76	2.56	2.43	2.35	2.28	2.23	2.20	2.16	2.14	2.10	2.05	2.01	1.98	1.96	1.93	1.90	1.88	1.85
14	3.10	2.73	2.52	2.39	2.31	2.24	2.19	2.15	2.12	2.10	2.05	2.01	1.96	1.94	1.91	1.89	1.86	1.83	1.80
15	3.07	2.70	2.49	2.36	2.27	2.21	2.16	2.12	2.09	2.06	2.02	1.97	1.92	1.90	1.87	1.85	1.82	1.79	1.76

（续表）

$n_2 \backslash n_1$	1	2	3	4	5	6	7	8	9	10	12	15	20	24	30	40	60	120	∞
16	3.05	2.67	2.46	2.33	2.24	2.18	2.13	2.09	2.06	2.03	1.99	1.94	1.89	1.87	1.84	1.81	1.78	1.75	1.72
17	3.03	2.64	2.44	2.31	2.22	2.15	2.10	2.06	2.03	2.00	1.96	1.91	1.86	1.84	1.81	1.78	1.75	1.72	1.69
18	3.01	2.62	2.42	2.29	2.20	2.13	2.08	2.04	2.00	1.98	1.93	1.89	1.84	1.81	1.78	1.75	1.72	1.69	1.66
19	2.99	2.61	2.40	2.27	2.18	2.11	2.06	2.02	1.98	1.96	1.91	1.86	1.81	1.79	1.76	1.73	1.70	1.67	1.63
20	2.97	2.59	2.38	2.25	2.16	2.09	2.04	2.00	1.96	1.94	1.89	1.84	1.79	1.77	1.74	1.71	1.68	1.64	1.61
21	2.96	2.57	2.36	2.23	2.14	2.08	2.02	1.98	1.95	1.92	1.87	1.83	1.78	1.75	1.72	1.69	1.66	1.62	1.59
22	2.95	2.56	2.35	2.22	2.13	2.06	2.01	1.97	1.93	1.90	1.86	1.81	1.76	1.73	1.70	1.67	1.64	1.60	1.57
23	2.94	2.55	2.34	2.21	2.11	2.05	1.99	1.95	1.92	1.89	1.84	1.80	1.74	1.72	1.69	1.66	1.62	1.59	1.55
24	2.93	2.54	2.33	2.19	2.10	2.04	1.98	1.94	1.91	1.88	1.83	1.78	1.73	1.70	1.67	1.64	1.61	1.57	1.53
25	2.92	2.53	2.32	2.18	2.09	2.02	1.97	1.93	1.89	1.87	1.82	1.77	1.72	1.69	1.66	1.63	1.59	1.56	1.52
26	2.91	2.52	2.31	2.17	2.08	2.01	1.96	1.92	1.88	1.86	1.81	1.76	1.71	1.68	1.65	1.61	1.58	1.54	1.50
27	2.90	2.51	2.30	2.17	2.07	2.00	1.95	1.91	1.87	1.85	1.80	1.75	1.70	1.67	1.64	1.60	1.57	1.53	1.49
28	2.89	2.50	2.29	2.16	2.06	2.00	1.94	1.90	1.87	1.84	1.79	1.74	1.69	1.66	1.63	1.59	1.56	1.52	1.48
29	2.89	2.50	2.28	2.15	2.06	1.99	1.93	1.89	1.86	1.83	1.78	1.73	1.68	1.65	1.62	1.58	1.55	1.51	1.47
30	2.88	2.49	2.28	2.14	2.05	1.98	1.93	1.88	1.85	1.82	1.77	1.72	1.67	1.64	1.61	1.57	1.54	1.50	1.46
40	2.84	2.44	2.23	2.09	2.00	1.93	1.87	1.83	1.79	1.76	1.71	1.66	1.61	1.57	1.54	1.51	1.47	1.42	1.38
60	2.79	2.39	2.18	2.04	1.95	1.87	1.82	1.77	1.74	1.71	1.66	1.60	1.54	1.51	1.48	1.44	1.40	1.35	1.29
120	2.75	2.35	2.13	1.99	1.90	1.82	1.77	1.72	1.68	1.65	1.60	1.55	1.48	1.45	1.41	1.37	1.32	1.26	1.19
∞	2.71	2.30	2.08	1.94	1.85	1.77	1.72	1.67	1.63	1.60	1.55	1.49	1.42	1.38	1.34	1.30	1.24	1.17	1.00

$(\alpha=0.05)$

$n_2 \backslash n_1$	1	2	3	4	5	6	7	8	9	10	12	15	20	24	30	40	60	120	∞
1	161.45	199.50	215.71	224.58	230.16	233.99	236.77	238.88	240.54	241.88	243.91	245.95	248.01	249.05	250.10	251.14	252.20	253.25	254
2	18.51	19.00	19.16	19.25	19.30	19.33	19.35	19.37	19.38	19.40	19.41	19.43	19.45	19.45	19.46	19.47	19.48	19.49	19.5
3	10.13	9.55	9.28	9.12	9.01	8.94	8.89	8.85	8.81	8.79	8.74	8.70	8.66	8.64	8.62	8.59	8.57	8.55	8.53
4	7.71	6.94	6.59	6.39	6.26	6.16	6.09	6.04	6.00	5.96	5.91	5.86	5.80	5.77	5.75	5.72	5.69	5.66	5.63
5	6.61	5.79	5.41	5.19	5.05	4.95	4.88	4.82	4.77	4.74	4.68	4.62	4.56	4.53	4.50	4.46	4.43	4.40	4.36
6	5.99	5.14	4.76	4.53	4.39	4.28	4.21	4.15	4.10	4.06	4.00	3.94	3.87	3.84	3.81	3.77	3.74	3.70	3.67
7	5.59	4.74	4.35	4.12	3.97	3.87	3.79	3.73	3.68	3.64	3.57	3.51	3.44	3.41	3.38	3.34	3.30	3.27	3.23
8	5.32	4.46	4.07	3.84	3.69	3.58	3.50	3.44	3.39	3.35	3.28	3.22	3.15	3.12	3.08	3.04	3.01	2.97	2.93
9	5.12	4.26	3.86	3.63	3.48	3.37	3.29	3.23	3.18	3.14	3.07	3.01	2.94	2.90	2.86	2.83	2.79	2.75	2.71
10	4.96	4.10	3.71	3.48	3.33	3.22	3.14	3.07	3.02	2.98	2.91	2.85	2.77	2.74	2.70	2.66	2.62	2.58	2.54
11	4.84	3.98	3.59	3.36	3.20	3.09	3.01	2.95	2.90	2.85	2.79	2.72	2.65	2.61	2.57	2.53	2.49	2.45	2.40
12	4.75	3.89	3.49	3.26	3.11	3.00	2.91	2.85	2.80	2.75	2.69	2.62	2.54	2.51	2.47	2.43	2.38	2.34	2.30
13	4.67	3.81	3.41	3.18	3.03	2.92	2.83	2.77	2.71	2.67	2.60	2.53	2.46	2.42	2.38	2.34	2.30	2.25	2.21
14	4.60	3.74	3.34	3.11	2.96	2.85	2.76	2.70	2.65	2.60	2.53	2.46	2.39	2.35	2.31	2.27	2.22	2.18	2.13
15	4.54	3.68	3.29	3.06	2.90	2.79	2.71	2.64	2.59	2.54	2.48	2.40	2.33	2.29	2.25	2.20	2.16	2.11	2.07
16	4.49	3.63	3.24	3.01	2.85	2.74	2.66	2.59	2.54	2.49	2.42	2.35	2.28	2.24	2.19	2.15	2.11	2.06	2.01
17	4.45	3.59	3.20	2.96	2.81	2.70	2.61	2.55	2.49	2.45	2.38	2.31	2.23	2.19	2.15	2.10	2.06	2.01	1.96

(续表)

n_2 n_1	1	2	3	4	5	6	7	8	9	10	12	15	20	24	30	40	60	120	∞
18	4.41	3.55	3.16	2.93	2.77	2.66	2.58	2.51	2.46	2.41	2.34	2.27	2.19	2.15	2.11	2.06	2.02	1.97	1.92
19	4.38	3.52	3.13	2.90	2.74	2.63	2.54	2.48	2.42	2.38	2.31	2.23	2.16	2.11	2.07	2.03	1.98	1.93	1.88
20	4.35	3.49	3.10	2.87	2.71	2.60	2.51	2.45	2.39	2.35	2.28	2.20	2.12	2.08	2.04	1.99	1.95	1.90	1.84
21	4.32	3.47	3.07	2.84	2.68	2.57	2.49	2.42	2.37	2.32	2.25	2.18	2.10	2.05	2.01	1.96	1.92	1.87	1.81
22	4.30	3.44	3.05	2.82	2.66	2.55	2.46	2.40	2.34	2.30	2.23	2.15	2.07	2.03	1.98	1.94	1.89	1.84	1.78
23	4.28	3.42	3.03	2.80	2.64	2.53	2.44	2.37	2.32	2.27	2.20	2.13	2.05	2.01	1.96	1.91	1.86	1.81	1.76
24	4.26	3.40	3.01	2.78	2.62	2.51	2.42	2.36	2.30	2.25	2.18	2.11	2.03	1.98	1.94	1.89	1.84	1.79	1.73
25	4.24	3.39	2.99	2.76	2.60	2.49	2.40	2.34	2.28	2.24	2.16	2.09	2.01	1.96	1.92	1.87	1.82	1.77	1.71
26	4.23	3.37	2.98	2.74	2.59	2.47	2.39	2.32	2.27	2.22	2.15	2.07	1.99	1.95	1.90	1.85	1.80	1.75	1.69
27	4.21	3.35	2.96	2.73	2.57	2.46	2.37	2.31	2.25	2.20	2.13	2.06	1.97	1.93	1.88	1.84	1.79	1.73	1.67
28	4.20	3.34	2.95	2.71	2.56	2.45	2.36	2.29	2.24	2.19	2.12	2.04	1.96	1.91	1.87	1.82	1.77	1.71	1.65
29	4.18	3.33	2.93	2.70	2.55	2.43	2.35	2.28	2.22	2.18	2.10	2.03	1.94	1.90	1.85	1.81	1.75	1.70	1.64
30	4.17	3.32	2.92	2.69	2.53	2.42	2.33	2.27	2.21	2.16	2.09	2.01	1.93	1.89	1.84	1.79	1.74	1.68	1.62
40	4.08	3.23	2.84	2.61	2.45	2.34	2.25	2.18	2.12	2.08	2.00	1.92	1.84	1.79	1.74	1.69	1.64	1.58	1.51
60	4.00	3.15	2.76	2.53	2.37	2.25	2.17	2.10	2.04	1.99	1.92	1.84	1.75	1.70	1.65	1.59	1.53	1.47	1.39
120	3.92	3.07	2.68	2.45	2.29	2.18	2.09	2.02	1.96	1.91	1.83	1.75	1.66	1.61	1.55	1.50	1.43	1.35	1.25
∞	3.84	3.00	2.60	2.37	2.21	2.10	2.01	1.94	1.88	1.83	1.75	1.67	1.57	1.52	1.46	1.39	1.32	1.22	1.00

($\alpha=0.025$)

n_1 \ n_2	1	2	3	4	5	6	7	8	9	10	12	15	20	24	30	40	60	120	∞
1	647.79	799.50	864.16	899.58	921.85	937.11	948.22	956.66	963.28	968.63	976.71	984.87	993.10	997.25	1001.41	1005.60	1009.80	1014.02	1020
2	38.51	39.00	39.17	39.25	39.30	39.33	39.36	39.37	39.39	39.40	39.41	39.43	39.45	39.46	39.46	39.47	39.48	39.49	39.5
3	17.44	16.04	15.44	15.10	14.88	14.73	14.62	14.54	14.47	14.42	14.34	14.25	14.17	14.12	14.08	14.04	13.99	13.95	13.9
4	12.22	10.65	9.98	9.60	9.36	9.20	9.07	8.98	8.90	8.84	8.75	8.66	8.56	8.51	8.46	8.41	8.36	8.31	8.26
5	10.01	8.43	7.76	7.39	7.15	6.98	6.85	6.76	6.68	6.62	6.52	6.43	6.33	6.28	6.23	6.18	6.12	6.07	6.02
6	8.81	7.26	6.60	6.23	5.99	5.82	5.70	5.60	5.52	5.46	5.37	5.27	5.17	5.12	5.07	5.01	4.96	4.90	4.85
7	8.07	6.54	5.89	5.52	5.29	5.12	4.99	4.90	4.82	4.76	4.67	4.57	4.47	4.41	4.36	4.31	4.25	4.20	4.14
8	7.57	6.06	5.42	5.05	4.82	4.65	4.53	4.43	4.36	4.30	4.20	4.10	4.00	3.95	3.89	3.84	3.78	3.73	3.67
9	7.21	5.71	5.08	4.72	4.48	4.32	4.20	4.10	4.03	3.96	3.87	3.77	3.67	3.61	3.56	3.51	3.45	3.39	3.33
10	6.94	5.46	4.83	4.47	4.24	4.07	3.95	3.85	3.78	3.72	3.62	3.52	3.42	3.37	3.31	3.26	3.20	3.14	3.08
11	6.72	5.26	4.63	4.28	4.04	3.88	3.76	3.66	3.59	3.53	3.43	3.33	3.23	3.17	3.12	3.06	3.00	2.94	2.88
12	6.55	5.10	4.47	4.12	3.89	3.73	3.61	3.51	3.44	3.37	3.28	3.18	3.07	3.02	2.96	2.91	2.85	2.79	2.72
13	6.41	4.97	4.35	4.00	3.77	3.60	3.48	3.39	3.31	3.25	3.15	3.05	2.95	2.89	2.84	2.78	2.72	2.66	2.60
14	6.30	4.86	4.24	3.89	3.66	3.50	3.38	3.29	3.21	3.15	3.05	2.95	2.84	2.79	2.73	2.67	2.61	2.55	2.49
15	6.20	4.77	4.15	3.80	3.58	3.41	3.29	3.20	3.12	3.06	2.96	2.86	2.76	2.70	2.64	2.59	2.52	2.46	2.40
16	6.12	4.69	4.08	3.73	3.50	3.34	3.22	3.12	3.05	2.99	2.89	2.79	2.68	2.63	2.57	2.51	2.45	2.38	2.32
17	6.04	4.62	4.01	3.66	3.44	3.28	3.16	3.06	2.98	2.92	2.82	2.72	2.62	2.56	2.50	2.44	2.38	2.32	2.25

（续表）

$n_2 \backslash n_1$	1	2	3	4	5	6	7	8	9	10	12	15	20	24	30	40	60	120	∞
18	5.98	4.56	3.95	3.61	3.38	3.22	3.10	3.01	2.93	2.87	2.77	2.67	2.56	2.50	2.44	2.38	2.32	2.26	2.19
19	5.92	4.51	3.90	3.56	3.33	3.17	3.05	2.96	2.88	2.82	2.72	2.62	2.51	2.45	2.39	2.33	2.27	2.20	2.13
20	5.87	4.46	3.86	3.51	3.29	3.13	3.01	2.91	2.84	2.77	2.68	2.57	2.46	2.41	2.35	2.29	2.22	2.16	2.09
21	5.83	4.42	3.82	3.48	3.25	3.09	2.97	2.87	2.80	2.73	2.64	2.53	2.42	2.37	2.31	2.25	2.18	2.11	2.04
22	5.79	4.38	3.78	3.44	3.22	3.05	2.93	2.84	2.76	2.70	2.60	2.50	2.39	2.33	2.27	2.21	2.14	2.08	2.00
23	5.75	4.35	3.75	3.41	3.18	3.02	2.90	2.81	2.73	2.67	2.57	2.47	2.36	2.30	2.24	2.18	2.11	2.04	1.97
24	5.72	4.32	3.72	3.38	3.15	2.99	2.87	2.78	2.70	2.64	2.54	2.44	2.33	2.27	2.21	2.15	2.08	2.01	1.94
25	5.69	4.29	3.69	3.35	3.13	2.97	2.85	2.75	2.68	2.61	2.51	2.41	2.30	2.24	2.18	2.12	2.05	1.98	1.91
26	5.66	4.27	3.67	3.33	3.10	2.94	2.82	2.73	2.65	2.59	2.49	2.39	2.28	2.22	2.16	2.09	2.03	1.95	1.88
27	5.63	4.24	3.65	3.31	3.08	2.92	2.80	2.71	2.63	2.57	2.47	2.36	2.25	2.19	2.13	2.07	2.00	1.93	1.85
28	5.61	4.22	3.63	3.29	3.06	2.90	2.78	2.69	2.61	2.55	2.45	2.34	2.23	2.17	2.11	2.05	1.98	1.91	1.83
29	5.59	4.20	3.61	3.27	3.04	2.88	2.76	2.67	2.59	2.53	2.43	2.32	2.21	2.15	2.09	2.03	1.96	1.89	1.81
30	5.57	4.18	3.59	3.25	3.03	2.87	2.75	2.65	2.57	2.51	2.41	2.31	2.20	2.14	2.07	2.01	1.94	1.87	1.79
40	5.42	4.05	3.46	3.13	2.90	2.74	2.62	2.53	2.45	2.39	2.29	2.18	2.07	2.01	1.94	1.88	1.80	1.72	1.64
60	5.29	3.93	3.34	3.01	2.79	2.63	2.51	2.41	2.33	2.27	2.17	2.06	1.94	1.88	1.82	1.74	1.67	1.58	1.48
120	5.15	3.80	3.23	2.89	2.67	2.52	2.39	2.30	2.22	2.16	2.05	1.94	1.82	1.76	1.69	1.61	1.53	1.43	1.31
∞	5.02	3.69	3.12	2.79	2.57	2.41	2.29	2.19	2.11	2.05	1.94	1.83	1.71	1.64	1.57	1.48	1.39	1.27	1.00

(α=0.01)

n_1 \ n_2	1	2	3	4	5	6	7	8	9	10	12	15	20	24	30	40	60	120	∞
1	4052.18	4999.50	5403.35	5624.58	5763.65	5858.99	5928.36	5981.07	6022.47	6055.85	6106.32	6157.28	6208.73	6234.63	6260.65	6286.78	6313.03	6339.39	6370
2	98.50	99.00	99.17	99.25	99.30	99.33	99.36	99.37	99.39	99.40	99.42	99.43	99.45	99.46	99.47	99.47	99.48	99.49	99.5
3	34.12	30.82	29.46	28.71	28.24	27.91	27.67	27.49	27.35	27.23	27.05	26.87	26.69	26.60	26.50	26.41	26.32	26.22	26.1
4	21.20	18.00	16.69	15.98	15.52	15.21	14.98	14.80	14.66	14.55	14.37	14.20	14.02	13.93	13.84	13.75	13.65	13.56	13.5
5	16.26	13.27	12.06	11.39	10.97	10.67	10.46	10.29	10.16	10.05	9.89	9.72	9.55	9.47	9.38	9.29	9.20	9.11	9.02
6	13.75	10.92	9.78	9.15	8.75	8.47	8.26	8.10	7.98	7.87	7.72	7.56	7.40	7.31	7.23	7.14	7.06	6.97	6.88
7	12.25	9.55	8.45	7.85	7.46	7.19	6.99	6.84	6.72	6.62	6.47	6.31	6.16	6.07	5.99	5.91	5.82	5.74	5.65
8	11.26	8.65	7.59	7.01	6.63	6.37	6.18	6.03	5.91	5.81	5.67	5.52	5.36	5.28	5.20	5.12	5.03	4.95	4.80
9	10.56	8.02	6.99	6.42	6.06	5.80	5.61	5.47	5.35	5.26	5.11	4.96	4.81	4.73	4.65	4.57	4.48	4.40	4.31
10	10.04	7.56	6.55	5.99	5.64	5.39	5.20	5.06	4.94	4.85	4.71	4.56	4.41	4.33	4.25	4.17	4.08	4.00	3.91
11	9.65	7.21	6.22	5.67	5.32	5.07	4.89	4.74	4.63	4.54	4.40	4.25	4.10	4.02	3.94	3.86	3.78	3.69	3.60
12	9.33	6.93	5.95	5.41	5.06	4.82	4.64	4.50	4.39	4.30	4.16	4.01	3.86	3.78	3.70	3.62	3.54	3.45	3.36
13	9.07	6.70	5.74	5.21	4.86	4.62	4.44	4.30	4.19	4.10	3.96	3.82	3.66	3.59	3.51	3.43	3.34	3.25	3.17
14	8.86	6.51	5.56	5.04	4.69	4.46	4.28	4.14	4.03	3.94	3.80	3.66	3.51	3.43	3.35	3.27	3.18	3.09	3.00
15	8.68	6.36	5.42	4.89	4.56	4.32	4.14	4.00	3.89	3.80	3.67	3.52	3.37	3.29	3.21	3.13	3.05	2.96	2.87
16	8.53	6.23	5.29	4.77	4.44	4.20	4.03	3.89	3.78	3.69	3.55	3.41	3.26	3.18	3.10	3.02	2.93	2.84	2.75
17	8.40	6.11	5.18	4.67	4.34	4.10	3.93	3.79	3.68	3.59	3.46	3.31	3.16	3.08	3.00	2.92	2.83	2.75	2.65

（续表）

n_2 \ n_1	1	2	3	4	5	6	7	8	9	10	12	15	20	24	30	40	60	120	∞
18	8.29	6.01	5.09	4.58	4.25	4.01	3.84	3.71	3.60	3.51	3.37	3.23	3.08	3.00	2.92	2.84	2.75	2.66	2.57
19	8.18	5.93	5.01	4.50	4.17	3.94	3.77	3.63	3.52	3.43	3.30	3.15	3.00	2.92	2.84	2.76	2.67	2.58	2.49
20	8.10	5.85	4.94	4.43	4.10	3.87	3.70	3.56	3.46	3.37	3.23	3.09	2.94	2.86	2.78	2.69	2.61	2.52	2.42
21	8.02	5.78	4.87	4.37	4.04	3.81	3.64	3.51	3.40	3.31	3.17	3.03	2.88	2.80	2.72	2.64	2.55	2.46	2.36
22	7.95	5.72	4.82	4.31	3.99	3.76	3.59	3.45	3.35	3.26	3.12	2.98	2.83	2.75	2.67	2.58	2.50	2.40	2.31
23	7.88	5.66	4.76	4.26	3.94	3.71	3.54	3.41	3.30	3.21	3.07	2.93	2.78	2.70	2.62	2.54	2.45	2.35	2.26
24	7.82	5.61	4.72	4.22	3.90	3.67	3.50	3.36	3.26	3.17	3.03	2.89	2.74	2.66	2.58	2.49	2.40	2.31	2.21
25	7.77	5.57	4.68	4.18	3.85	3.63	3.46	3.32	3.22	3.13	2.99	2.85	2.70	2.62	2.54	2.45	2.36	2.27	2.17
26	7.72	5.53	4.64	4.14	3.82	3.59	3.42	3.29	3.18	3.09	2.96	2.81	2.66	2.58	2.50	2.42	2.33	2.23	2.13
27	7.68	5.49	4.60	4.11	3.78	3.56	3.39	3.26	3.15	3.06	2.93	2.78	2.63	2.55	2.47	2.38	2.29	2.20	2.10
28	7.64	5.45	4.57	4.07	3.75	3.53	3.36	3.23	3.12	3.03	2.90	2.75	2.60	2.52	2.44	2.35	2.26	2.17	2.06
29	7.60	5.42	4.54	4.04	3.73	3.50	3.33	3.20	3.09	3.00	2.87	2.73	2.57	2.49	2.41	2.33	2.23	2.14	2.03
30	7.56	5.39	4.51	4.02	3.70	3.47	3.30	3.17	3.07	2.98	2.84	2.70	2.55	2.47	2.39	2.30	2.21	2.11	2.01
40	7.31	5.18	4.31	3.83	3.51	3.29	3.12	2.99	2.89	2.80	2.66	2.52	2.37	2.29	2.20	2.11	2.02	1.92	1.80
60	7.08	4.98	4.13	3.65	3.34	3.12	2.95	2.82	2.72	2.63	2.50	2.35	2.20	2.12	2.03	1.94	1.84	1.73	1.60
120	6.85	4.79	3.95	3.48	3.17	2.96	2.79	2.66	2.56	2.47	2.34	2.19	2.03	1.95	1.86	1.76	1.66	1.53	1.38
∞	6.63	4.61	3.78	3.32	3.02	2.80	2.64	2.51	2.41	2.32	2.18	2.04	1.88	1.79	1.70	1.59	1.47	1.32	1.00

($\alpha=0.005$)

n_2 \ n_1	1	2	3	4	5	6	7	8	9	10	12	15	20	24	30	40	60	120	∞
1	16210.72	19999.50	21614.74	22499.58	23055.80	23437.11	23714.57	23925.41	24091.00	24224.49	24426.37	24630.21	24835.97	24939.57	25043.63	25148.15	25253.14	25358.57	25500
2	198.50	199.00	199.17	199.25	199.30	199.33	199.36	199.37	199.39	199.40	199.42	199.43	199.45	199.46	199.47	199.47	199.48	199.49	200
3	55.55	49.80	47.47	46.19	45.39	44.84	44.43	44.13	43.88	43.69	43.39	43.08	42.78	42.62	42.47	42.31	42.15	41.99	41.8
4	31.33	26.28	24.26	23.15	22.46	21.97	21.62	21.35	21.14	20.97	20.70	20.44	20.17	20.03	19.89	19.75	19.61	19.47	19.3
5	22.78	18.31	16.53	15.56	14.94	14.51	14.20	13.96	13.77	13.62	13.38	13.15	12.90	12.78	12.66	12.53	12.40	12.27	12.1
6	18.63	14.54	12.92	12.03	11.46	11.07	10.79	10.57	10.39	10.25	10.03	9.81	9.59	9.47	9.36	9.24	9.12	9.00	8.88
7	16.24	12.40	10.88	10.05	9.52	9.16	8.89	8.68	8.51	8.38	8.18	7.97	7.75	7.64	7.53	7.42	7.31	7.19	7.08
8	14.69	11.04	9.60	8.81	8.30	7.95	7.69	7.50	7.34	7.21	7.01	6.81	6.61	6.50	6.40	6.29	6.18	6.06	5.95
9	13.61	10.11	8.72	7.96	7.47	7.13	6.88	6.69	6.54	6.42	6.23	6.03	5.83	5.73	5.62	5.52	5.41	5.30	5.19
10	12.83	9.43	8.08	7.34	6.87	6.54	6.30	6.12	5.97	5.85	5.66	5.47	5.27	5.17	5.07	4.97	4.86	4.75	4.64
11	12.23	8.91	7.60	6.88	6.42	6.10	5.86	5.68	5.54	5.42	5.24	5.05	4.86	4.76	4.65	4.55	4.45	4.34	4.23
12	11.75	8.51	7.23	6.52	6.07	5.76	5.52	5.35	5.20	5.09	4.91	4.72	4.53	4.43	4.33	4.23	4.12	4.01	3.90
13	11.37	8.19	6.93	6.23	5.79	5.48	5.25	5.08	4.94	4.82	4.64	4.46	4.27	4.17	4.07	3.97	3.87	3.76	3.65
14	11.06	7.92	6.68	6.00	5.56	5.26	5.03	4.86	4.72	4.60	4.43	4.25	4.06	3.96	3.86	3.76	3.66	3.55	3.44
15	10.80	7.70	6.48	5.80	5.37	5.07	4.85	4.67	4.54	4.42	4.25	4.07	3.88	3.79	3.69	3.58	3.48	3.37	3.26
16	10.58	7.51	6.30	5.64	5.21	4.91	4.69	4.52	4.38	4.27	4.10	3.92	3.73	3.64	3.54	3.44	3.33	3.22	3.11
17	10.38	7.35	6.16	5.50	5.07	4.78	4.56	4.39	4.25	4.14	3.97	3.79	3.61	3.51	3.41	3.31	3.21	3.10	2.98

(续表)

n_1 \ n_2	1	2	3	4	5	6	7	8	9	10	12	15	20	24	30	40	60	120	∞
18	10.22	7.21	6.03	5.37	4.96	4.66	4.44	4.28	4.14	4.03	3.86	3.68	3.50	3.40	3.30	3.20	3.10	2.99	2.87
19	10.07	7.09	5.92	5.27	4.85	4.56	4.34	4.18	4.04	3.93	3.76	3.59	3.40	3.31	3.21	3.11	3.00	2.89	2.78
20	9.94	6.99	5.82	5.17	4.76	4.47	4.26	4.09	3.96	3.85	3.68	3.50	3.32	3.22	3.12	3.02	2.92	2.81	2.69
21	9.83	6.89	5.73	5.09	4.68	4.39	4.18	4.01	3.88	3.77	3.60	3.43	3.24	3.15	3.05	2.95	2.84	2.73	2.61
22	9.73	6.81	5.65	5.02	4.61	4.32	4.11	3.94	3.81	3.70	3.54	3.36	3.18	3.08	2.98	2.88	2.77	2.66	2.55
23	9.63	6.73	5.58	4.95	4.54	4.26	4.05	3.88	3.75	3.64	3.47	3.30	3.12	3.02	2.92	2.82	2.71	2.60	2.48
24	9.55	6.66	5.52	4.89	4.49	4.20	3.99	3.83	3.69	3.59	3.42	3.25	3.06	2.97	2.87	2.77	2.66	2.55	2.43
25	9.48	6.60	5.46	4.84	4.43	4.15	3.94	3.78	3.64	3.54	3.37	3.20	3.01	2.92	2.82	2.72	2.61	2.50	2.38
26	9.41	6.54	5.41	4.79	4.38	4.10	3.89	3.73	3.60	3.49	3.33	3.15	2.97	2.87	2.77	2.67	2.56	2.45	2.33
27	9.34	6.49	5.36	4.74	4.34	4.06	3.85	3.69	3.56	3.45	3.28	3.11	2.93	2.83	2.73	2.63	2.52	2.41	2.29
28	9.28	6.44	5.32	4.70	4.30	4.02	3.81	3.65	3.52	3.41	3.25	3.07	2.89	2.79	2.69	2.59	2.48	2.37	2.25
29	9.23	6.40	5.28	4.66	4.26	3.98	3.77	3.61	3.48	3.38	3.21	3.04	2.86	2.76	2.66	2.56	2.45	2.33	2.21
30	9.18	6.35	5.24	4.62	4.23	3.95	3.74	3.58	3.45	3.34	3.18	3.01	2.82	2.73	2.63	2.52	2.42	2.30	2.18
40	8.83	6.07	4.98	4.37	3.99	3.71	3.51	3.35	3.22	3.12	2.95	2.78	2.60	2.50	2.40	2.30	2.18	2.06	1.93
60	8.49	5.79	4.73	4.14	3.76	3.49	3.29	3.13	3.01	2.90	2.74	2.57	2.39	2.29	2.19	2.08	1.96	1.83	1.69
120	8.18	5.54	4.50	3.92	3.55	3.28	3.09	2.93	2.81	2.71	2.54	2.37	2.19	2.09	1.98	1.87	1.75	1.61	1.43
∞	7.88	5.30	4.28	3.72	3.35	3.09	2.90	2.74	2.62	2.52	2.36	2.19	2.00	1.90	1.79	1.67	1.53	1.36	1.00

参考文献

[1] JTJ 220—1982. 港口工程技术规范[S]. 北京：人民交通出版社，1982.

[2] JTJ 251—1987. 干船坞设计规范[S]. 北京：人民交通出版社，1986.

[3] JTJ/T 234—2001. 波浪模型试验规程[S]. 北京：人民交通出版社，2002.

[4] JTS 145—2015. 港口与航道水文规范[S]. 北京：人民交通出版社，2015.

[5] JTS 154-1—2011. 防波堤设计与施工规范[S]. 北京：人民交通出版社，2011.

[6] JTS 167-2—2009. 重力式码头设计与施工规范[S]. 北京：人民交通出版社，2009.

[7] JTS/T 231-2—2010. 海岸与河口潮流泥沙模拟技术规程[S]. 北京：人民交通出版社，2010.

[8] SL 435—2008. 海堤工程设计规范[S]. 北京：中国水利水电出版社，2008.

[9] 白志刚，裴丽，阳磊. 潮间带风电场水动力数值模拟[J]. 港工技术，2012，49(3)：1-4.

[10] 蔡守允，刘兆衡，张晓红，贾宁一，封志明. 水利工程模型试验量测技术[M]. 北京：海洋出版社，2008.

[11] 曹祖德. 浮泥特性研究进展[J]. 水道港口，1992(1)：34-40.

[12] 陈孔沫. 一种计算台风风场的方法[J]. 热带海洋，1994，13(2)：41-48.

[13] 陈上及，马继瑞. 海洋数据处理分析方法及其应用[M]. 北京：海洋出版社，1991.

[14] 董志，詹杰民. 基于 VOF 方法的数值波浪水槽以及造波、消波方法研究[J]. 水动力学研究与进展，2009，24(1)：15-21.

[15] 冯士筰. 风暴潮导论[M]. 北京：科学出版社，1982.

[16] 高学平，曾广冬，张亚. 不规则波浪数值水槽的造波和阻尼消波[J]. 海洋学报，2002，24(2)：127-132.

[17] 耿宝磊，郑宝友，孟祥玮，刘海源，戈龙仔. 天科院大比尺波浪水槽的建设与应用前景[J]. 水道港口，2014(4)：415-421.

[18] 耿宝磊,郑宝友,张慈珩,栾英妮. 消波筐消波能力改进的试验研究. 第十五届中国海洋(岸)工程学术讨论会论文集[C],2011:748-751.

[19] 黄建维. 黏性泥沙运动规律在淤泥质海岸工程中的应用[J]. 海洋工程, 2011,29(2):52-58.

[20] 吉星明,冯春明,董胜. 威海船厂港域波高数值计算[J]. 水运工程,2012 (9):84-87.

[21] 李九发,戴志军,刘启贞,李为华,吴荣荣,赵建春. 长江河口絮凝泥沙颗粒粒径与浮泥形成现场观测[J]. 泥沙研究,2008(3):26-32.

[22] 李雪,董胜,陈更. 港池泊稳的能量平衡方程数值模拟[J]. 中国海洋大学学报,2014,44(7):100-106.

[23] 李岩,杨支中,沙文钰,朱首贤. 台风的海面气压场和风场模拟计算[J]. 海洋预报,2003,20(1):6-13.

[24] 刘海青,赵子丹. 数值波浪水槽的建立与验证[J]. 水动力学研究与进展(A辑),1999,14(1):8-14.

[25] 马小舟,刘嫔,王岗,董国海. 孤立波作用下细长港响应的数值研究[J]. 计算力学学报,2013(1):101-105.

[26] 钱宁,万兆惠. 泥沙运动力学[M]. 北京:科学出版社,1983.

[27] 水利水电科学研究院,南京水利科学研究院. 水工模型试验(第二版)[M]. 北京:水利电力出版社,1985.

[28] 滕素珍,冯敬海. 数理统计学(第4版)[M]. 大连:大连理工大学出版社, 2005.

[29] 文圣常,张大错. 改进的理论风浪频谱[J]. 海洋学报,1990,12(3):271-283.

[30] 王立辉,胡四一,龚春生. 二维浅水方程的非结构网格数值解[J]. 水利水运工程学报,2006(1):8-13.

[31] 吴宋仁,陈永宽. 港口及航道工程模型试验[M]. 北京:人民交通出版社, 1993.

[32] 吴亚楠,董胜,张华昌. 威海船厂港域泊稳试验研究与数值模拟[J]. 水运工程,2015(1):13-18.

[33] 徐德伦,王莉萍. 海洋随机数据分析——原理、方法与应用[M]. 北京:高等教育出版社,2011.

[34] 徐德伦,于定勇. 随机海浪理论[M]. 北京:高等教育出版社,2001.

[35] 严恺,梁其荀. 海岸工程[M]. 北京:海洋出版社,2002.

［36］严恺,梁其荀. 海港工程[M]. 北京:海洋出版社,1996.

［37］叶凤娟,李玉杰,牛福新,李秀艳,李玲. 风暴潮灾害对天津滨海新区的影响分析[J]. 天津航海,2012,123(2):38-39.

［38］殷齐麟,王智峰,董胜,高俊国. 海庙港新增通用泊位工程水动力数值模拟. 中国海洋大学学报[J],2016,46(4):134-141.

［39］于龙基,董胜,段成林,张华昌. 直立式防波堤的迎浪面波压力计算研究[J]. 中国海洋大学学报,2016,46(12):126-132.

［40］俞聿修,柳淑学. 随机波浪及其工程应用(第4版)[M]. 大连:大连理工大学出版社,2011.

［41］张博杰,张庆河. 基于 OpenFOAM 开源程序的无反射数值波浪水槽[J]. 中国港湾建设,2012(5):1-3.

［42］张华杰,周建中,毕胜,宋利祥. 基于自适应结构网格的二维浅水动力学模型[J]. 水动力学研究与进展:A辑,2012,27(6):667-678.

［43］张永刚,李玉成. 一种新型式的 Boussinesq 方程[J]. 科学通报,1997,42(21):2332-2334.

［44］章家琳,房文鸾,徐启明,谭常波. 构造台风地面等压线为非相似结构的尝试[J]. 东海海洋,1986,4(4):8-18.

［45］赵锰,徐德伦,楼顺里. Hilbert 变换在波群统计中的应用——Ⅰ. 波群群高[J]. 海洋学报,1990,12(3):284-290.

［46］周勤俊,王本龙,兰雅梅,刘桦. 海堤越浪的数值模拟[J]. 力学季刊,2005,26(4):629-633.

［47］邹志利. 高阶 Boussinesq 水波方程的改进[J]. 中国科学:E辑,1999,29(1):87-96.

［48］Arai M, Paul U K, Cheng L-Y, Inoue Y. A technique for open boundary treatment in numerical wave tanks[J]. Journal of the Society Naval Architects of Japan, 1993, 173: 45-50.

［49］Beji S, Nadaoka K. A formal derivation and numerical modelling of the improved Boussinesq equations for varying depth[J]. Ocean Engineering, 1996, 23(8): 691-704.

［50］Berkhoff J C W. Computation of combined refraction-diffraction [A]. Proc of the 13th Conference Coastal Eng. [C]. New York: ASCE, 1972: 471-490.

［51］Blain C A, Massey T. Application of a coupled discontinuous-continuous

Galerkin finite element shallow water model to coastal ocean dynamics [J]. Ocean Modelling, 2004, 10(3-4): 283-315.

[52] Booij N, Ris R C, Holthuijsen L H. A third-generation wave model for coastal regions: Part I. Model description and validation [J]. Journal of Geophysical Research, 1999, 104(C4): 7649-7666.

[53] Brorsen M, Larsen J. Source Generation of nonlinear gravity waves with boundary integral equation method [J]. Coastal Engineering, 1987, 11: 93-113.

[54] Dawson, T H, Kriebel D L, Wallendorf L A. Experimental study of wave groups in deep-water random waves [J]. Applied Ocean Research, 1991, 13(3): 116-131.

[55] DHI. MIKE21 & MIKE3 Flow Model FM Scientific Documentation[R]. Demark, 2011.

[56] Donelan M A, Hamilton J, Hui W H. Directional spectra of wind generated waves [J]. Phi. Trans. R. Soc. Lond. , 1985, 315: 509-562.

[57] Dong S, Wang N N, Lu H M, Tang L J. Bivariate distribution of group height and group length for ocean waves using the copula method [J]. Coastal Engineering, 2015, 96: 49-61.

[58] Ewing J A. Mean length of runs of high waves [J]. Journal of Geophysical Research, 1973, 78(12): 1933-1936.

[59] Fujita T. Pressure distribution in typhoon[J], Geophys. Mag. , 1952, 23: 437.

[60] Funke E R, Mansard E P D. On the synthesis of realistic sea states in laboratory flume. Proc. 17th Inter. Conf. on Coastal Eng. [C], 1980, 3: 2974-2991.

[61] Goda Y. On the statistics of wave groups[R]. Report of the Port and Harbour Research Institute, 1976, 15(3): 3-19. (in Japanese).

[62] Hager W H, Castro-Orgaz O. William Froude and the Froude number [J]. Journal of Hydraulic Engineering, 2016: 03716001.

[63] Hedges T S, Mase H. Modified Hunt's equation incorporating wave setup [J]. Journal of Waterway, Port, Coastal and Ocean Engineering, 2004, 130(3): 109-113.

[64] Holland G J. An analytic model of the wind and pressure profiles in hur-

ricanes [J]. Mon. Wea. Rev. , 1980, 108: 1212-1218.

[65] Jelesnianski C P. A numerical computation of storm tides induced by a tropical storm impinging on a continental shelf [J]. Mon. Wea. Rev. , 1965, 93(16): 343-358.

[66] Ji Q L, Dong S, Zhao X Z. Numerical Simulation of Multi-Directional Random Wave Transformation in a Yacht Port [J]. Oceanic and Coastal Sea Research, 2012, 11(3): 315-322.

[67] Kirby J T, Dalrymple R A. An approximate model for nonlinear dispersion in monochromatic wave propagation models [J]. Coast. Eng. , 1986, 9: 545-561.

[68] Larsen J, Dancy H. Open boundaries in shortwave simulations-a new approach [J]. Coastal Engineering, 1983, 7: 285-297.

[69] Li X, Dong S. A Preliminary study on the intensity of cold wave storm surge of Laizhou Bay[J]. Journal of Ocean University of China, 2016,15 (6): 987-995.

[70] Lin P, Xu W. NEWFLUME: a numerical water flume for two-dimensional turbulent free surface flows[J]. Journal of Hydraulic Research, 2006, 44(1): 79-93.

[71] Lin P Z, Liu P L F. Internal wave-maker for Navier-stokes equations models [J]. Journal of Waterway, Port, Coastal, and Ocean Engineering, 1999, 125(4): 207-217.

[72] Liu B, Liu H, Guan C. Numerical simulation of tropical cyclone intensity using an air-sea-wave coupled prediction system [J]. Adv. Geosci, 2009, 18: 19-43.

[73] Luettich R A, Westerink J J. ADCIRC user manual: A (Parallel) Advanced Circulation Model for Oceanic, Coastal and Estuarine Waters, 2000. (http://www. unc. edu/ims/adcirc/documentv47/ADCIRC_title_page. html).

[74] Luettich R A, Westerink J J, Scheffner N W. ADCIRC: An advanced three-dimensional circulation model for shclves, coasts, and estuaries, report I: Theory and methodology of ADCIRC-2DDI and ADCIRC-3DL. Washington D. C. : U. S. Army Corps of Engineers, Waterways Experiment Stations, 1990.

[75] Madsen P A, Murray R, Sørensen O R. A new form of the Boussinesq equations with improved linear dispersion characteristics [J]. Coastal engineering, 1991, 15(4): 371-388.

[76] Mase H. Multi-directional random wave transformation model based on energy balance equation [J]. Coast. Eng. , 2001, 43(4): 317-337.

[77] Mase H, Oki K, Hedges T S, et al.. Extended energy-balanced-equation wave model for multidirectional random wave transformation [J]. Ocean Eng. , 2005, 32: 961-985.

[78] Newton I. The Principia: Mathematical Principles of Natural Philosophy [M]. I. B. Cohen and A. Whitman (Translators), Berkeley: Univ. of California Press, 1999.

[79] Nolte K G, Hsu F H. Statistics of ocean wave groups. Fourth Annual Offshore Technology Conf. [C], OTC 1688, 1972, 2: 637-644.

[80] Nwogu O. Alternative form of Boussinesq equations for nearshore wave propagation [J]. Journal of Waterway, Port, Coastal, and Ocean engineering, 1993, 119(6): 618-638.

[81] Orszaghova J, Borthwick A G L. Taylor P H. From the paddle to the beach-A Boussinesq shallow water numerical wave tank based on Madsen and Sorensen's equations [J]. Journal of Computational Physics, 2012, 231: 328-344.

[82] Prandtl L, Tietjens O G. Fundamentals of Hydro-and Aeromechanics [M]. New York: Dover Publications, 1934.

[83] Reynolds O. On the dilatancy of media composed of rigid particles in contact. With experimental illustrations[J]. The London, Edinburgh, and Dublin Philosophical Magazine and Journal of Science, 1885, 20(127): 469-481.

[84] Ris R C, Booij N, Holthuijsen L H. A third-generation wave model for coastal regions: Part II. Verification [J]. Journal of Geophysical Research, 1999, 104(C4): 7649-7666.

[85] Rye H. Wave group formation among storm waves. Proc. 14th Coastal Eng. Conf. [C], 1974, 1(7): 164-183.

[86] Rusu L, Soares C G. Evaluation of a high-resolution wave forecasting system for the approaches to ports [J]. Ocean Engineering, 2013, 58:

224-238.

[87] Sebastian A, Proft J, Dietrich J C, et al.. Characterizing hurricane storm surge behavior in Galveston Bay using the SWAN ADCIRC model [J]. Coastal Engineering, 2014, 88: 171-181.

[88] Taylor G I. The interaction between experiment and theory in fluid mechanics[J]. Annual Review of Fluid Mechanics, 1974, 6: 1 – 16.

[89] Vernon-Harcourt L F. The Principles of Training Rivers through Tidal Estuaries, as Illustrated by Investigations into the Methods of Improving the Navigation Channels of the Estuary of the Seine[J]. Proceedings of the Royal Society of London, 1888, 45(273-279): 504-524.

[90] von Karman T. Aerodynamics[M]. New York: McGraw-Hill, 1954.

[91] Warren I R, Bach H K. MIKE 21: A modeling system for estuaries, coastal waters and seas [J]. Environmental Software, 1992, 7(4): 229-240.

[92] Xie L, Wu K J, Pietrafesa L, Zhang C. A numerical study of wave-current interaction through surface and bottom stresses: Wind-driven circulation in the South Atlantic Bight under uniform winds [J]. Journal of Geophysical Research, 2001, 106(16): 841-855.

[93] Xu D, Hou W. The statistical simulation of wave groups[J]. Applied Ocean Research, 1993, 15: 217-226.